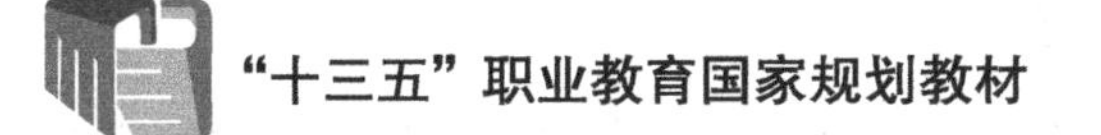
“十三五”职业教育国家规划教材

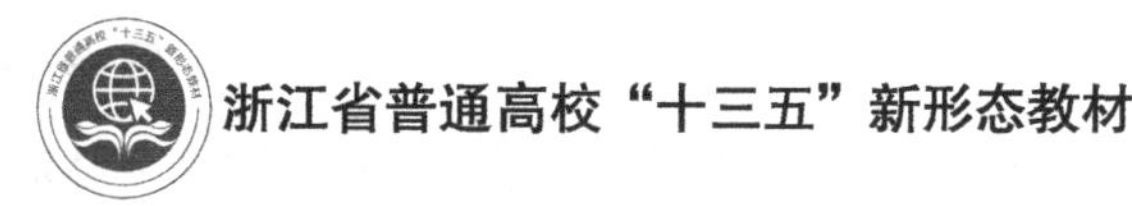
浙江省普通高校“十三五”新形态教材

高等职业院校技能应用型教材·网络技术系列

Web 前端开发任务驱动式教程（HTML5+CSS3+JavaScript）

汪婵婵　徐兴雷　主　编
闫晓勇　戴万长
王雪蓉　邱清辉　副主编
张　莉

電子工業出版社
Publishing House of Electronics Industry
北京·BEIJING

内 容 简 介

本书以“采用网页新标准技术、突破传统知识体系结构、基于工作能力培养、置身真实工作情境”为标准，通过任务驱动的教学方式讲解 HTML5、CSS3、JavaScript 等 Web 前端开发技术。

本书包含“8 个知识单元、18 个项目任务、36 个实战案例、18 个课后实训”，每个项目任务又以“知识准备→实战演练→强化训练→课后实训”为主线，介绍了 Web 基础知识、HTML5 语言基础、HTML5 新增标签及属性、CSS3 基础、盒子模型、HTML5 表单的应用、网页多媒体和 JavaScript 基础。本书将 Web 前端开发技术贯穿所有的项目任务和实训中，深入剖析了网页布局及样式美化的思路和方法，使学生掌握 Web 前端核心技术，启发并引导学生自主学习，并形成良好的职业素养。

本书配有微课视频、源代码、电子课件、教案等教学资源，读者可以登录华信教育资源网（www.hxedu.com.cn）进行下载。本书既可以作为高等院校、高等职业院校“网页设计与制作”课程的教材，也可以作为前端与移动开发的培训教材，还可以供网页制作、网站开发、网页编程、美工设计等人员参考。

图书在版编目（CIP）数据

Web 前端开发任务驱动式教程：HTML5+CSS3+JavaScript/汪婵婵，徐兴雷主编. —北京：电子工业出版社，2019.7

ISBN 978-7-121-36563-8

Ⅰ. ①W… Ⅱ. ①汪… ②徐… Ⅲ. ①超文本标记语言－程序设计－高等学校－教材②网页制作工具－高等学校－教材③JAVA 语言－程序设计－高等学校－教材 Ⅳ.①TP312.8②TP393.092.2

中国版本图书馆 CIP 数据核字（2019）第 092949 号

策划编辑：薛华强（xuehq@phei.com.cn）
责任编辑：程超群　　文字编辑：薛华强
印　　刷：北京盛通商印快线网络科技有限公司印刷
装　　订：北京盛通商印快线网络科技有限公司印刷
出版发行：电子工业出版社
　　　　　北京市海淀区万寿路 173 信箱　　邮编：100036
开　　本：787×1 092　1/16　印张：16.5　字数：476.8 千字
版　　次：2019 年 7 月第 1 版
印　　次：2023 年 8 月第 20 次印刷
定　　价：49.80 元

凡所购买电子工业出版社图书有缺损问题，请向购买书店调换。若书店售缺，请与本社发行部联系，联系及邮购电话：（010）88254888，88258888。

质量投诉请发邮件至 zlts@phei.com.cn，盗版侵权举报请发邮件至 dbqq@phei.com.cn。

本书咨询联系方式：（010）88254569，xuehq@phei.com.cn，QQ1140210769。

前 言

近年来，Web 前端开发迅速崛起，网页标准化的设计方式正逐渐取代传统的布局方式，Web 前端开发的最大特点就是采用 HTML5+CSS3+JavaScript 技术，将网页内容、外观样式及动态效果彻底分离，从而减少页面代码、提高网速，便于分工设计和代码重用。本书以初学者的角度，精心设计大量的实用案例，贯彻“HTML5 负责内容结构，CSS3 负责外观样式，JavaScript 负责动态效果”的网页设计思想，深入浅出地介绍了 Web 前端核心技术。

本书采用“任务驱动、案例教学、过程指导、探究实践”的编写模式，通过“8 个知识单元、18 个项目任务、36 个实战案例、18 个课后实训”，精心设计相关实例，模拟知识点的实际应用，每个项目任务又以“知识准备→实战演练→强化训练→课后实训”为主线，讲授知识与技能，使学生置身于工作情境中，进一步培养学生的工作能力。

本书的主要内容如下。

- 第一单元：Web 基础知识。通过 1 个任务，即“搭建开发环境”，介绍 Web 基础知识和 HTML5 概述。
- 第二单元：HTML5 语言基础。通过 2 个任务，即“文字与段落排版”和“图像和超链接”，介绍如何使用 HTML5 的标签及属性定义网页内容结构。
- 第三单元：HTML5 新增标签及属性。通过 2 个任务，即“结构标签和分组标签”和“页面交互标签、层次语义标签和全局属性”，介绍 HTML5 的新增标签及属性。
- 第四单元：CSS3 基础。通过 4 个任务，即“标记选择器和类选择器”“链接伪类和 CSS 样式面板”“id 选择器、伪选择器和表格样式”“复合选择器、通配符选择器”，详细介绍如何使用 CSS3 定义网页样式。
- 第五单元：盒子模型。通过 5 个任务，即“盒子模型及应用”“元素的浮动”“元素的定位”“阴影与渐变属性”“过渡与变形属性”，详细介绍使用 DIV+CSS 制作网页的布局结构，并设计更丰富的网页布局。
- 第六单元：HTML5 表单的应用。通过 2 个任务，即“表单与 input 元素”和“其他表单元素与表单验证”，介绍表单的应用方法。
- 第七单元：网页多媒体。通过 1 个任务，即“视频与音频”，介绍如何在网页中插入多媒体元素。
- 第八单元：JavaScript 基础。通过 1 个任务，即“JavaScript 的应用”，介绍 JavaScript 的应用基础。

本书注重合理安排内容结构，具有系统全面、条理清晰、图文并茂、通俗易懂，实用性强的特点。本书既可以作为高等院校、高等职业院校“网页设计与制作”课程的教材，也可以作为前端与移动开发的培训教材，还可以供网页制作、网站开发、网页编程、美工设计等人员参考。

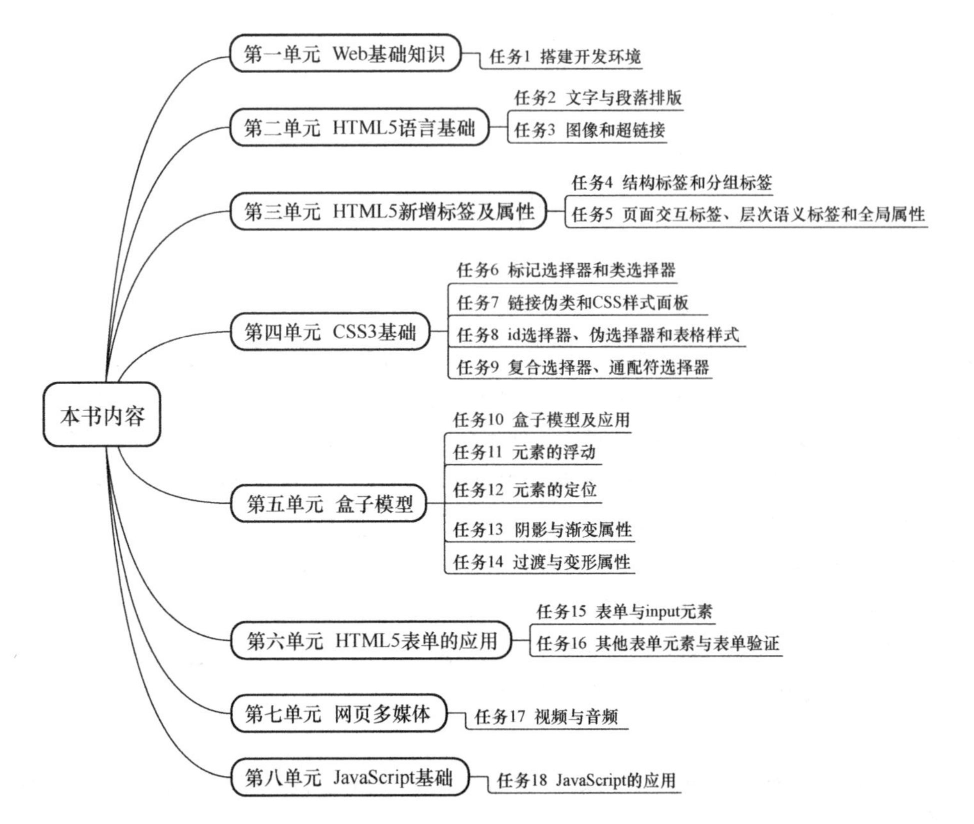

本书是浙江安防职业技术学院教材建设项目成果，由浙江安防职业技术学院汪婵婵、温州职业技术学院徐兴雷担任主编，浙江东方职业技术学院闫晓勇、戴万长、王雪蓉、邱清辉、浙江安防职业技术学院张莉担任副主编，其他参编人员有王瑾、麻少秋。其中，汪婵婵负责编写本书的第一单元～第五单元，徐兴雷负责编写本书的第六单元～第八单元。

本书配有微课视频、源代码、电子课件、教案等教学资源，读者可以登录华信教育资源网（www.hxedu.com.cn）进行下载，也可以加入教材服务群（QQ579854494）获取资源。同时，所有教学资源在浙江省高等学校精品在线开放课程共享平台上实现共享，欢迎教师用户使用该平台进行线上线下混合式教学。如需帮助，请联系 QQ401593624。

虽然我们精心组织，努力编写，但书中的疏漏和不妥之处在所难免，恳请各界专家和读者朋友不吝赐教、批评指正，意见和建议请反馈至编者的电子邮箱 wang_chanchan@qq.com，我们将不胜感激。

汪婵婵

2019 年 2 月于温州

目 录

CONTENTS

第一单元 Web 基础知识

第二单元 HTML5 语言基础

第三单元　HTML5 新增标签及属性

第四单元　CSS3 基础

第五单元 盒子模型

第六单元 HTML5 表单的应用

第七单元 网页多媒体

第八单元 JavaScript 基础

第一单元

Web 基础知识

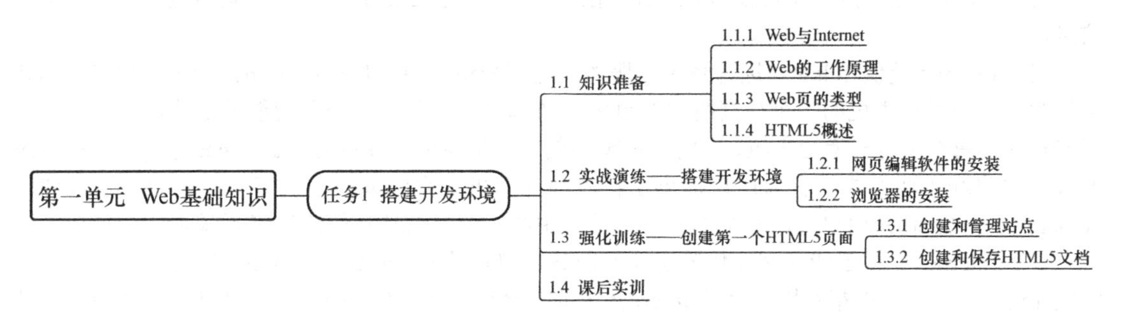

本章知识要点思维导图

Internet，中文名称为因特网，是全球性的网络，它是一种公用信息的载体，这种大众媒体比过去很多通信媒体的传播速度都快，它缩短了人与人之间的距离，而网站就是 Internet 中信息载体的宿主单元，网站中的网页是人与人交流的主要窗口。

【学习目标】

1. 掌握 Web 的工作原理。
2. 了解 Web 的类型。
3. 掌握网页开发环境的搭建方法。
4. 掌握站点的创建和管理方法。
5. 掌握网页文件的创建和保存方法。

任务 1　搭建开发环境

1.1　知识准备

微课视频

1.1　知识准备

1.1.1　Web 与 Internet

Internet 是一个全球性的计算机互联网络，中文名称有“因特网”“国际互联网”“网际网”“交互网络”等，它是目前世界上规模最大的计算机网络。Internet 是一个由各种网络组成的全球信息网，从物理意义上将，它将成千上万台具有特殊功能的专用计算机及处于不同地理位置的网络，通过各种通信线路连接起来。Internet 的用户遍及全球，数亿人在使用 Internet，并且它的用户数量在持续上升。

将计算机接入 Internet 后，我们就可以通过网络获取需要的资源，并且可以同其他地区的互联网用户自由通信、交换信息，享受 Internet 为我们提供的各种服务。

（1）Internet 提供 WWW 服务。WWW（World Wide Web）简称 Web，WWW 服务是 Internet 中较热门的服务之一，也是我们登录 Internet 后经常使用的互联网功能。基于 Web 方式，我们可以浏览、搜索、查询各种信息，发布自己的信息，与他人进行实时或非实时的交流，进行游戏、娱乐、购物等活动。

（2）Internet 提供 E-mail（电子邮件）服务。在 Internet 中，E-mail 是非常受欢迎的网络通信工具之一。只要通信的双方都连入 Internet，用户就可以通过 E-mail 与世界上其他地方的朋友交换信息。

（3）Internet 提供 Telnet（远程登录）服务。远程登录是指用户使用 Telnet 命令，使自己的计算机暂时成为远程主机的一个仿真终端的过程。仿真终端等效于一个非智能的机器，它只负责把用户输入的每个字符传递给主机，再将主机输出的每个信息回显在屏幕上。Telnet 是进行远程登录的标准协议和主要方式，它为用户提供了在本地计算机上完成远程主机工作的能力。通过使用 Telnet 服务，Internet 用户可以与全世界许多信息中心、图书馆及其他信息资源联系。

（4）Internet 提供 FTP（文件传输协议）服务。FTP 是 Internet 中最早使用的文件传输程序。它同 Telnet 一样，可以帮助用户登录 Internet 中的某台远程计算机，把其中的文件传送到自己的计算机中，或者把本地计算机中的文件传送并装载到远程计算机中。利用该协议，用户可以下载免费软件，或者上传自己的文件。

1.1.2 Web 的工作原理

Web 被称为万维网或环球网，Web 页又被称为网页，一般包含图像、文字和超链接等元素。如图 1-1 所示为腾讯网主页。

Web 是运行在 Internet 上最流行的应用之一，Internet 为 Web 提供了网络环境。Web 的出现，极大地推动了 Internet 的普及与推广。

Web 是基于 Internet 的一个多媒体信息服务系统，基于浏览器/服务器（B/S）工作模式，由 Web 服务器、浏览器（Browser）和通信协议三部分组成。Web 服务器监听客户端连接请求、接收请求，返回响应内容；浏览器是客户端用于访问网页的主要软件；通信协议主要采用超文本传输协议（HTTP，HyperText Transfer Protocol），定义 Web 服务器和客户端的通信细节。Web 的工作原理如图 1-2 所示。

图 1-1 腾讯网主页

图 1-2 Web 的工作原理

1.1.3　Web 页的类型

根据技术特点划分，Web 页包括静态网页和动态网页。其含义和特点分别如下。

1. 静态网页

静态网页是标准的 HTML 文件，它是一种通过 HTTP 在服务器端和客户端之间传输的纯文本文件，采用 HTML（超本文标记语言）编写，扩展名为.html 或.htm。

2. 动态网页

动态网页是指网页文件里包含了程序代码，通过后台数据库与 Web 服务器的信息交互，由后台数据库提供实时数据更新和数据查询服务。动态网页能够根据时间和访问者显示不同的内容，可使用 ASP、PHP、JSP 等技术编写。

动态网页与静态网页相比，有着明显的区别。静态网页随着 HTML 代码的生成，页面的内容和显示效果基本不变（除非开发者修改页面代码）；而动态网页则有所不同，页面代码虽然没有变化，但是显示的内容却可以随着时间、环境或数据库操作的结果而发生改变。

按照网页在网站中的位置，可将其分为内页（Web Page）和主页（Home Page）。通常说的主页是指访问网站时看到的第一页，即首页。主页的名称是特定的，一般为 index.html、default.html、default.aspx、index.aspx 等。内页是指与主页相链接的其他页面，即网站内部的页面。

1.1.4　HTML5 概述

HTML5 是超文本标记语言（HyperText Markup Language）的第 5 代版本，经过了 Web 2.0 时代，基于互联网的应用已经越来越丰富，同时也对互联网应用提出了更高的要求。随着时代的发展，统一的互联网通用标准显得尤为重要。在 HTML5 诞生前，由于各浏览器之间的标准不统一，给网站开发人员带来了很大的困扰。HTML5 的目标就是将 Web 带入一个成熟的应用平台。在 HTML5 平台上，视频、音频、图像、动画及与计算机的交互都被标准化。

HTML5 既新增了许多新特性，还解决了跨浏览器问题，这项改进工作至关重要。在 HTML5 诞生前，各大浏览器厂商为了争夺市场占有率，会在各自的浏览器中增加各种各样的功能，并且没有统一的标准。用户使用不同的浏览器，经常会遇到不同的页面效果。在 HTML5 中，纳入了所有合理的扩展功能，具备良好的跨平台性能。针对不支持新标签的旧版本 IE 浏览器，只需简单地增加 JavaScript 代码就可以使用新的元素。

1.2　实战演练——搭建开发环境

微课视频

1.2　实战演练

1.2.1　网页编辑软件的安装

开发和设计网页的工具有很多，Dreamweaver 是众多工具中的主力，占据了国内外网页编辑和开发的主要市场份额。Dreamweaver CS6 是 Adobe 公司推出的一款专业的 HTML 编辑器，用于对 Web 站点、Web 页、Web 应用程序进行编辑和开发设计。Dreamweaver CS6 将可视化布局工具、应用程序开发功能和代码编辑支持服务组合在一起，软件功能强大，使各层次的开发和设计人员能快速地创建基于标准的、界面吸引人的网站和应用程序。

下面以 Dreamweaver CS6 为例，介绍软件的安装过程。

（1）下载 Dreamweaver CS6 的安装包，如图 1-3 所示。

（2）双击 Dreamweaver_12_LS3.exe 会再次解压缩安装包，弹出如图 1-4 所示的解压缩对话框。

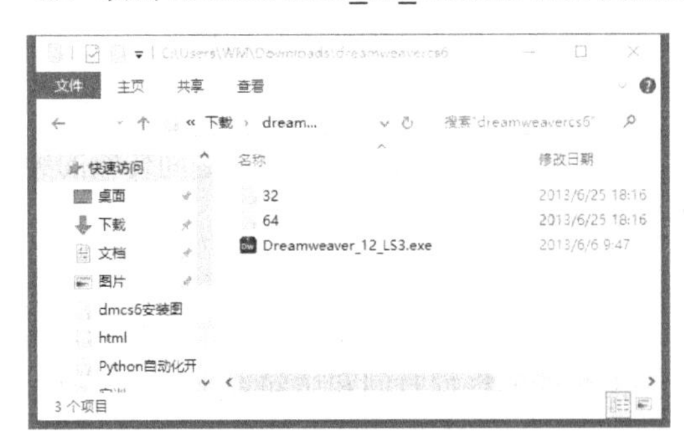

图 1-3　下载安装包

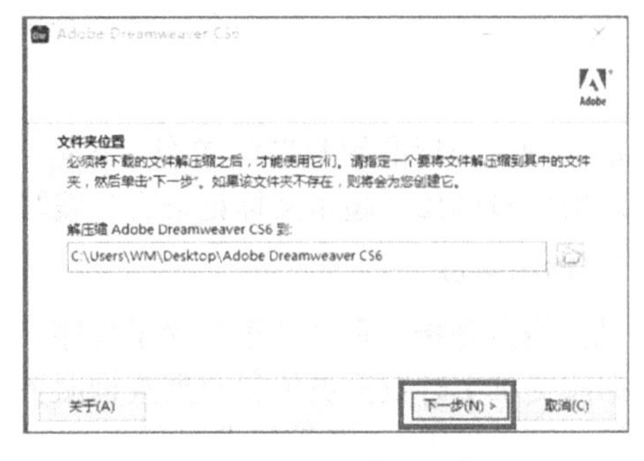

图 1-4　解压缩对话框

（3）解压缩完成后，会自动进入安装界面。在此提醒读者，有时系统会弹出一个提示对话框，如图 1-5 所示，直接单击“忽略”按钮即可。

（4）进入软件安装界面，先断开计算机网络，再选择“试用”选项。如图 1-6 所示。

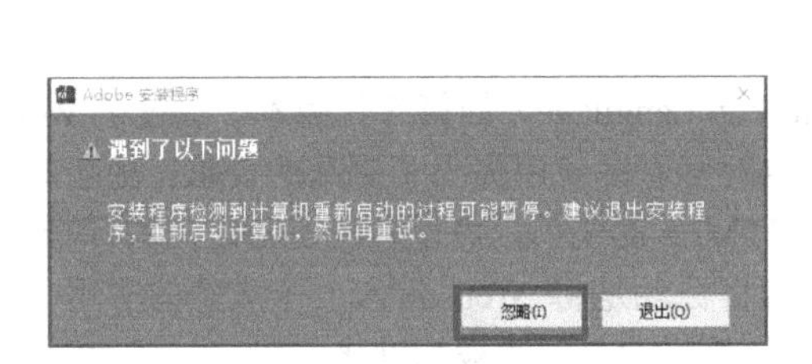

图 1-5　单击“忽略”按钮

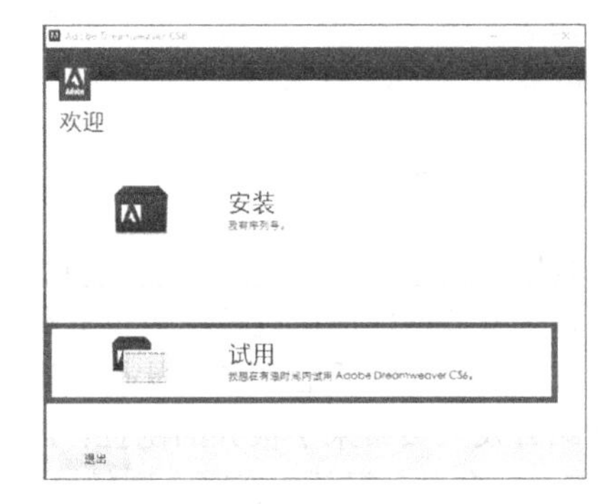

图 1-6　选择“试用”选项

（5）正式进入软件安装界面，弹出 Adobe 软件许可协议，单击“接受”按钮，如图 1-7 所示。

（6）根据自己的计算机硬盘情况，选择合适的路径进行安装，如图 1-8 所示；单击“安装”按钮，即可进入安装程序状态。如图 1-9 所示。

图 1-7　单击“接受”按钮

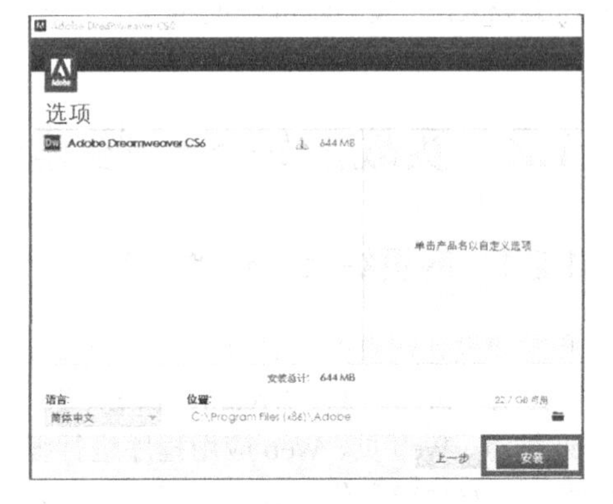

图 1-8　选择安装路径

（7）安装完成后，出现如图 1-10 所示的界面，单击“立即启动”按钮。

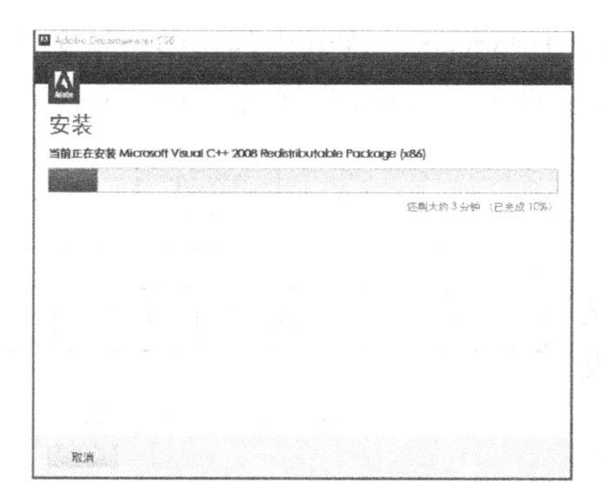

图 1-9　安装程序状态

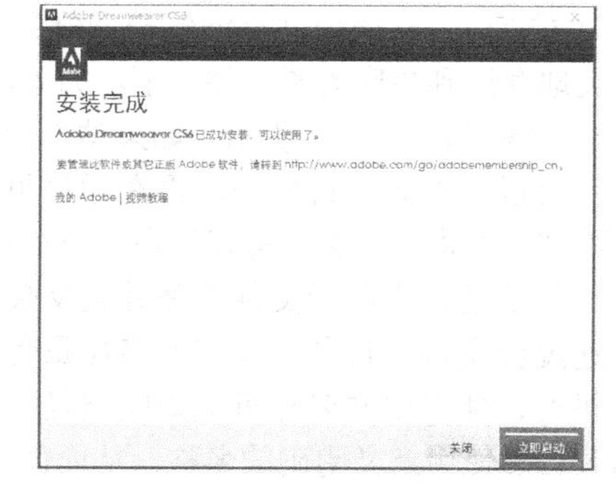

图 1-10　单击“立即启动”按钮

（8）打开 Dreamweaver，首次打开软件会显示如图 1-11 所示的“默认编辑器”对话框，用于选择关联文件，这里默认不变，单击“确定”按钮。

（9）之后，出现 Dreamweaver 的欢迎界面，如图 1-12 所示。

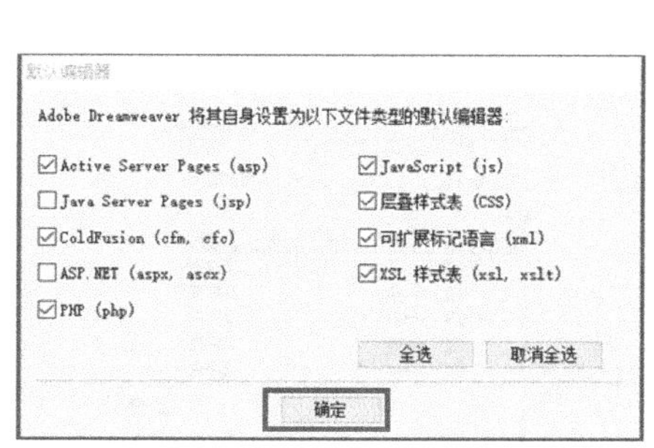

图 1-11　“默认编辑器”对话框

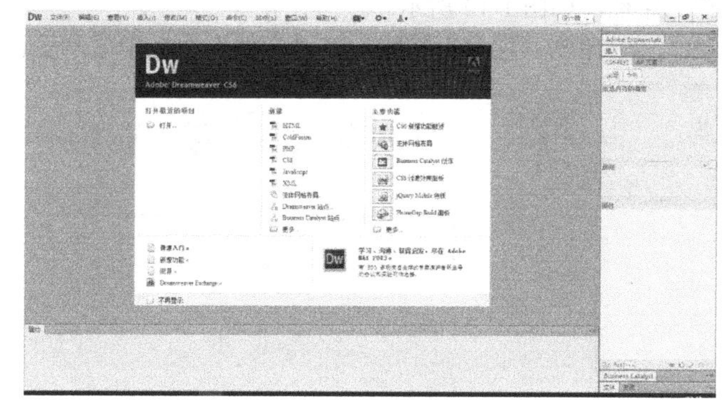

图 1-12　Dreamweaver 的欢迎界面

1.2.2　浏览器的安装

在 Dreamweaver 中编辑完成的网页，可以在浏览器中进行浏览测试。目前流行的浏览器有 IE 浏览器、火狐浏览器（Firefox）、谷歌浏览器（Google Chrome）等。IE 浏览器是一款 Windows 系统自带的浏览器，Dreamweaver 中的网页默认在 IE 浏览器中进行浏览测试；火狐浏览器小巧、方便、快捷、插件齐全；谷歌浏览器的使用量所占的市场份额最高（约 40%以上），它不仅自带了丰富的插件，而且加载速度快、兼容性强。由于谷歌浏览器对 HTML5 及 CSS3 的兼容性较好，而且网页调试非常方便，所以本书所有的网页浏览操作都在谷歌浏览器中完成。

1.3　强化训练——创建第一个 HTML5 页面

微课视频

1.3　强化训练

1.3.1　创建和管理站点

利用 Dreamweaver 制作网页，首先要规划和创建站点，然后在站点中对网页文档进行修改和管理。所谓站点，可以看成一系列文档的组合，这些文档通过各种链接建立逻辑关联。所有资源的改变和网页的编辑都应在站点中进行，这样才能及时自动更新网页之间的链接关系。

在建立站点时，一般为站点创建一个根文件夹，如 Mysite，在其中创建多个子文件夹，将文档分门别类地存储到相应的子文件夹下，如 images 文件夹、sound 文件夹、flash 文件夹、style 文件夹等，站点规划如图 1-13 所示。如果站点较大，文件较多，可以先按照栏目分类，再在栏目里进一步分类。否则，若将所有文件都存放在一个目录下，容易造成文件混乱，不利于文件管理并且文件提交时的上传速度会变慢。目录名和文件名尽量使用英文或汉语拼音，使用中文名称可能影响路径的正确显示。同时，要使用意义明确的名称，从而便于记忆。

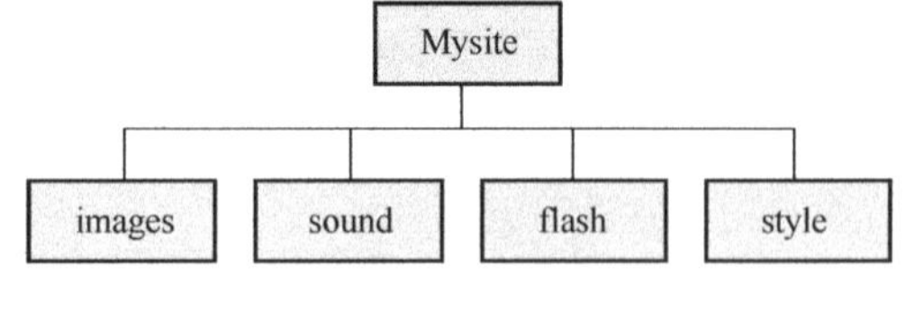

图 1-13　站点规划

1. 创建站点

（1）启动 Dreamweaver CS6，在欢迎界面中选择“新建”→“Dreamweaver 站点”命令，或者在菜单栏中选择“站点”→“新建站点”命令，打开创建站点的向导对话框，设置站点信息。在“站点名称”文本框中输入站点名称“Mysite”，在“本地站点文件夹”中选择 Mysite 文件夹所在的路径，如图 1-14 所示。

（2）单击“保存”按钮，在“文件”面板中显示了已创建的站点，如图 1-15 所示。

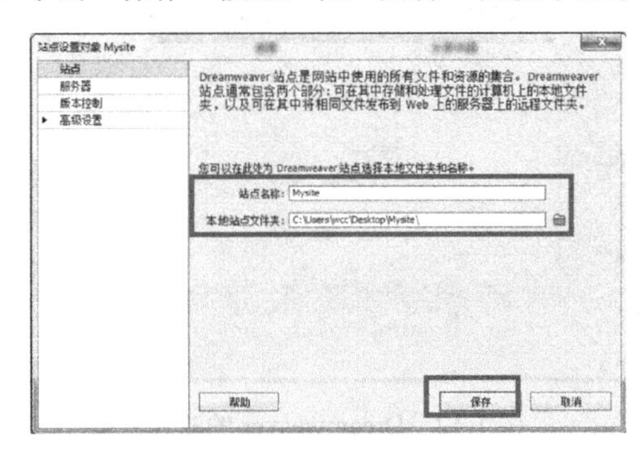

图 1-14　设置站点信息

图 1-15　已创建的站点

2. 管理站点

选择“站点”→“管理站点”菜单命令，打开“管理站点”对话框，可以对站点进行编辑、复制、删除、导入、导出等操作，如图 1-16 所示。

提示：删除站点操作只是删除了 Dreamweaver 与该站点之间的关系，站点的文件夹、文档等内容仍然保存在计算机的相应位置。

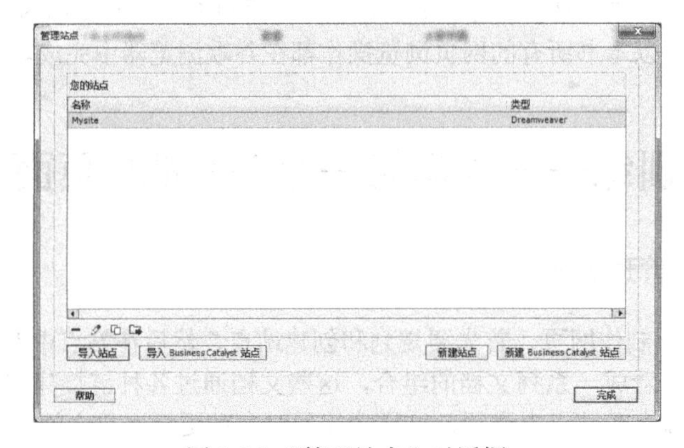

图 1-16 “管理站点”对话框

1.3.2 创建和保存 HTML5 文档

在 Dreamweaver CS6 中可以创建空白网页文件，也可以通过 Dreamweaver CS6 内置的模板创建具有一定内容和样式的网页文件。创建空白 HTML 文档的具体步骤如下。

（1）打开 Dreamweaver CS6，在欢迎界面中选择“新建”→“HTML”命令，或者选择“文件”→“新建”菜单命令，打开“新建文档”对话框，如图 1-17 所示，选择左侧的“空白页”菜单项，在中间的“页面类型”栏中选择“HTML”选项，在“布局”栏中选择“<无>”选项，在右下角的“文档类型”下拉菜单中选择“HTML5” 选项，单击“创建”按钮，创建一个空白的网页文档。文档窗口的上方显示该文件的默认名称“Untitled-1.html”。

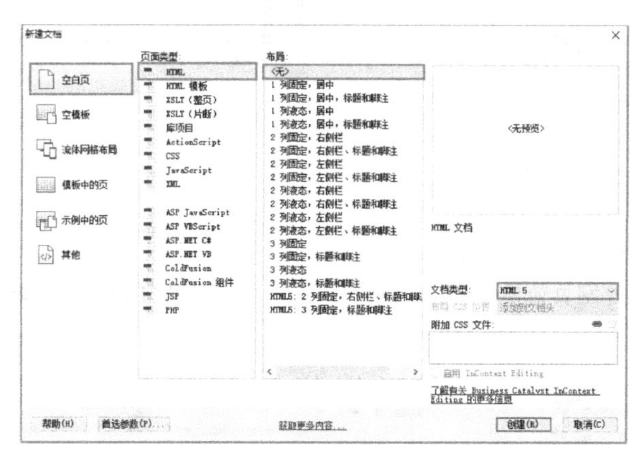

图 1-17 “新建文档”对话框

（2）在代码视图中，编写如下代码：

```
1  <!doctype html>
2  <html>
3  <head>
4  <meta charset="utf-8">
5  <title>无标题文档</title>
6  </head>
7  <body>
8  <marquee>欢迎来到网页设计课堂！</marquee>
9  </body>
10 </html>
```

（3）选择“文件”→“在浏览器中预览”→“chrome”菜单命令；或者单击“标准”工具栏中的“在浏览器中预览/调试”按钮，选择“预览在 chrome”菜单项，如图 1-18 所示；或者按【F12】键，打开谷歌浏览器即可预览网页效果，如图 1-19 所示。

提示：

- <marquee>标签可以设置文字的滚动效果。
- 如果网页文档未保存，预览网页时则会提示“是否保存对网页的修改”信息，选择“是”选项，才可在浏览器中预览网页效果。也可选择“文件”→“保存”菜单命令或按【Ctrl】+【S】组合键进行保存。
- 新建空白网页时，若默认文档类型不是 HTML5，可以单击图 1-17 中左下角的“首选参数”选项（或单击菜单栏中的“编辑”选项），弹出如图 1-20 所示的“首选参数”对话框，在“分类”列表中选择“新建文档”，将“默认文档类型”更改为“HTML5”。在“首选参数”

对话框中，选择“分类”列表中的“在浏览器中预览”，将谷歌浏览器设为主浏览器，如图 1-21 所示。这样，当编辑完网页后，只需按【F2】键，就可以直接打开浏览器预览网页效果。

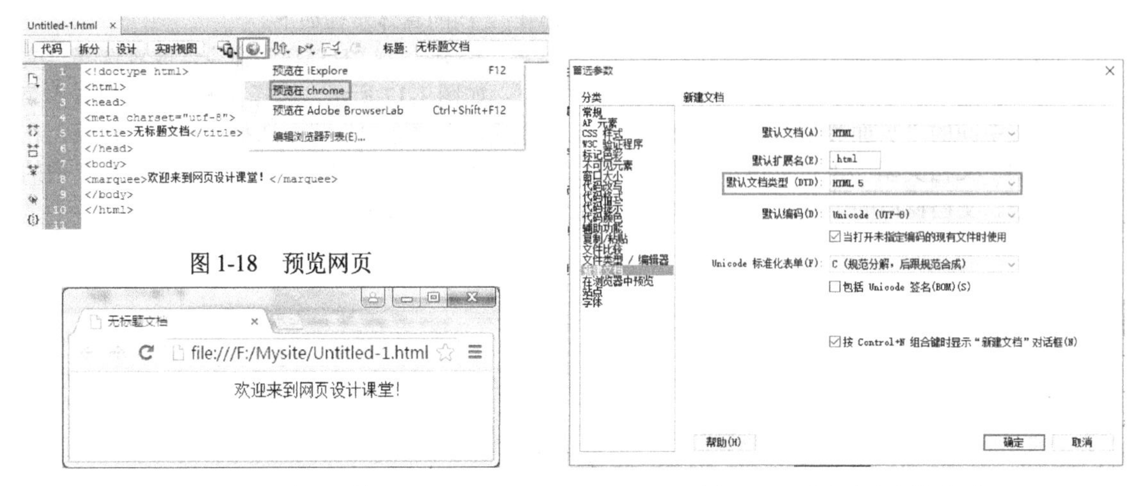

图 1-18　预览网页

图 1-19　预览网页效果

图 1-20　更改默认文档类型

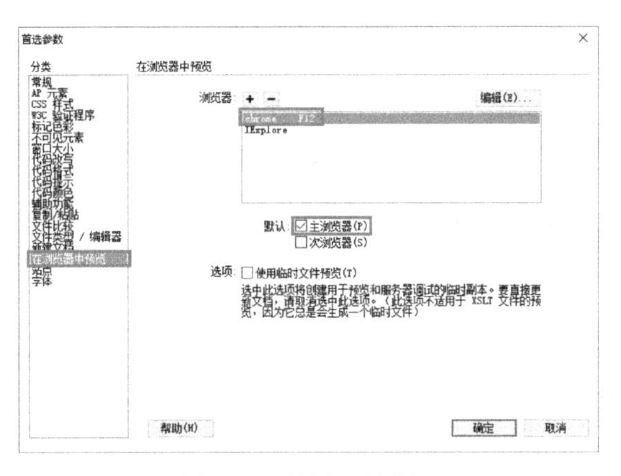

图 1-21　设置主浏览器

微课视频

1.4　课后实训

1.4　课后实训

记事本也可用于为简单的网页编写代码。打开记事本，编写如图 1-22 所示的网页内容，保存文件，并将其后缀名由.txt 改为.html，用谷歌浏览器打开该文件并浏览，也可得到如图 1-19 所示的网页效果。

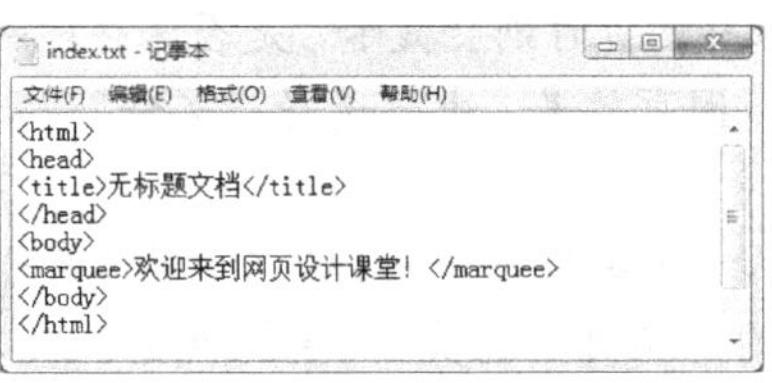

图 1-22　使用记事本编写代码

第二单元

HTML5 语言基础

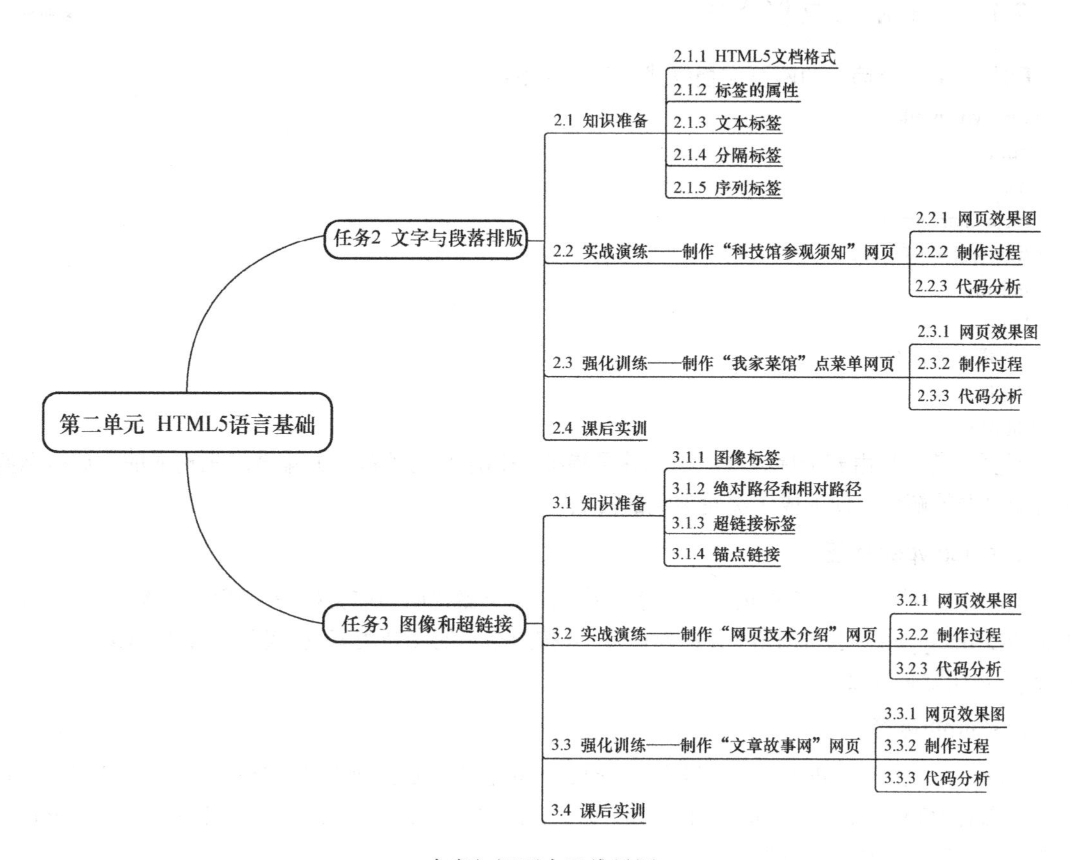

本章知识要点思维导图

HTML5 是一种用来描述网页的语言。HTML5 不是编程语言，而是一种标记语言，标记语言是一套标记标签（Markup Tag），HTML5 使用标记标签描述网页。HTML5 文档包含 HTML5 标签及文本内容，HTML5 文档也叫作 Web 页面。

HTML5 标签是由尖括号包围的关键词，如<html>，且大部分标签通常成对出现，如<table>和</table>，标签对中的第一个标签是开始标签，第二个标签是结束标签，开始标签和结束标签也被称为开放标签和闭合标签。大多数 HTML5 标签可以嵌套，即可以在标签中嵌套其他 HTML5 标签。

【学习目标】

1. 掌握 HTML5 的页面结构。
2. 掌握 HTML5 语言中的标签的使用方法。
3. 掌握标签中的属性的使用方法。
4. 掌握 HTML5 页面文档的编写方法。

任务2　文字与段落排版

2.1　知识准备

微课视频

2.1　知识准备

2.1.1　HTML5 文档格式

【例 2-1】一个简单的网页文档格式。代码如下：

```
1  <!doctype html>
2  <html>
3  <head>
4  <meta charset="utf-8">
5  <title>我的网页</title>
6  </head>
7  <body>
8  我的第一张网页。
9  </body>
10 </html>
```

网页，其实是由若干标签（所谓标签是指被<>括起来的关键词）集合起来构成的，这些标签通过浏览器的解释，便形成了美轮美奂的网页。

1. <!doctype>标签

<!doctype>标签位于文档的起始位置，用于向浏览器说明当前文档使用哪种 HTML 标准规范，浏览器以 doctype 声明判断该网页是否有效，并按照指定的文档类型进行解析。在 HTML5 文档中，doctype 声明显得非常简单。

2. <html>标签

<html>标签位于<!doctype>标签之后，<html>标签不仅告知浏览器，自己是一个 HTML 文档，它还标志着 HTML 文档的开始，而</html>标签标志着 HTML 文档的结束，在<html>…</html>之间的是文档的头部和主体内容。

3. <head>标签

一个完整的网页包含两大部分：头部（head）和主体（body），也就是网页架构中的<head>标签和<body>标签。<head>标签一般用于描述浏览器所需的信息，包含了所有的头部元素。在<head>…</head>标签中可以插入脚本（scripts）、样式文件（CSS）及各种 meta 信息。可以添加到头部区域的标签有：<title>、<style>、<meta>、<link>、<script>、<noscript>、<base>等。使用<meta>标签展示 HTML 文档的描述、关键词、作者、字符集等。

4. <title>标签

在<head>…</head>标签中，嵌套着另一组<title>…</title>标签。在<title>…</title>之间的文字内容将会出现在浏览器视窗顶部的标题栏中，该标签定义 HTML 文档的标题。

5. <body>标签

<body>标签用于定义网页显示的主体内容。在浏览器中要显示的内容应该写在<body>…</body>标签之间。【例 2-1】所示的代码在浏览器中的效果如图 2-1 所示。

图 2-1　简单的网页文档

2.1.2　标签的属性

使用 HTML 制作网页时，如果想让 HTML 标签提供更多的样式，如设置文本颜色等，仅仅依靠 HTML 标签的默认显示样式是不够的，需要开发者设置 HTML 标签的属性加以调整。其语法格式如下：

```
<标签名属性 1="属性值 1" 属性 2="属性值 2"…>内容</标签名>
```

根据上述语法，我们发现标签可以拥有多个属性，但这些属性必须写在开始标签中，且位于标签名后面。属性之间不分先后顺序，标签名与属性、属性与属性之间均以空格分开。任何标签的属性都有默认值，若省略该属性，则系统取其默认值。

例如，在<body>标签中可以加入常用属性，对整个网页文档进行相应设置。<body>标签的常用属性见表 2-1。

表 2-1　<body>标签的常用属性

属　性	描　述	属　性	描　述
alink	鼠标单击超链接时的颜色	bgcolor	网页的背景颜色
link	未访问过的超链接的颜色	background	网页的背景图像
vlink	已访问过的超链接的颜色	leftmargin	网页的左边距
text	所有文本的颜色	topmargin	网页的上边距

【例 2-2】利用<body>标签的属性设置网页效果，如图 2-2 所示。代码如下：

```
1   <!doctype html>
2   <html>
3   <head>
4   <meta charset="utf-8">
5   <title>利用 body 的属性设置网页效果</title>
6   </head>
7   <body leftmargin="80" topmargin="50" text="green" bgcolor="#CCCCFF">
8   利用 body 的属性设置网页效果：页面左边距为 80 像素，上边距为 50 像素，文本颜色为绿色，背景颜色
9   值为“#CCCCFF”。
10  </body>
11  </html>
```

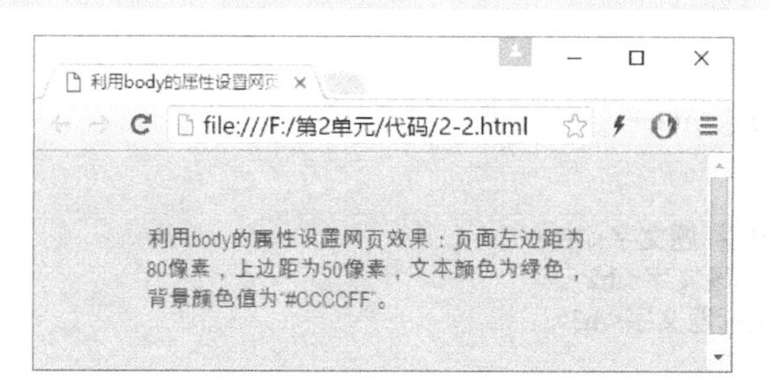

图 2-2　利用<body>标签的属性设置网页效果

2.1.3 文本标签

文本标签包括标题标签、文字修饰标签和特殊字符。

1. 标题标签

网页内的文字标题，可以使用<h1>~<h6>标签进行设置，即从一级到六级，各级标题的字体大小依次递减，同时文字加粗。

【例 2-3】设置各级标题标签，网页效果如图 2-3 所示。代码如下：

```
1  <!doctype html>
2  <html>
3  <head>
4  <meta charset="utf-8">
5  <title>设置各级标题标签</title>
6  </head>
7  <body>
8  <h1>一级标题文字</h1>
9  <h2>二级标题文字</h2>
10 <h3>三级标题文字</h3>
11 <h4>四级标题文字</h4>
12 <h5>五级标题文字</h5>
13 <h6>六级标题文字</h6>
14 </body>
15 </html>
```

在页面中，标题文字可以实现水平方向左、中、右对齐，便于文字编排。在标题标签中，主要的属性是 align（对齐）属性，它用于定义标题段落的对齐方式，使得页面更加整齐美观。align 属性的各种对齐方式见表 2-2。

表 2-2　align 属性的对齐方式

属　性	描　述
left	左对齐（默认值）
center	水平居中
right	右对齐
justify	两端对齐

【例 2-4】设置标题对齐方式，网页效果如图 2-4 所示。代码如下：

```
1  <!doctype html>
2  <html>
3  <head>
4  <meta charset="utf-8">
5  <title>设置标题对齐方式</title>
6  </head>
7  <body>
8  <h1 align="center">一级标题文字</h1>
9  <h2 align="left">二级标题文字</h2>
10 <h3 align="right">三级标题文字</h3>
11 <h4>四级标题文字</h4>
12 <h5>五级标题文字</h5>
13 <h6>六级标题文字</h6>
```

```
14  </body>
15  </html>
```

图 2-3 设置各级标题标签

图 2-4 设置标题对齐方式

2. 文字修饰标签

在 HTML 文档中，可以为文字添加许多修饰，使文字的格式产生多种样式。例如，为文字设置粗体，就可以使用<B>标签，即将文字放入<B>…</B>标签内，就可以显示为粗体。常用的文字修饰标签见表 2-3。

表 2-3 常用的文字修饰标签

标 签	呈现结果	标 签	呈现结果
<B>	粗体	<STRONG>	强调文本
<INS>	下画线	<I>	斜体
<SUP>	上标	<SUB>	下标
<DEL>	删除线	—	—

提示：相同的文字修饰标签在不同浏览器中显示的效果可能会有差异。HTML 代码不区分字母大小写。

（1）粗体标签<B>。将标签中的文字设置为粗体，语法格式如下：

```
<B>此行文字显示为粗体</B>
```

（2）强调文本标签<STRONG>。对于需要强调的文字，可以将其设置为强调文本的样式，语法格式如下：

```
<STRONG >此行文字为强调文本</STRONG >
```

（3）下画线标签<INS>。为标签中的文字添加下画线，语法格式如下：

```
<INS >此行文字有下画线</INS >
```

（4）斜体标签<I>。将标签中的文字设置为斜体，语法格式如下：

```
<I>此行文字显示为斜体</I>
```

（5）上标标签<SUP>。在一些数学表达式中，将一段文字（字母、数字）以小字体的样式显示在另一段文字（字母、数字）的右上角，便形成了上标，语法格式如下：

```
3<SUP>2</SUP><!--2 显示在 3 的右上方，即 3 的平方-->
```

（6）下标标签<SUB>。在一些数学表达式和化学方程式中，将一段文字（字母、数字）以小字体的样式显示在另一段文字（字母、数字）的右下角，便形成了下标，语法格式如下：

```
S<SUB>2</SUB><!--2 显示在 S 的右下方-->
```

（7）删除线标签<DEL>。为标签中的文字添加删除线，语法格式如下：

```
<DEL>此行文字有删除线</DEL>
```

【例 2-5】文字修饰综合范例。网页效果如图 2-5 所示，代码如下：

```
1   <!doctype html>
2   <html>
3   <head>
4   <meta charset="utf-8">
5   <title>文字修饰综合范例</title>
6   </head>
7   <body>
8   <p>默认的格式</p><!--<p></p>标签表示段落标签-->
9   <p><B>此行文字显示为粗体</B></p>
10  <p><STRONG>此行文字为强调文本</STRONG></p>
11  <p><INS>此行文字有下画线</INS></p>
12  <p><I>此行文字显示为斜体</I></p>
13  <p>此处 2 为上标：3<SUP>2</SUP></p>
14  <p>此处 2 为下标：S<SUB>2</SUB></p>
15  <p><DEL>此行文字有删除线</DEL></p>
16  </body>
17  </html>
```

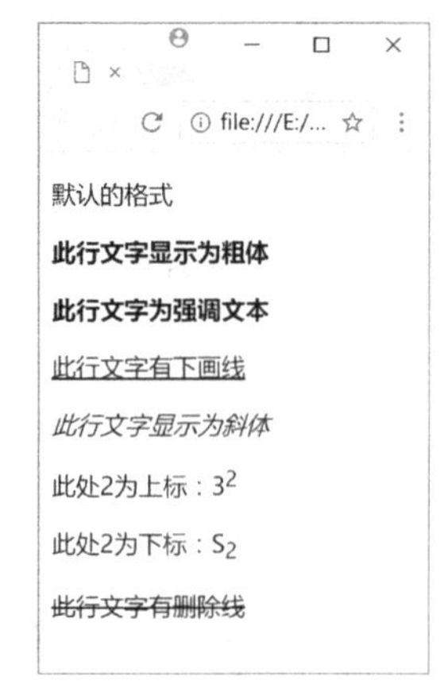

图 2-5　文字修饰综合范例

提示：HTML 标签中有一种特殊的标记——注释标记。如果需要在 HTML 文档中添加一些便于阅读和理解但又不需要显示在页面中的注释文字，就需要使用注释标记。其语法格式为：<!--注释语句-->。例如，【例 2-5】中的“<!--<p></p>标签表示段落标签-->”为注释语句，这部分内容不会显示在浏览器窗口中，只作为 HTML 文档内容的一部分。

3. 特殊字符

在 HTML 代码中，有很多特殊的符号需要特别处理。如“<”和“>”符号，因为它们在代码中有特殊的用途（用作标签的开始与结束标记）。因此在网页中，若的确需要显示“<”和“>”符号，则不能在代码中直接使用“<”和“>”，而必须输入代码“<”显示“<”，输入代码“>”显示“>”，这样才能出现“<”和“>”符号。常用的特殊字符见表 2-4。

表 2-4　常用的特殊字符

标　签	呈现结果	标　签	呈现结果
	代表一个不断行空白	<	<
>	>	&	&
"	"	—	—

2.1.4　分隔标签

1. 段落标签<p>

浏览器会忽略用户在 HTML 编辑器中输入的回车符，所以段落标签<p>在网页编辑过程中会被经常用到，段落标签会在段落前、后加上额外的空行。语法格式如下：

<p align="left|center|right|justify">文字</p>

其中，align 属性用来设置段落文字在网页上的对齐方式，即 left（左对齐）、center（居中）、right（右对齐）和 justify（两端对齐），默认对齐方式为 left。此外，“|”表示“或者”，即多选一。

【例 2-6】段落标签应用案例，网页效果如图 2-6 所示。代码如下：

```
1   <!doctype html>
2   <html>
3   <head>
4   <meta charset="utf-8">
```

```
5  <title>段落标签应用案例</title>
6  </head>
7  <body>
8  <p>文字如需分段，可使用段落标签。</p>
9  <p align="left">段落标签中可设置左对齐的属性。</p>
10 <p align="center">段落标签中可设置居中对齐的属性。</p>
11 <p align="right">段落标签中可设置右对齐的属性。</p>
12 <p align="justify">段落标签中可设置两端对齐的属性。</p>
13 </body>
14 </html>
```

2. 换行标签

段落与段落之间是隔行换行的，如果想避免文字的行间距太大，就可以使用换行标签
。每次换行使用一个
标签，多次换行可以连续使用多个
标签。

标签会打断HTML文档中正常段落的行间距和换行。
标签放在任意行中都会使该行换行，如果
标签放在一行的末尾，可以使后面的文字、图像、表格等在下一行显示，且不会在行与行之间留下空行，即强制文本换行。换行标签
的语法格式为：

```
文字<br>
```

【例2-7】换行标签应用案例，网页效果如图2-7所示。代码如下：

```
1  <!doctype html>
2  <html>
3  <head>
4  <meta charset="utf-8">
5  <title>换行标签应用案例</title>
6  </head>
7  <body>
8  <p>静夜思</p>
9  <p>作者：李白</p>
10 床前明月光，<br>
11 疑是地上霜。<br>
12 举头望明月，<br>
13 低头思故乡。
14 </body>
15 </html>
```

提示： HTML标签分为两大类，一类是双标签，即由开始标签符和结束标签符组成的标签，如<body>…</body>；另一类是单标签，即用一个标签符号即可完整描述某个功能的标签，如
。在HTML5中，单标签不再要求自闭合。

3. 水平线标签<hr>

水平线可以作为段落与段落之间的分隔线，使网页内容结构清晰，层次分明。当遇到HTML文档中的<hr>标签时，文字会在此处换行，并添加一条水平线，其语法格式如下：

```
<hr align="left|center|right" size="分隔线粗细" width="分隔线长度" color="分隔线颜色">
```

其中各属性的含义如下。

- size属性用于设定分隔线的粗细，默认值为2像素。
- width属性用于设定水平线的长度，可以是绝对值（以像素为单位）或相对值（相对于窗口的百分比）。所谓绝对值，是指水平线的长度是固定的，不随窗口尺寸的变化而改变。所谓相对值，是指水平线的长度相对于窗口的宽度而定，窗口的宽度改变时，水平线的长度也随之增减，默认值为100%，即始终填满当前窗口。

- color属性用于设定水平线的颜色，颜色值可以使用以“#”引导的一个十六进制代码表示，也可以使用相应的英文名称。默认色彩为黑色。

【例2-8】水平线标签应用案例，网页效果如图2-8所示。代码如下：

```
1  <!doctype html>
2  <html>
3  <head>
4  <meta charset="utf-8">
5  <title>水平线标签应用案例</title>
6  </head>
7  <body>
8  <p>静夜思</p>
9  <hr width="100px" size="3px" color="#FF0000" align="left">
10 <p>作者：李白</p>
11 床前明月光，<br>
12 疑是地上霜。<br>
13 举头望明月，<br>
14 低头思故乡。
15 </body>
16 </html>
```

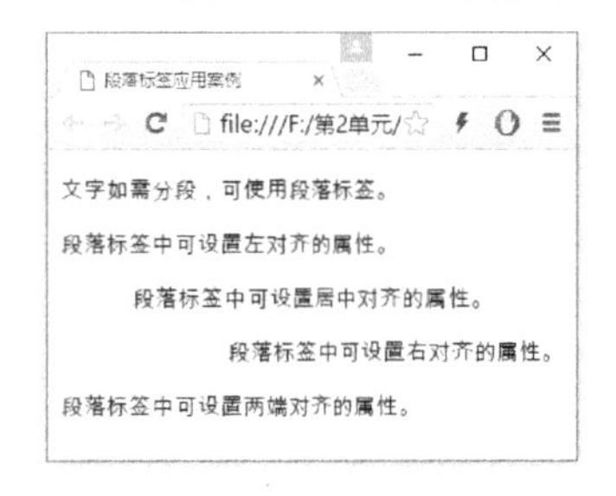

图2-6　段落标签应用案例

图2-7　换行标签应用案例

图2-8　水平线标签应用案例

提示：水平线的颜色效果需要在浏览器中才能显示，在Dreamweaver编辑器的设计视图中无法显示。

2.1.5　序列标签

为了使网页更易读，经常将网页信息以列表的形式呈现，为了满足网页排版的需求，HTML语言提供了常用的列表类型，即无序列表（ul）和有序列表（ol）。

1. 无序列表

无序列表是网页中最常用的列表，顾名思义，各列表项之间没有顺序级别之分，通常是并列的。定义无序列表的语法格式如下：

```
<ul>
    <li>列表项1</li>
    <li>列表项2</li>
    <li>列表项3</li>
    ......
</ul>
```

在上面的语法中，<ul>…</ul>标签用于定义无序列表，<li>…</li>标签嵌套在<ul>…</ul>标签中，用于描述具体的列表项。每对<ul>…</ul>标签中应至少包含一对<li>…</li>标签。

【例 2-9】无序列表应用案例，网页效果如图 2-9 所示。代码如下：

```
1   <!doctype html>
2   <html>
3   <head>
4   <meta charset="utf-8">
5   <title>无序列表应用案例</title>
6   </head>
7   <body>
8   <ul>
9       <li>进口食品</li>
10      <li>美容洗护</li>
11      <li>家具家电</li>
12      <li>母婴用品</li>
13  </ul>
14  </body>
15  </html>
```

提示：HTML5 不再支持<ul>标签的 type 属性。

2. 有序列表

有序列表指的是有排序顺序的列表，各列表项按照一定的顺序排列，如网页中的热门排行榜、章节顺序等都可以通过有序列表定义。定义有序列表的语法格式如下：

```
<ol>
    <li>列表项 1</li>
    <li>列表项 2</li>
    <li>列表项 3</li>
    ……
</ol>
```

在上面的语法中，<ol>…</ol>标签用于定义有序列表，<li>…</li>标签嵌套在<ul>…</ul>标签中，用于描述具体的列表项。每对<ol>…</ol>中标签应至少包含一对<li>…</li>标签。

<ol>标签有两个常用的属性，即 start 属性和 reversed 属性。start 属性用于更改列表编号的起始值，reversed 属性用于确定是否对列表进行反向排序。

【例 2-10】有序列表应用案例，网页效果如图 2-10 所示。代码如下：

```
1   <!doctype html>
2   <html>
3   <head>
4   <meta charset="utf-8">
5   <title>有序列表应用案例</title>
6   </head>
7   <body>
8   <ol>
9       <li>第一章</li>
10      <li>第二章</li>
11      <li>第三章</li>
12      <li>第四章</li>
13  </ol>
14  </body>
15  </html>
```

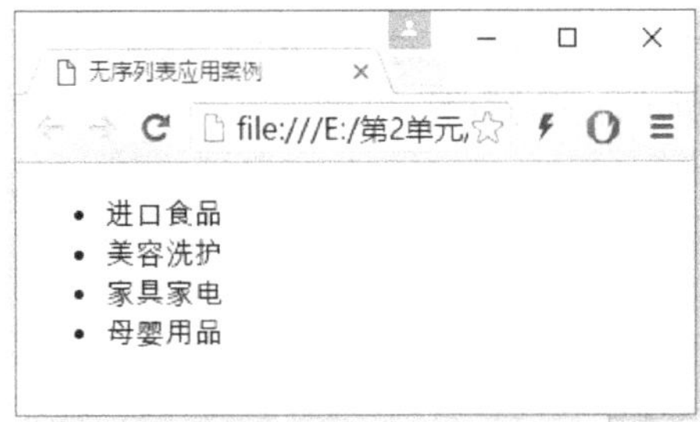

图 2-9 无序列表应用案例

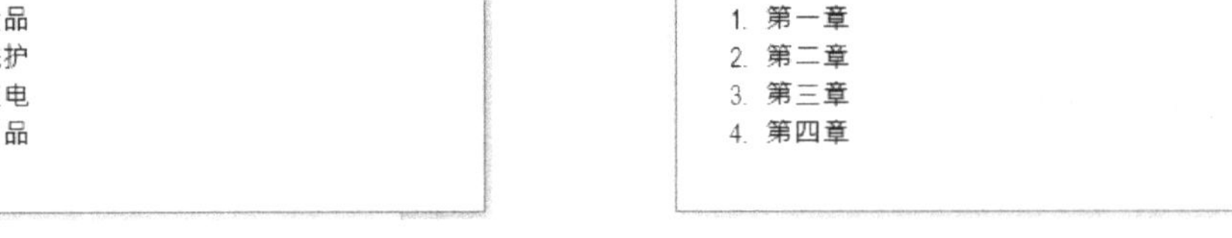

图 2-10 有序列表应用案例

在本例中，如果增加 start 属性，将第 8 行修改为<ol start= " 2 " >，则网页的效果如图 2-11 所示。如果增加 reversed 属性，将第 8 行修改为<ol start= " 5 " reversed>，可以使列表编号从“5”开始，进行反向排序，效果如图 2-12 所示。

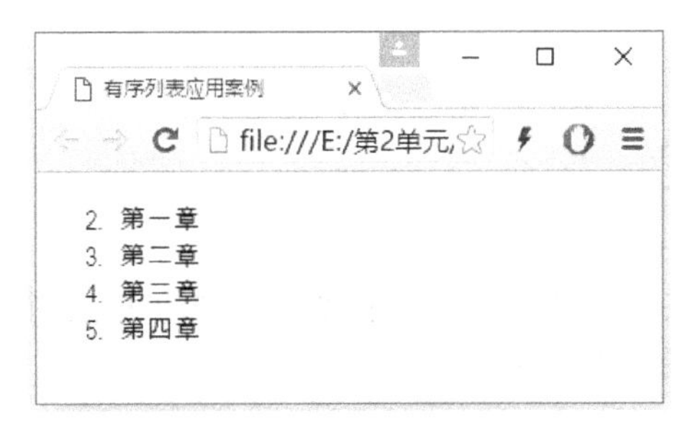

图 2-11 修改起始编号

图 2-12 反向排序

2.2 实战演练——制作“科技馆参观须知”网页

2.2.1 网页效果图

设计并制作“科技馆参观须知”网页，效果如图 2-13 所示。

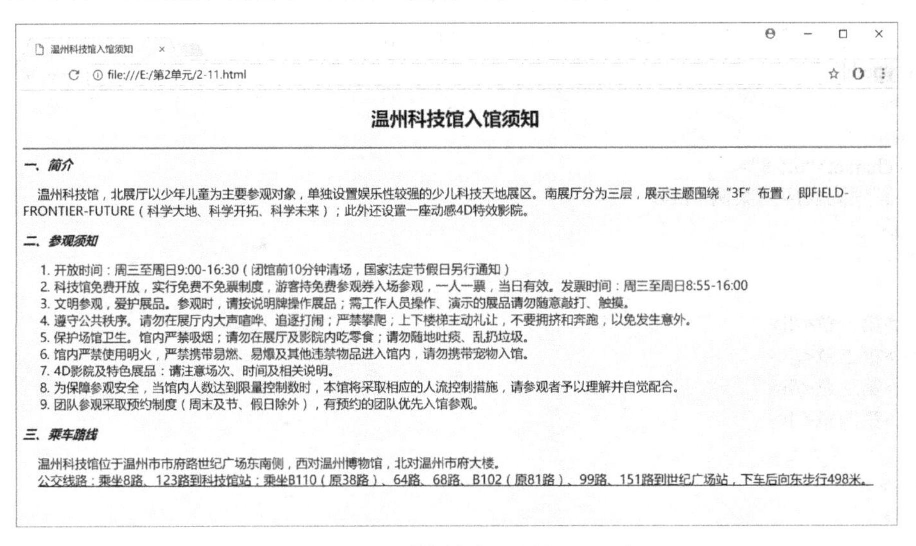

图 2-13 “科技馆参观须知”网页

2.2.2 制作过程

编写如下代码：

```
1  <!doctype html>
2  <html>
3    <head>
4      <meta charset="utf-8">
5      <title>温州科技馆入馆须知</title>
6    </head>
7    <body bgcolor="#CCFFFF">
8      <h2 align="center">温州科技馆入馆须知</h2>
9      <hr color="#FF3300">
10     <strong><i>一、简介</i></strong>
11     <p>    温州科技馆，北展厅以少年儿童为主要参观对象，单独设置娱乐性较强
12 的少儿科技天地展区。南展厅分为三层，展示主题围绕“3F”布置，即 FIELD- FRONTIER- FUTURE（科
13 学大地、科学开拓、科学未来）；此外还设置一座动感 4D 特效影院。</p>
14     <strong><i>二、参观须知</i></strong >
15     <ol>
16     <li>开放时间：周三至周日 9:00-16:30（闭馆前 10 分钟清场，国家法定节假日另行通知）</li>
17     <li>科技馆免费开放，实行免费不免票制度，游客持免费参观券入场参观，一人一票，当日有效。
18 发票时间：周三至周日 8:55-16:00</li>
19     <li>文明参观，爱护展品。参观时，请按说明牌操作展品；需工作人员操作、演示的展品请勿随意敲
20 打、触摸。</li>
21     <li>遵守公共秩序。请勿在展厅内大声喧哗、追逐打闹；严禁攀爬；上下楼梯主动礼让，不要拥挤和
22 奔跑，以免发生意外。</li>
23     <li>保护场馆卫生。馆内严禁吸烟；请勿在展厅及影院内吃零食；请勿随地吐痰、乱扔垃圾。</li>
24     <li>馆内严禁使用明火，严禁携带易燃、易爆及其他违禁物品进入馆内，请勿携带宠物入馆。</li>
25     <li>4D 影院及特色展品：请注意场次、时间及相关说明。</li>
26     <li>为保障参观安全，当馆内人数达到限量控制数时，本馆将采取相应的人流控制措施，请参观者
27 予以理解并自觉配合。</li>
28     <li>团队参观采取预约制度（周末及节假日除外），有预约的团队优先入馆参观。</li>
29     </ol>
30     <strong><i>三、乘车路线</i></strong >
31     <p>    温州科技馆位于温州市市府路世纪广场东南侧，西对温州博物馆，北对
32 温州市府大楼。<br>
33         <u>公交线路：乘坐 8 路、123 路到科技馆站；乘坐 B110（原 38 路）、
34 64 路、68 路、B102（原 81 路）、99 路、151 路到世纪广场站，下车后向东步行 498 米。</u>
35     </p>
36   </body>
37 </html>
```

2.2.3 代码分析

第 5 行代码，使用<title>…</title>标签定义浏览器标题中的文字。

第 7 行代码，通过 bgcolor 属性设置网页的背景颜色。

第 8 行代码，使用<h2>…</h2>标签设置标题，并通过设置 align 属性将标题居中。

第 9 行代码，添加水平线，并设置水平线的颜色。

第 10、14、30 行代码，采用标签嵌套的模式，使用<strong>…</strong>标签设置粗体文字，

使用<i>…</i>标签设置斜体文字。

第 11～35 行代码，使用<p>…</p>标签设置段落，并用多个“ ”生成若干空格。

第 15～29 行代码，使用<ol>…</ol>标签设置有序列表，每项用<li>…</li>标签包围。

第 32 行代码，使用
标签实现断行显示。

第 33～34 行代码，使用<u>…</u>标签给文字增加下画线。

2.3 强化训练——制作“我家菜馆”点菜单网页

微课视频

2.3 强化训练

2.3.1 网页效果图

设计并制作“我家菜馆”点菜单网页，效果如图 2-14 所示。

图 2-14 “我家菜馆”点菜单网页

2.3.2 制作过程

编写如下代码：

```
1   <!DOCTYPE html>
2   <html>
3    <head>
4     <meta charset="utf-8" />
5     <title>“我家菜馆”点菜单</title>
6    </head>
7    <body bgcolor="#FFFFCC">
8     <h3>  “我家菜馆”点菜单</h3>
9     <ul>
10     <li><strong>吃货推荐</strong></li>
11     <ol>
12      <li>家常回锅肉……40 元</li>
13      <li>鱼香肉丝………30 元</li>
14      <li>水煮肉片丝……45 元</li>
15      <li>魔芋烧鸭丝……40 元</li>
```

```
16        </ol>
17        <li><strong>店家招牌</strong></li>
18        <ol>
19          <li>剁椒鱼头丝……48 元</li>
20          <li>酱香排丝………50 元</li>
21          <li>酸菜丝…………36 元</li>
22          <li>锅仔小酥肉……32 元</li>
23        </ol>
24        <li><strong>家常菜肴</strong></li>
25        <ol>
26          <li>私房烩豆腐肉…18 元</li>
27          <li>生煎菠菜丝……16 元</li>
28          <li>干锅球菜丝……22 元</li>
29          <li>西湖牛肉羹肉…28 元</li>
30        </ol>
31        <li><strong>甜食</strong></li>
32        <ol>
33          <li>蜜汁芝麻球丝…12 元</li>
34          <li>金沙茄球丝……18 元</li>
35          <li>银丝山药卷丝…18 元</li>
36          <li>松仁玉米丝……18 元</li>
37        </ol>
38      </ul>
39      <hr width="280" size="1" align="left" color="#990000" >
40      <i>地址：永中街道永祥路 198 号</i>
41      <br>
42      <i>外卖电话：12345678900</i>
43    </body>
44  </html>
```

2.3.3　代码分析

第 5 行代码，使用<title>…</title>标签定义浏览器标题中的文字。

第 7 行代码，通过 bgcolor 属性设置网页的背景颜色。

第 8 行代码，使用<h3>…</h3>标签设置点菜单标题，“ ”表示一个空格符。

第 9、10、17、24、31、38 行代码，建立一个无序列表，列表中的每项都用<strong>…</strong>标签设置粗体文字。

第 11～16 行，第 18～23 行，第 25～30 行，第 32～37 行代码，分别建立有序列表。

第 39 行代码，通过<hr>标签插入一条水平线，并设置其 width（长度）、size（粗细）、align（对齐方式）和 color（颜色）属性。

第 40、42 行代码，设置斜体文字。

第 41 行代码，插入换行。

2.4　课后实训

微课视频

2.4　课后实训

设计并制作“古诗欣赏”网页，效果如图 2-15 所示。

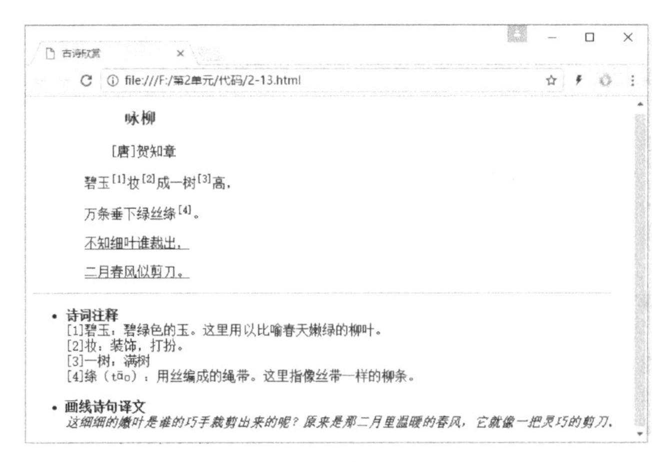

图 2-15 “古诗欣赏”网页

任务 3 图像和超链接

微课视频

3.1 知识准备

3.1 知识准备

3.1.1 图像标签

使用图像标签<img>可以在网页中嵌入一幅图像。实际上，<img>标签并不会在网页中插入图像，而是从网页上链接图像。<img>标签创建的是被引用图像的占位空间。

<img>标签只包含属性，并且没有闭合标签。它有两个重要的属性：src 属性和 alt 属性。定义图像的语法格式如下：

```
<img src="url" alt="some_text">
```

其中，src 指“source”，该属性的值是图像的 URL 地址。alt 属性用来为图像定义一串预备的可替换的文本，以便在浏览器无法载入图像时替换文本属性，提示浏览者相关信息。图像标签的属性见表 3-1。

表 3-1 图像标签的属性

属 性	描 述	属 性	描 述
src	规定显示图像的 URL	alt	图像不能显示时的替换文本
align	规定如何根据周围的文本排列图像（不推荐使用）	border	定义图像周围的边框（不推荐使用）
height	定义图像的高度	width	设置图像的宽度
hspace	定义图像左侧和右侧的空白（不推荐使用）	vspace	定义图像顶部和底部的空白（不推荐使用）
title	光标停留在图像上时，显示提示文字	—	—

【例 3-1】在网页中插入图像，网页效果如图 3-1 所示。代码如下：

```
1  <!DOCTYPE html>
2  <html>
3    <head>
4      <meta charset="utf-8" />
```

```
5     <title>无标题文档</title>
6    </head>
7    <body>
8     <center>
9      <img src="images/1.gif" alt="女孩" title="女孩" >
10     <img src="images/2.gif" width="240" height="320" >
11     <img src="images/3.gif" border="1" >
12     <img src="images/4.gif" >
13    </center>
14   </body>
15  </html>
```

提示：

- 网页中常用的图像格式有 GIF、JPG 和 PNG 格式。
- 图像的 alt 属性有助于搜索引擎在收录网页时对网页内容进行分析，从而有利于搜索引擎的优化。
- <center>…</center>标签可以将其内部的网页元素居中显示，但不建议使用，因为<center>标签在 HTML5 中已经被删除，可以通过设置 CSS 样式进行替代。

图 3-1　在网页中插入图像

3.1.2　绝对路径和相对路径

绝对路径是指文件或目录在硬盘上真正的路径。例如，图像 top.jpg 存放在 C 盘的 images 文件夹中，那么该图像的绝对路径表示为 C:\images\top.jpg。

相对路径就是相对于当前文件的路径。网页中的图片、超链接等一般都使用相对路径表示。常见的相对路径表示方法见表 3-2。

表 3-2　常见的相对路径表示方法

HTML 文档的位置	图像的位置	相 对 路 径	情 形 说 明
C:\demo	C:\demo	<img src= " top.jpg " >	图文均在同一目录
C:\demo	C:\demo\images	<img src= " images/top.jpg " >	图在网页下一层目录
C:\demo	C:\	<img src= " ../top.jpg " >	图在网页上一层
C:\demo	C:\images	<img src= " ../images/top.jpg " >	图文在同一层但在不同的目录

在表 3-2 中，“../”表示回到上一层目录；“images/”表示进入下一层目录 images；而“../images/”表示回到上一层目录，然后进入目录 images。以上的表示方法均属于“相对路径”的范畴。

【例 3-2】绝对路径和相对路径。建立站点，站点中各文件的位置如图 3-2 所示。在 index.html 网页中插入图像，生成相对路径。代码如下：

```
1   <!DOCTYPE html>
2   <html>
3     <head>
4       <meta charset="utf-8" />
5       <title>无标题文档</title>
6     </head>
7     <body>
8       <center>
9         <img src="../images/1.gif" title="图片 1" alt="图片 1" >
10        <img src="2.gif" title="图片 2" alt="图片 2" width="240" height="320" border="1" >
11        <img src="../3.gif" title="图片 3" alt="图片 3" >
12        <img src="images/4.gif" alt="图片 4" title="图片 4" >
13      </center>
14    </body>
15  </html>
```

图 3-2　站点中各文件的位置

3.1.3　超链接标签

现如今，很多网页中都有超链接（全称为超文本链接），用户单击超链接可以从一张页面跳转到另一张页面。HTML 使用超链接与网络上的另一个文档相连。HTML 使用<a>标签进行设置。超链接可以是一个字、一个词、一组词，也可以是一幅图像，单击这些内容可以跳转到新的文档或当前文档中的某个部分。当鼠标指针移至网页中的某个链接上时，光标会变为小手形状。

HTML 使用超链接的语法格式如下：

```
<a href=" url " target=" 目标窗口的弹出方式 ">链接文本</a>
```

在<a>标签中，href 属性用于描述链接的地址，target 属性用于描述链接页面的打开方式，其取值有“_self”和“_blank”两种，“_self”为默认值，表示在原网页窗口中打开，“_blank”表示在新窗口中打开。

【例 3-3】在网页中插入超链接，网页效果如图 3-3 所示。代码如下：

```
1   <!DOCTYPE html>
2   <html>
3     <head>
4       <meta charset="utf-8" />
5       <title>无标题文档</title>
6     </head>
7     <body>
8       <a href="http://www.baidu.com" target="_self">百度主页，原窗口打开</a>
9       <br>
10      <a href="http://www.sina.com" target="_blank">新浪主页，新窗口打开</a>
11      <br>
12      <a href="http://www.baidu.com" title="百度" target="_blank"><img src="images/baidu.png"
13  width="270" height="129" ></a>
```

```
14  </body>
15  </html>
```

图 3-3　在网页中插入超链接

提示：href 属性的内容可以是站点内网页文件的相对路径，也可以是网页的网址等。

3.1.4　锚点链接

如果网页的内容较多，浏览时就需要不断拖动滚动条进而查看网页的全部内容，这样做不仅降低了网页的浏览效率，而且还不便于定位网页内容。锚点链接可以帮助浏览者快速定位网页中的目标内容，实现网页内的链接跳转。锚点链接的创建方法如下。

① 使用<a name= " 锚点名称 " ></a>创建目标位置的锚点名称。

② 使用<a href= " #锚点名称 " >链接文本</a>创建锚点链接。

单击链接文本，网页窗口即可定位到目标位置。

【例 3-4】在网页中插入锚点链接，网页效果如图 3-4 所示。代码如下：

注意：因篇幅有限，仅列出部分代码。

```
1   ..............................
2     <tbody>
3       <tr>
4         <td><p>
5           <a name="menu"></a>
6           <a href="#item1">节气谣谚诗歌</a><br>
7           <a href="#item2">节气分类</a><br>
8           <a href="#item3">节气的安排及含义</a><br>
9           <a href="#item4">二十四番花信风</a><br>
10          <a href="#item5">各地有关节气的谚语</a><br>
11        </p></td>
12      </tr>
13    </tbody>
14  </table>
15  <hr>
16  <br>
17  <table align="center" border="0" width="100%">
18    <tbody>
19      <tr>
20        <td><p align="center"><br>
21        <a name="item1">节气谣谚诗歌</a></p>
22          <p>民谣：<br>
23            &ldquo;春雨惊春清谷天，夏满芒夏暑相连；秋处露秋寒霜降，冬雪雪冬大小寒。每月两节日
24  期定，最多相差一两天，上半年来六廿一，下半年是八廿三。&rdquo;<br>
25            或曰：&ldquo;春雨惊春清谷天，夏满芒夏两暑连；秋处露秋寒霜降，冬雪雪冬小大寒。上半
26  年是六廿一，下半年来八廿三，每月两节日期定，最多不差一二天。&rdquo;<br>
```

```
27              <br>
28              民谚：<br>
29              &ldquo;种田无定例，全靠看节气。立春阳气转，雨水沿河边。惊蛰乌鸦叫，春分滴水干。清
30  明忙种粟，谷雨种大田。立夏鹅毛住，小满雀来全。芒种大家乐，夏至不着棉。小暑不算热，大暑在伏
31  天。立秋忙打垫，处暑动刀镰。白露快割地，秋分无生田。寒露不算冷，霜降变了天。立冬先封地，小
32  雪河封严。大雪交冬月，冬至数九天。小寒忙买办，大寒要过年。&rdquo;<br>
33              <br>
34              在四川地区，还流传着一首《节气百子歌》：<br>
35              &ldquo;说个子来道个子，正月过年耍狮子。二月惊蛰抱蚕子，三月清明坟飘子。四月立夏插
36  秧子，五月端阳吃粽子。六月天热买扇子，七月立秋烧袱子。八月过节麻饼子，九月重阳捞糟子。十月
37  天寒穿袄子，冬月数九烘笼子。腊月年关四处去躲账主子。&rdquo;<br>
38              <br>
39              七言诗：<br>
40              &ldquo;地球绕着太阳转，绕完一圈是一年。一年分成十二月，二十四节紧相连。按照公历来
41  推算，每月两气不改变。上半年是六、廿一，下半年逢八、廿三。这些就是交节日，有差不过一两天。
42  二十四节有先后，下列口诀记心间：一月小寒接大寒，二月立春雨水连；惊蛰春分在三月，清明谷雨四
43  月天；五月立夏和小满，六月芒种夏至连；七月大暑和小暑，立秋处暑八月间；九月白露接秋分，寒露
44  霜降十月全；立冬小雪十一月，大雪冬至迎新年。抓紧季节忙生产，种收及时保丰年。&rdquo;<br>
45              <br>
46              夏九九歌：<br>
47              &ldquo;一九二九，扇子不离手。三九二十七，冰水甜如蜜。四九三十六，争向路头宿。五九
48  四十五，树头秋叶舞。六九五十四，乘凉不入寺。七九六十三，夜眠寻被单。八九七十二，被单添夹被。
49  九九八十一，家家打炭墼。&rdquo;<br>
50          </p></td>
51      </tr>
52    </tbody>
53  </table>
54  <p align="right"><a href="#menu">回到菜单</a></p>
55  ……………………………
```

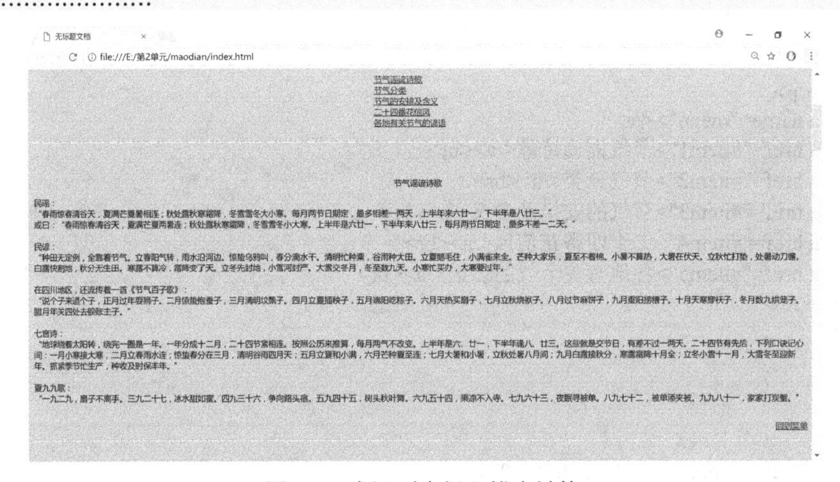

图 3-4　在网页中插入锚点链接

提示：<body>…</body>之间的标签还可以分为两大类，即行内（inline）标签和块级（block）标签。其中，行内标签是不能自动换行的标签，其特点是所有元素都在一行，高度、行高及顶部边距、底部边距不可改变，如<a>、
、<input>、<img>、<label>、<select>等标签，行内标签一般不用于网页布局。块级标签是可以自动换行的标签，其特点是所有元素都另起一行开始，高度、行高及顶部边距、底部边距都可以控制，如<table>、<form>、<div>、<hr>、<ul>、<p>等标签，块级标签一般可用于网页布局。

3.2　实战演练——制作“网页技术介绍”网页

3.2　实战演练

3.2.1　网页效果图

设计并制作“网页技术介绍”网页，效果如图 3-5~图 3-7 所示。

单击 index.html 页面中的图片时，会自动跳转显示 page1.html 页面。

图 3-5　index.html 页面

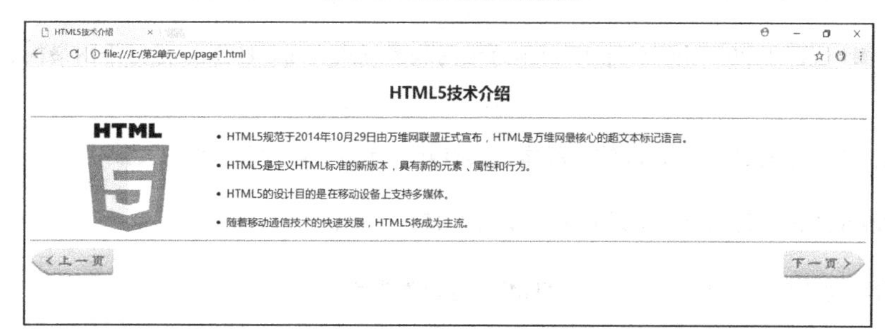

图 3-6　page1.html 页面

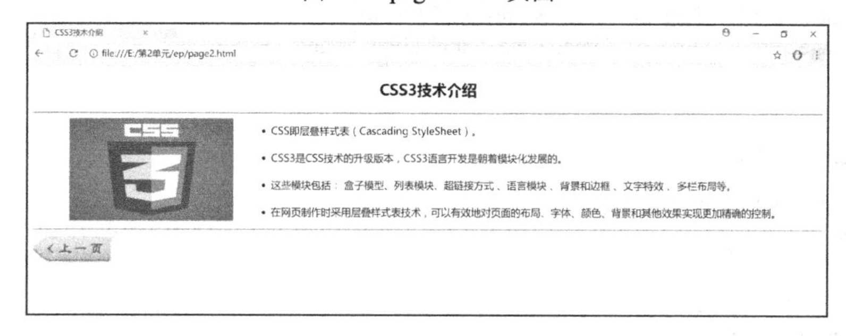

图 3-7　page2.html 页面

3.2.2　制作过程

1. index.html 页面

index.html 页面的代码如下：

```
1    <!DOCTYPE html>
2    <html>
```

```
3     <head>
4       <meta charset="utf-8" />
5       <title>网页技术介绍</title>
6     </head>
7     <body>
8       <center>
9         <a href="page1.html"><img src="images/timg.jpg" title="单击进入" ></a>
10      </center>
11    </body>
12  </html>
```

2. page1.html 页面

page1.html 页面的代码如下：

```
1   <!DOCTYPE html>
2   <html>
3     <head>
4       <meta charset="utf-8" />
5       <title>HTML5 技术介绍</title>
6     </head>
7     <body>
8       <h2 align="center">HTML5 技术介绍</h2>
9       <hr size="2" color="#FF6600" />
10      <img src="images/HTML5.jpg" width="176" height="160" align="left" hspace="60" >
11      <ul>
12        <li>HTML5 规范于 2014 年 10 月 29 日由万维网联盟正式宣布，HTML 是万维网最核心的超文本标记
13  语言。</li>
14        <br>
15        <li>HTML5 是定义 HTML 标准的新版本，具有新的元素、属性和行为。</li>
16        <br>
17        <li>HTML5 的设计目的是在移动设备上支持多媒体。</li>
18        <br>
19        <li>随着移动通信技术的快速发展，HTML5 将成为主流。</li>
20      </ul>
21      <hr size="2" color="#FF6600" />
22      <a href="index.html"><img src="images/prev.png" /></a>
23      <a href="page2.html"><img src="images/next.png" align="right" /></a>
24    </body>
25  </html>
```

3. page2.html 页面

page2.html 页面的代码如下：

```
1   <!DOCTYPE html>
2   <html>
3     <head>
4       <meta charset="utf-8" />
5       <title>CSS3 技术介绍</title>
6     </head>
7     <body>
8       <h2 align="center">CSS3 技术介绍</h2>
9       <hr size="2" color="#33CC00" />
10      <img src="images/css3.jpg" width="261" height="159" align="left" hspace="60" >
11      <ul>
12        <li>CSS 即层叠样式表（Cascading StyleSheet）。 </li>
13        <br>
```

```
14      <li>CSS3 是 CSS 技术的升级版本，CSS3 语言开发是朝着模块化发展的。</li>
15      <br>
16      <li>这些模块包括： 盒子模型、列表模块、超链接方式、语言模块、背景和边框、文字特效、
17  多栏布局等。</li>
18      <br>
19      <li>在网页制作时采用层叠样式表技术，可以有效地对页面的布局、字体、颜色、背景和其他效果实
20  现更加精确的控制。</li>
21     </ul>
22     <hr size="2" color="#33CC00" />
23     <a href="page1.html"><img src="images/prev.png" /></a>
24   </body>
25  </html>
```

3.2.3　代码分析

（1）index.html 页面代码分析。

第 9 行代码，在图像中设置超链接标签。

（2）page1.html 页面代码分析。

第 8 行代码，使用<h2>…</h2>标签设置标题，并通过设置 align 属性将标题居中。

第 9、21 行代码，使用<hr>标签插入一条水平线，并设置其 size 和 color 属性。

第 10 行代码，插入图像，设置 width、height、align、hspace（水平方向与文字之间的间距）属性。在本例中，只有将图像设置为左对齐，才能使文字显示在图像右侧。

第 11～20 行代码，使用<ul>…</ul>标签设置一个无序列表。

第 22、23 行代码，在图像中设置超链接标签，并设置 align 属性。

（3）page2.html 页面代码分析。

与 page1.html 页面代码相似，不再赘述。

3.3　强化训练——制作“文章故事网”网页

微课视频

3.3　强化训练

3.3.1　网页效果图

设计并制作“文章故事网”网页，效果如图 3-8 所示。

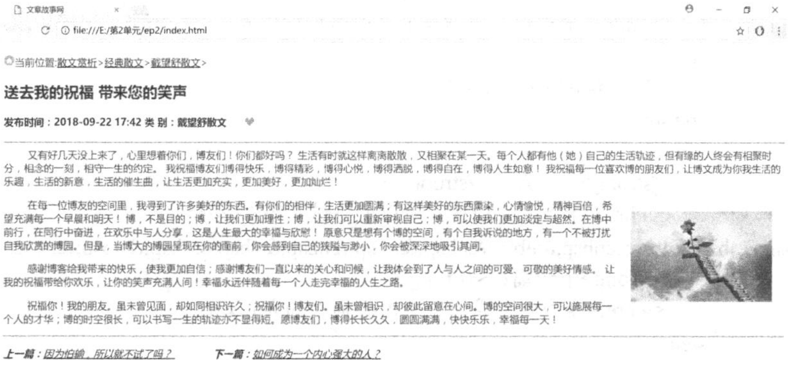

文章故事网

file:///E:/第2单元/ep2/index.html

当前位置:散文赏析>经典散文>戴望舒散文>

送去我的祝福 带来您的笑声

发布时间：2018-09-22 17:42 类 别：戴望舒散文

上一篇：因为怕输，所以就不试了吗？　　下一篇：如何成为一个内心强大的人？

图 3-8　“文章故事网”网页

3.3.2 制作过程

编写如下代码：

```
1  <!doctype html>
2  <html>
3  <head>
4      <meta charset="utf-8">
5      <title>文章故事网</title>
6  </head>
7  <body text="#333333" topmargin="20px">
8      <img src="images/dq.jpg">当前位置:
9      <a href="#">散文赏析</a>&gt;
10     <a href="#">经典散文</a>&gt;
11     <a href="#">戴望舒散文</a>&gt;
12     <h2>送去我的祝福 带来您的笑声</h2>
13     <h4>发布时间：2018-09-22 17:42 类 别：戴望舒散文
14         <img src="images/x.gif" width="15" height="13" hspace="30"> </h4>
15     <hr color="#666666" size="1">
16         又有好几天没上来了，心里想着你们，博友们！你们
17 都好吗？ 生活有时就这样离离散散，又相聚在某一天。每个人都有他（她）自己的生活轨迹，但有缘
18 的人终会有相聚时分，相念的一刻，相守一生的约定。我祝福博友们博得快乐，博得精彩，博得心悦，
19 博得洒脱，博得自在，博得人生如意！ 我祝福每一位喜欢博的朋友们，让博文成为你我生活的乐趣，生活
20 的新意，生活的催生曲，让生活更加充实，更加美好，更加灿烂！<p> </p>
21     <img src="images/pic.JPG" width="232" height="142" align="right" vspace="20" hspace="20">
22         在每一位博友的空间里，我寻到了许多美好的东西。
23 有你们的相伴，生活更加圆满；有这样美好的东西熏染，心情愉悦，精神百倍，希望充满每一个早晨和明天！
24 博，不是目的；博，让我们更加理性；博，让我们可以重新审视自己；博，可以使我们更加淡定与超然。
25 在博中前行，在同行中奋进，在欢乐中与人分享，这是人生最大的幸福与欣慰！ 原意只是想有个博的空间，
26 有个自我诉说的地方，有一个不被打扰自我欣赏的博园。但是，当博大的博园呈现在你的面前，你会感到
27 自己的狭隘与渺小，你会被深深地吸引其间。<p> </p>
28         感谢博客给我带来的快乐，使我更加自信；感谢博
29 友们一直以来的关心和问候，让我体会到了人与人之间的可爱、可敬的美好情感。 让我的祝福带给你欢
30 乐，让你的笑声充满人间！幸福永远伴随着每一个人走完幸福的人生之路。<p> </p>
31         祝福你！我的朋友。虽未曾见面，却如同相识许久；
32 祝福你！博友们。虽未曾相识，却彼此留意在心间。博的空间很大，可以施展每一个人的才华；博的时空
33 很长，可以书写一生的轨迹亦不显得短。愿博友们，博得长长久久，圆圆满满，快快乐乐，幸福每一天！
34             <p></p>
35             <hr color="#666666" size="1">
36             <p></p>
37             <em>
38                 <strong>上一篇：</strong>
39                 <a href="#">因为怕输，所以就不试了吗？ </a>
40              
41                 <strong>下一篇：</strong>
42                 <a href="#">如何成为一个内心强大的人？</a>
43             </em>
44 </body>
45 </html>
46
```

3.3.3 代码分析

第 7 行代码，通过设置 text 属性定义网页中的默认文字颜色，通过设置 topmargin 属性定义网页内容距离浏览器上边沿的距离。

第 9 行代码，使用<a href="#">…</a>标签设置超链接，链接目标为当前网页。

第 14 行代码，通过设置 hspace 属性定义图片与左、右文本的间距。

第 21 行代码，通过设置 vspace 属性定义图片与上、下文本的间距。

微课视频

3.4 课后实训

3.4 课后实训

设计并制作“旅游景点网”网页，效果如图 3-9 所示。

旅游景点网

file:///E:/第2单元/ep3/index.html

热门 国内游 国外游

风光壮美的中国尼泊尔普兰边境 一河之隔却犹如两处天地

西藏阿里地区的普兰县，地处中国与印度、尼泊尔三国的交界处，是我国漫长边境线上为数不多的三国交界县之一（全中国只有12个县），因此普兰自古以来就是西藏重要的对外贸易通道，县城里甚至有一个“国际市场”……

头像一柄锈剑

超强台风山竹后世界第二高塔安然无恙，让全球看到真正的中国造

从网上及相关媒体报道中可以看到，当9月16日登陆我国的台风“山竹”让沿途多地遭受重创时，广州塔（又名：小蛮腰）上的霓虹依然在狂风暴雨中绽放光彩，塔身上还不断的播放：“敬畏自然 珍惜生命”、“注意安全 祝您平安”等公益广告……

光光摄客

国内媲美欧洲瑞士的小县城，拥有绝美的山顶草原

每年的九月，是北方和西北地区秋色争相斗艳之时，身居南方的我，秋色来的太迟，只好年年往外跑到处去秋摄，今年来到了青海自驾。我们从西宁出发，先前往祁连，翻越达坂山、经过门源、横穿祁连大草原，一路都是美景。……

一起去旅行

图 3-9 “旅游景点网”网页

第三单元

HTML5 新增标签及属性

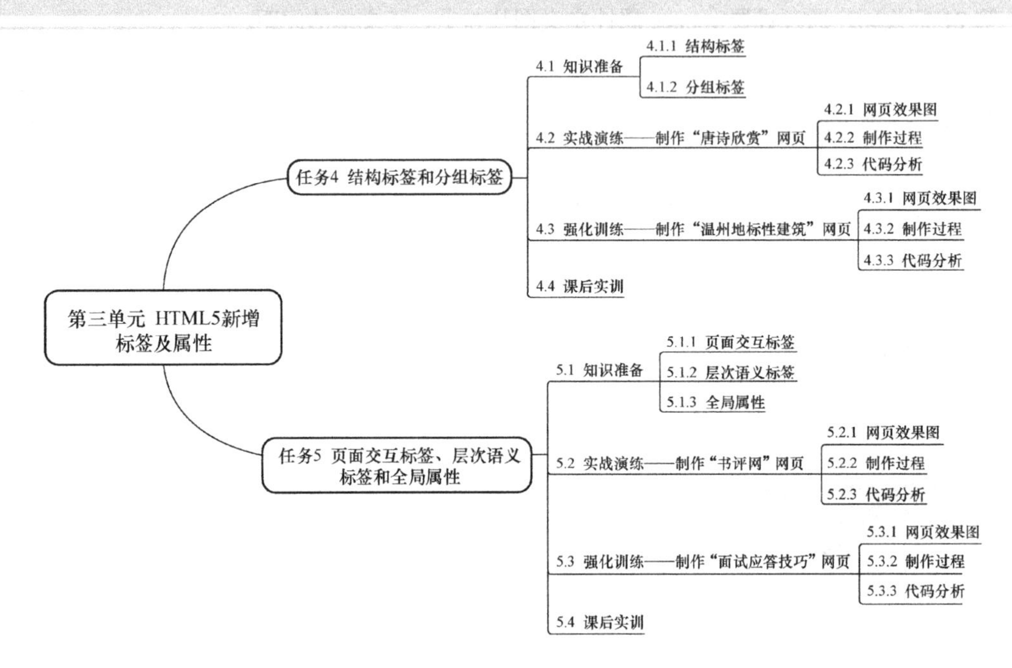

本章知识要点思维导图

1999 年 12 月 24 日，HTML 4.01 版本正式推出，这一版本相比以前的版本做了很多改进。但是，从 HTML 4.01 版本到 HTML5 版本，许多元素已经被废弃，这些元素在 HTML5 中被重新定义。为了更好地处理如今的互联网应用程序，HTML5 添加了很多新元素及属性，这是 HTML5 的一大亮点。新增的元素使网页结构更加清晰、明确，新增的属性使标签功能更加强大、丰富。

【学习目标】

1. 理解并掌握 HTML5 新增标签的使用方法。
2. 掌握全局属性的应用方法。

任务 4　结构标签和分组标签

4.1　知识准备

微课视频

4.1　知识准备

4.1.1　结构标签

HTML5 提供了新的标签来创建更好的页面结构，这些标签就是结构标签，其作用与块级标签非常相似。

1. <header>标签

<header>标签用于定义文档或文档的部分区域的页眉，它可以作为介绍内容或导航链接的容器。在一个文档中，可以定义多个<header>标签，也可以为每个独立内容块添加<header>标签。

【例 4-1】<header>标签的使用，网页效果如图 4-1 所示，代码如下：

```
1   <!DOCTYPE html>
2   <html>
3     <head>
4       <meta charset="utf-8" />
5       <title><header>标签的使用</title>
6     </head>
7     <body>
8       <header>
9         <h2 align="center">我院通过教育部第二批国家现代学徒制试点单位评审认定</h2>
10        <p align="center">发表时间：2017-09-09  来源：信息工程系  编辑：党院办
11    浏览量：483 次</p>
12        <hr />
13      </header>
14    </body>
15  </html>
```

2. <nav>标签

<nav>标签用于定义导航链接的区域。并不是所有的 HTML 文档都要用到<nav>标签，在不同的设备（手机或计算机）上可以设置导航链接是否显示<nav>标签，从而适应各种屏幕的需求。

【例 4-2】<nav>标签的使用，网页效果如图 4-2 所示。代码如下：

```
1   <!DOCTYPE html>
2   <html>
3     <head>
4       <meta charset="utf-8" />
5       <title><nav>标签的使用</title>
6     </head>
7     <body>
8       <nav>
9         <ul>
10          <li><a href="#">学院首页</a></li>
11          <li><a href="#">学院概况</a></li>
12          <li><a href="#">新闻中心</a></li>
13          <li><a href="#">招生就业</a></li>
14        </ul>
15      </nav>
16    </body>
17  </html>
```

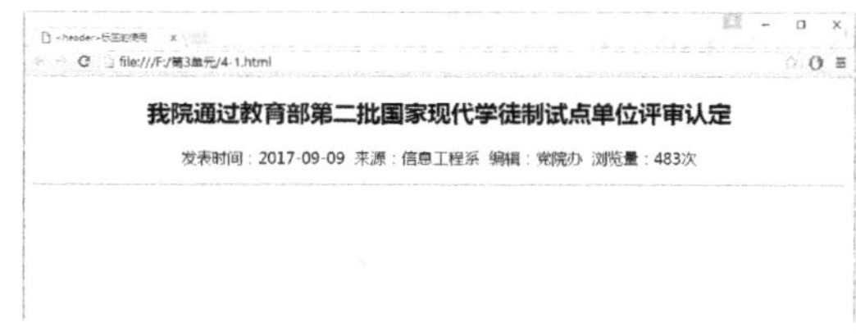

图 4-1 <header>标签的使用

<nav>标签的使用
file:///F:/第3单元/4-2.html
- 学院首页
- 学院概况
- 新闻中心
- 招生就业

图 4-2 <nav>标签的使用

3. <article>标签

<article>标签用于定义独立的内容，标签定义的内容必须是有意义的且独立于文档的其余部分。<article>标签内可以用多个<section>标签进行划分。<article>标签的潜在来源包括：论坛帖子、博客文章、新闻故事、评论。

【例 4-3】<article>标签的使用，网页效果如图 4-3 所示。代码如下：

```
1   <!DOCTYPE html>
2   <html>
3     <head>
4       <meta charset="utf-8" />
5       <title><article>标签的使用</title>
6     </head>
7     <body>
8       <article>
9         <header>
10          <h2>相思</h2>
11          <h4>唐代：王维</h4>
12        </header>
13        <section>
14          红豆生南国，春来发几枝。
15          <br>愿君多采撷，此物最相思。
16          <br>
17        </section>
18      </article>
19      <hr />
20      <article>
21        <header>
22          <h3>译文及注释</h3>
23        </header>
24        <section>
25          <header>
26            <h4>译文:</h4>
27          </header>
28          <section>
29            鲜红浑圆的红豆，生长在阳光明媚的南方，春暖花开的季节，不知又生出多少？
30            <br>希望思念的人儿多多采集，小小红豆引人相思。
31          </section>
32        </section>
33        <section>
34          <header>
35            <h4>注释:</h4>
36          </header>
37          <section>
38            ⑴相思：题一作“相思子”，又作“江上赠李龟年”。
39            <br>⑵红豆：又名相思子，一种生在江南地区的植物，结出的籽像豌豆而稍扁，呈鲜红色。
40            <br>⑶“春来”句：一作“秋来发故枝”。
41            <br>⑷“愿君”句：一作“劝君休采撷”。采撷（xi$eacute;）：采摘。
42            <br>⑸相思：想念。
43          </section>
44        </section>
45      </article>
46      <hr />
47      <article>
48        <header>
49          <h3>创作背景</h3>
```

```
50        </header>
51        <section>
52          此诗一作《江上赠李龟年》，可见为怀念友人之作。据载，天宝末年安史之乱时，李龟年流落江南曾
53  演唱此诗，可证此诗为天宝年间所作。
54        </section>
55      </article>
56    </body>
57  </html>
```

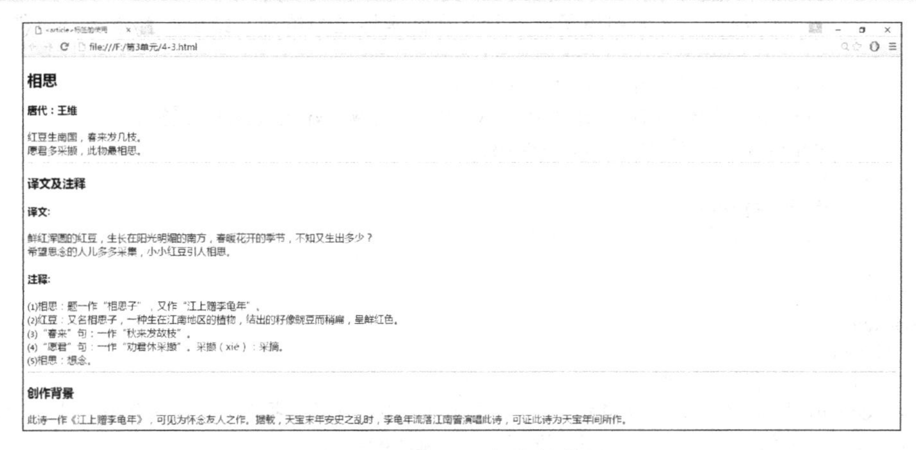

图 4-3　<article>标签的使用

4. <aside>标签

<aside>标签用于定义被包含在<arcticle>标签中作为主要内容的附属信息部分（如与当前文章有关的相关资料、名词解释等），或者在<arcticle>标签外作为页面或站点全局的附属信息部分（如侧边栏、友情链接、文章列表、广告单元等）。<aside>标签中的内容应该与附近的内容相关。

【例 4-4】<aside>标签的使用，网页效果如图 4-4 所示。代码如下：

```
1   <!doctype html>
2   <html>
3
4     <head>
5       <meta charset="utf-8">
6       <title><aside>标签的使用</title></head>
7     <body>
8       <article>
9         <header>
10          <h2>相思</h2>
11          <h4>唐代：王维</h4></header>
12        <section>红豆生南国，春来发几枝。
13          <br>愿君多采撷，此物最相思。
14          <br></section>
15        <aside>
16          <h5>唐诗三百首，咏物，抒情，思念</h5></aside>
17      </article>
18      <hr>
19      <article>
20        <header>
21          <h3>译文及注释</h3></header>
22        <section>
23          <header>
```

```
24              <h4>译文:</h4></header>
25          <section>鲜红浑圆的红豆，生长在阳光明媚的南方，春暖花开的季节，不知又生出多少？
26              <br>希望思念的人儿多多采集，小小红豆引人相思。</section>
27              </section>
28          <section>
29              <header>
30                  <h4>注释:</h4></header>
31              <section>⑴相思：题一作“相思子”，又作“江上赠李龟年”。
32                  <br>⑵红豆：又名相思子，一种生在江南地区的植物，结出的籽像豌豆而稍扁，呈鲜
33  红色。
34                  <br>⑶“春来”句：一作“秋来发故枝”。
35                  <br>⑷“愿君”句：一作“劝君休采撷”。采撷（xi$eacute;）：采摘。
36                  <br>⑸相思：想念。</section></section>
37          <aside>
38              <h5>参考资料：
39                  <br>1、邓安生 等. 王维诗选译. 成都：巴蜀书社，1990：214-215</h5></aside>
40      </article>
41      <hr>
42      <article>
43          <header>
44              <h3>创作背景</h3></header>
45          <section>此诗一作《江上赠李龟年》，可见为怀念友人之作。据载，天宝末年安史之乱时，李龟年
46  流落江南曾演唱此诗，可证此诗为天宝年间所作。</section>
47          <aside>
48              <h5>参考资料：
49                  <br>1、邓安生 等. 王维诗选译. 成都：巴蜀书社，1990：214-215</h5></aside>
50      </article>
51      <aside>
52          <h4>
53              <i>来源：古诗文网 http://so.gushiwen.org/view_5773.aspx</i>
54          </h4>
55      </aside>
56    </body>
57  </html>
```

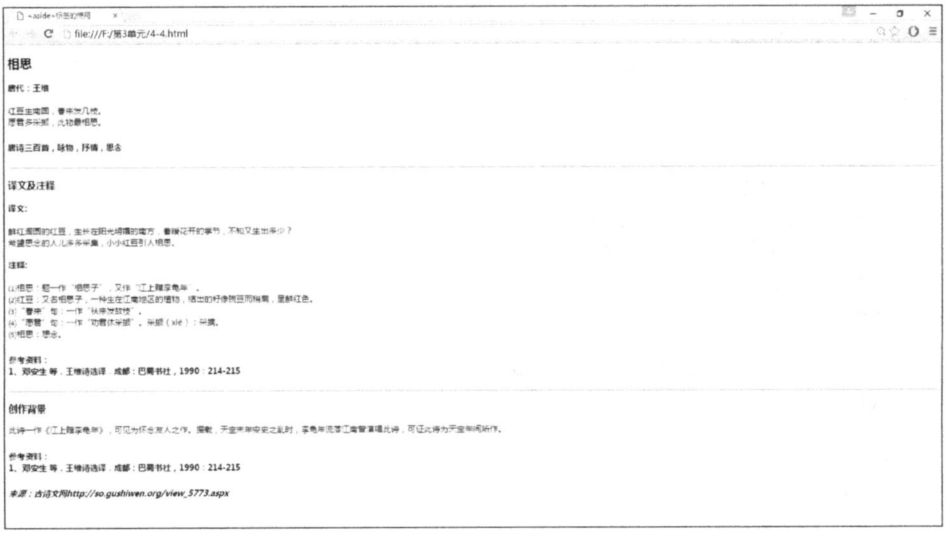

图 4-4　<aside>标签的使用

5. <section>标签

<section>标签用于定义文档中的节（section、区段），如章节、页眉、页脚或文档中的其他部分。如果<article>标签、<aside>标签、<nav>标签更符合使用条件，则尽量避免使用<section>标签。没有标题的内容区块不要使用<section>标签进行定义。

<article>标签可以看作<section>标签的特例，它比<section>标签更强调独立性。而<section>标签强调分段或分块。因此，针对相对独立且完整的内容，建议使用<article>标签；如果想对内容进行分块或分段，建议使用<section>标签。

6. <footer>标签

<footer>标签用于定义文档或文档部分区域的页脚。页脚通常包含文档的作者信息、版权信息、使用条款链接、联系信息等。可以在一个文档中使用多个<footer>标签。

【例 4-5】<footer>标签的使用，网页效果如图 4-5 所示。代码如下：

```
1   <!DOCTYPE html>
2   <html>
3    <head>
4     <meta charset="utf-8" />
5     <title><footer>标签的使用</title>
6    </head>
7    <body>
8     <article>
9      <header>
10      <h2>相思</h2>
11      <h4>唐代：王维</h4>
12     </header>
13     <section>
14      红豆生南国，春来发几枝。
15      <br>愿君多采撷，此物最相思。
16      <br>
17     </section>
18     <aside>
19      <h5>唐诗三百首，咏物，抒情，思念</h5>
20     </aside>
21     <footer>
22      <hr />
23     </footer>
24    </article>
25    <article>
26     <header>
27      <h3>译文及注释</h3>
28     </header>
29     <section>
30      <header>
31       <h4>译文:</h4>
32      </header>
33      <section>
34       鲜红浑圆的红豆，生长在阳光明媚的南方，春暖花开的季节，不知又生出多少？
35       <br>希望思念的人儿多多采集，小小红豆引人相思。
36      </section>
37     </section>
38     <section>
39      <header>
```

```
40          <h4>注释:</h4>
41        </header>
42        <section>
43      (1)相思：题一作“相思子”，又作“江上赠李龟年”。
44          <br>(2)红豆：又名相思子，一种生在江南地区的植物，结出的籽像豌豆而稍扁，呈鲜红色。
45          <br>(3)“春来”句：一作“秋来发故枝”。
46          <br>(4)“愿君”句：一作“劝君休采撷”。采撷（xi&eacute;）：采摘。
47          <br>(5)相思：想念。
48        </section>
49      </section>
50      <aside>
51        <h5>参考资料： <br>1、邓安生 等. 王维诗选译. 成都：巴蜀书社，1990：214-215</h5>
52      </aside>
53      <footer>
54        <hr />
55      </footer>
56    </article>
57    <article>
58      <header>
59        <h3>创作背景</h3>
60      </header>
61      <section>
62        此诗一作《江上赠李龟年》，可见为怀念友人之作。据载，天宝末年安史之乱时，李龟年流落江南曾
63  演唱此诗，可证此诗为天宝年间所作。
64      </section>
65      <aside>
66        <h5>参考资料： <br>1、邓安生 等. 王维诗选译. 成都：巴蜀书社，1990：214-215</h5>
67      </aside>
68    </article>
69    <aside>
70      <h4> <i>来源：古诗文网 http://so.gushiwen.org/view_5773.aspx</i> </h4>
71    </aside>
72  </body>
73  </html>
```

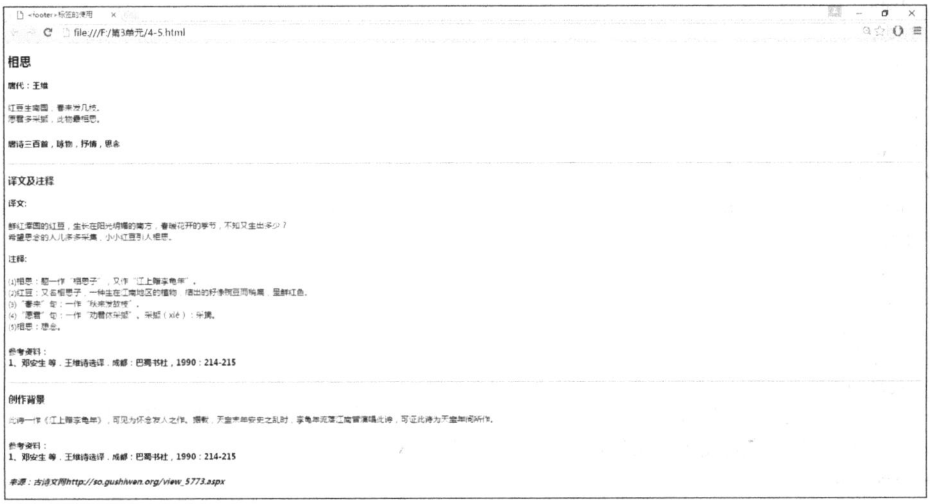

图 4-5 <footer>标签的使用

4.1.2　分组标签

1. <figure>标签和<figcaption>标签

<figure>标签用于规定独立的流内容（图像、图表、照片、代码等）。figure 元素的内容应该与主内容相关。但要注意，如果 figure 元素被删除，则不应对文档流产生影响。<figcaption>标签用于定义 figure 元素的标题（caption）。一般情况下，应该将<figcaption>标签置于 figure 元素的第一个或最后一个子元素的位置。

【例 4-6】<figure>标签和<figcaption>标签的使用，网页效果如图 4-6 所示。代码如下：

```
1   <!DOCTYPE html>
2   <html>
3     <head>
4       <meta charset="utf-8" />
5       <title><figure>标签和<figcaption>标签的使用</title>
6     </head>
7     <body>
8       <p>浙江安防职业技术学院是经教育部批准建立的公办全日制高等职业技术学院，由温州市人民政府联
9   合浙江省公安厅和公安部第一研究所举办。学院是浙江省内唯一一所重点培养具有安防科技应用与推广
10  能力，能够从事公共安全管理、安防工程建设、民航安全管理等高素质技术技能人才的高职院校。</p>
11      <figure>
12        <center>
13          <img src="images/zjaf.jpg" >
14          <figcaption>
15            校园规划图
16          </figcaption>
17        </center>
18      </figure>
19    </body>
20  </html>
```

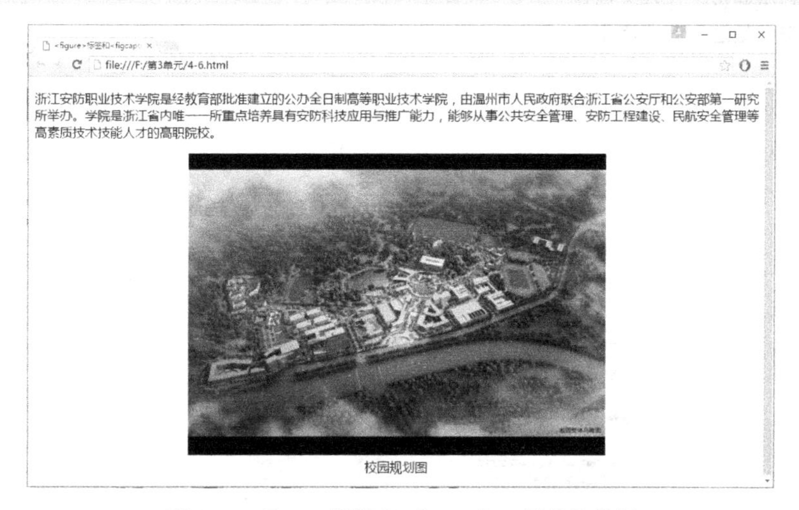

图 4-6　<figure>标签和<figcaption>标签的使用

2. <hgroup>标签

<hgroup>标签可以将多个标题（主标题和副标题/子标题）组成一个标题组。该标签用于对标题元素进行分组，通常与<h1>～<h6>标签、<figcaption>标签配合使用。

【例 4-7】<hgroup>标签的使用，网页效果如图 4-7 所示。代码如下：

```
1  <!DOCTYPE html>
2  <html>
3    <head>
4      <meta charset="utf-8" />
5      <title><hgroup>标签的使用</title>
6    </head>
7    <body>
8      <hgroup>
9        <figcaption>
10         <h4>望蓟门</h4>
11       </figcaption>唐代：祖咏
12       <br>燕台一望客心惊，笳鼓喧喧汉将营。(笳鼓 一作：箫鼓)
13       <br>万里寒光生积雪，三边曙色动危旌。
14       <br>沙场烽火侵胡月，海畔云山拥蓟城。
15       <br>少小虽非投笔吏，论功还欲请长缨。
16       <br>
17       <br>
18       <figcaption>
19         <h4>征人怨 / 征怨</h4>
20       </figcaption>唐代：柳中庸
21       <br>岁岁金河复玉关，朝朝马策与刀环。
22       <br>三春白雪归青冢，万里黄河绕黑山。
23       <br>
24       <br>
25       <figcaption>
26         <h4>次北固山下</h4>
27       </figcaption>唐代：王湾
28       <br>客路青山外，行舟绿水前。(青山外 一作：青山下)
29       <br>潮平两岸阔，风正一帆悬。
30       <br>海日生残夜，江春入旧年。
31       <br>乡书何处达？归雁洛阳边。
32       <br>
33       <br>
34     </hgroup>
35   </body>
36 </html>
```

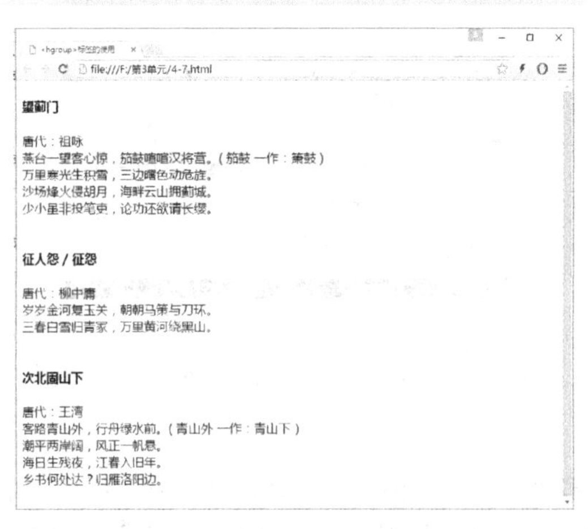

图 4-7 <hgroup>标签的使用

4.2　实战演练——制作“唐诗欣赏”网页

微课视频

4.2　实战演练

4.2.1　网页效果图

设计并制作“唐诗欣赏”网页，效果如图 4-8 所示。

图 4-8　“唐诗欣赏”网页

4.2.2　制作过程

编写如下代码：

```
1  <!DOCTYPE html>
2  <html>
3    <head>
4      <meta charset="utf-8" />
```

```
5      <title>唐诗欣赏</title>
6    </head>
7    <body>
8      <article>
9        <header>
10         <h2>相思</h2>
11         <h4>唐代：王维</h4>
12       </header>
13       <section>
14         红豆生南国，春来发几枝。
15         <br>愿君多采撷，此物最相思。
16         <br>
17       </section>
18       <aside>
19         <h5>唐诗三百首，咏物，抒情，思念</h5>
20       </aside>
21       <footer>
22         <hr />
23       </footer>
24     </article>
25     <article>
26       <header>
27         <h3>译文及注释</h3>
28     </header>
29       <section>
30         <header>
31           <h4>译文:</h4>
32         </header>
33         <section>
34           鲜红浑圆的红豆，生长在阳光明媚的南方，春暖花开的季节，不知又生出多少？
35           <br>希望思念的人儿多多采集，小小红豆引人相思。
36         </section>
37       </section>
38       <section>
39         <header>
40           <h4>注释:</h4>
41         </header>
42         <section>
43           (1)相思：题一作“相思子”，又作“江上赠李龟年”。
44           <br>(2)红豆：又名相思子，一种生在江南地区的植物，结出的籽像豌豆而稍扁，呈鲜红色。
45           <br>(3)“春来”句：一作“秋来发故枝”。
46           <br>(4)“愿君”句：一作“劝君休采撷”。采撷（xi&eacute;）：采摘。
47           <br>(5)相思：想念。
48         </section>
49       </section>
50       <aside>
51         <h5>参考资料： <br>1、邓安生 等. 王维诗选译. 成都：巴蜀书社，1990：214-215</h5>
52       </aside>
53       <footer>
54         <hr />
55       </footer>
56     </article>
57     <article>
58       <header>
```

```
59        <h3>创作背景</h3>
60      </header>
61      <section>
62        此诗一作《江上赠李龟年》，可见为怀念友人之作。据载，天宝末年安史之乱时，李龟年流落江南曾
63  演唱此诗，可证此诗为天宝年间所作。
64      </section>
65      <aside>
66        <h5>参考资料： <br>1、邓安生 等. 王维诗选译. 成都：巴蜀书社，1990：214-215</h5>
67      </aside>
68      <footer>
69        <hr />
70      </footer>
71    </article>
72    <article>
73      <figure>
74        <figcaption>
75          王维
76        </figcaption>王维（701 年—761 年，一说 699 年—761 年），字摩诘，汉族，河东蒲州（今山西运城）
77  人，祖籍山西祁县，唐朝诗人，有“诗佛”之称。苏轼评价其：“味摩诘之诗，诗中有画；观摩诘之画，
78  画中有诗。”开元九年（721 年）中进士，任太乐丞。王维是盛唐诗人的代表，今存诗 400 余首，重要诗
79  作有《相思》《山居秋暝》等。王维精通佛学，受禅宗影响很大。佛教有一部《维摩诘经》，是王维名和
80  字的由来。王维的诗、书、画都很有名，他多才多艺，也很精通音乐。与孟浩然合称“王孟”。
81        <p> <img src="images/wangwei.jpg" ></p>
82      </figure>
83      <footer>
84        <hr />
85      </footer>
86    </article>
87    <aside>
88      <h4> <i>来源：古诗文网 http://so.gushiwen.org/view_5773.aspx</i> </h4>
89    </aside>
90    <article>
91      <header>
92        <h2>猜你喜欢</h2>
93      </header>
94      <section>
95        <hgroup>
96          <figcaption>
97            <h4>望蓟门</h4>
98          </figcaption>唐代：祖咏
99          <br>燕台一望客心惊，笳鼓喧喧汉将营。（笳鼓 一作：箫鼓）
100         <br>万里寒光生积雪，三边曙色动危旌。
101         <br>沙场烽火侵胡月，海畔云山拥蓟城。
102         <br>少小虽非投笔吏，论功还欲请长缨。
103         <br>
104         <br>
105         <figcaption>
106           <h4>征人怨 / 征怨</h4>
107         </figcaption>唐代：柳中庸
108         <br>岁岁金河复玉关，朝朝马策与刀环。
109         <br>三春白雪归青冢，万里黄河绕黑山。
110         <br>
111         <br>
112         <figcaption>
```

```
113          <h4>次北固山下</h4>
114        </figcaption>唐代：王湾
115        <br>客路青山外，行舟绿水前。（青山外 一作：青山下）
116        <br>潮平两岸阔，风正一帆悬。
117        <br>海日生残夜，江春入旧年。
118        <br>乡书何处达？归雁洛阳边。
119        <br>
120        <br>
121       </hgroup>
122     </section>
123   </article>
124  </body>
125 </html>
```

4.2.3 代码分析

“唐诗欣赏”网页的代码结构如图 4-9 所示。

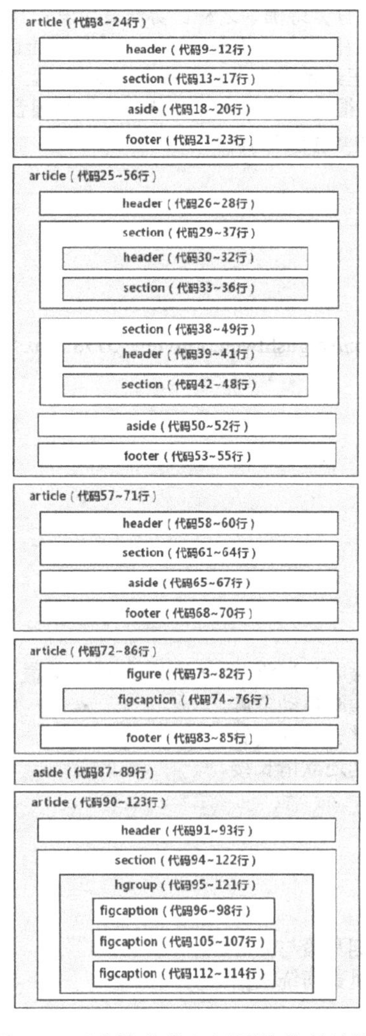

图 4-9 “唐诗欣赏”网页的代码结构

4.3　强化训练——制作“温州地标性建筑”网页

微课视频

4.3　强化训练

4.3.1　网页效果图

设计并制作“温州地标性建筑”网页，效果如图 4-10 所示。

温州地标性建筑
file:///E:/第3单元/dibiao/index.html
温州地标性建筑
1.【五马街】
坐标：解放街与公园路交叉路口

五马街（Five horses Street），古称五马坊，温州旧城古街道之一。东起解放街与公园路交叉路口，西至蝉街与府前街交叉路口，五马街长400米，宽12米，街两侧有14条小巷。相传，五马街始于东晋，唐宋沿袭不变，清代改名五马街，1934年改名中山路，1949年后恢复五马街之名。
2.【温州大剧院】
坐标：温州市世纪广场

温州大剧院以其独特的建筑造型、先进的舞台技术和完善的演出功能跻身国内现代化的剧院之列。温州大剧院的外形别具风格，从正面看，它像一条翘首跃出水面、欲跳龙门的鲤鱼；从侧面看，它宛如一个个张开“臂膀”的贝壳；从上往下看，它犹如一条游走于水中的金鱼。
3.【温州世纪广场】
坐标：温州市世纪广场

在温州世纪广场的中心，矗立着温州的“城市之雕”——世纪之光，它是世纪广场的标志性建筑，主要由1200平方米的地下圆形展厅和60米高的玻璃观光塔组成，观光塔位于圆形水池中央。游客搭乘电梯可抵达地下展厅，展厅内有人文展览。游客抬头观察地下展厅的顶部，便能透过玻璃顶看到地面的圆形水池，每当阳光照射时，游客在地下展厅便可欣赏水光潋滟的景象。
温州欢迎你！

图 4-10　“温州地标性建筑”网页

4.3.2　制作过程

编写如下代码：

```
1  <!doctype html>
2  <html>
3  <head>
```

```
4         <meta charset="utf-8">
5         <title>温州地标性建筑</title>
6     </head>
7     <body leftmargin="10%">
8         <article>
9             <header>
10                <h2 align="center">温州地标性建筑</h2>
11            </header>
12            <section>
13                <figure>
14                    <figcaption>
15                        <strong>1.【五马街】</strong>
16                    </figcaption>
17                    <p>
18                        <em>坐标：解放街与公园路交叉路口</em>
19                    </p>
20                    <center>
21                        <img src="images/wmj.jpg" width="373" height="225">
22                    </center>
23                    <p>五马街（Five Horses Street），古称五马坊，温州旧城古街道之一。东起解放街与公
24    园路交叉路口，西至蝉街与府前街交叉路口，五马街长400米，宽12米，街两侧有14条小巷。相传，
25    五马街始于东晋，唐宋沿袭不变，清代改名五马街，1934年改名中山路，1949年后恢复五马街之名。</p>
26                </figure>
27                <footer>
28                    <hr />
29                </footer>
30            </section>
31            <section>
32                <figure>
33                    <figcaption>
34                        <strong>2.【温州大剧院】</strong>
35                    </figcaption>
36                    <p>
37                        <em>坐标：温州市世纪广场</em>
38                    </p>
39                    <center>
40                        <img src="images/djy.jpg" width="373" height="225">
41                    </center>
42                    <p>温州大剧院以其独特的建筑造型、先进的舞台技术和完善的演出功能跻身国内现代
43    化的剧院之列。温州大剧院的外形别具风格，从正面看，它像一条翘首跃出水面、欲跳龙门的鲤鱼；从
44    侧面看，它宛如一个个张开“臂膀”的贝壳；从上往下看，它犹如一条游走于水中的金鱼。</p>
45                </figure>
46                <footer>
47                    <hr />
48                </footer>
49            </section>
50            <section>
51                <figure>
52                    <figcaption>
53                        <strong>3.【温州世纪广场】</strong>
54                    </figcaption>
55                    <p>
56                        <em>坐标：温州市世纪广场</em>
57                    </p>
58                    <center>
```

```
59                  <img src="images/sjgc.jpg" width="373" height="225">
60              </center>
61              <p>在温州世纪广场的中心，矗立着温州的“城市之雕”——世纪之光，它是世纪广场
62 的标志性建筑，主要由1200平方米的地下圆形展厅和60米高的玻璃观光塔组成，观光塔位于圆形水池
63 中央。游客搭乘电梯可抵达地下展厅，展厅内有人文展览。游客抬头观察地下展厅的顶部，便能透过玻
64 璃顶看到地面的圆形水池，每当阳光照射时，游客在地下展厅便可欣赏水光潋滟的景象。</p>
65          </figure>
66          <footer>
67              <hr />
68          </footer>
69      </section>
70      <footer>
71          <center>
72              <em>温州欢迎你！</em>
73          </center>
74      </footer>
75  </article>
76 </body>
77 </html>
78
```

4.3.3 代码分析

“温州地标性建筑”网页的代码结构如图4-11所示。

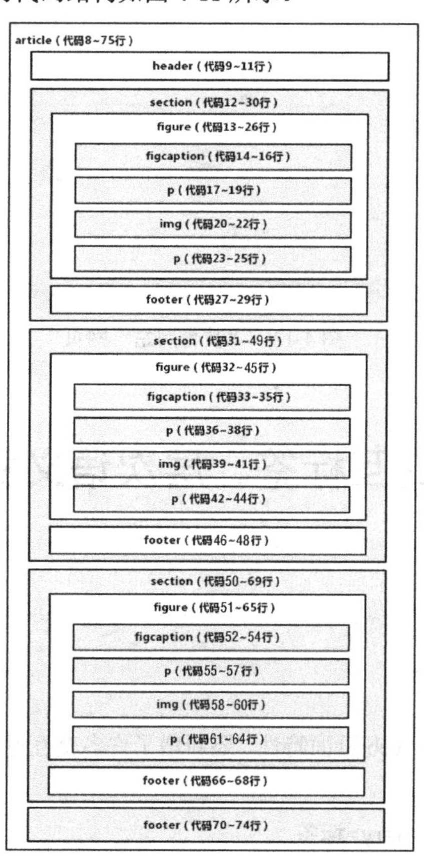

图4-11 “温州地标性建筑”网页的代码结构

4.4 课后实训

微课视频

4.4 课后实训

设计并制作“教育网站”网页，效果如图 4-12 所示。

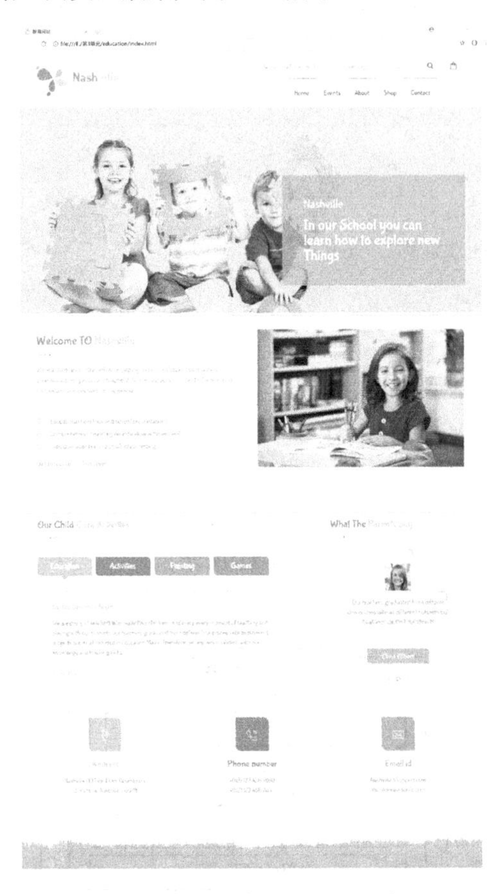

图 4-12 “教育网站”网页

任务 5 页面交互标签、层次语义标签和全局属性

5.1 知识准备

微课视频

5.1 知识准备

5.1.1 页面交互标签

HTML5 不仅增加了许多 Web 页面特性，还新增了许多交互操作。HTML5 中定义了许多交互体验元素，以实现交互操作。

1. <details>标签和<summary>标签

<details>标签用于描述文档或文档某部分的细节。<summary>标签与<details>标签配合使用，

它作为<details>标签的第一个子元素，用于定义<details>标签的标题。标题是可见的，当用户单击标题时，会显示或隐藏<details>标签中的其他内容。

【例 5-1】<details>标签和<summary>标签，网页效果如图 5-1 所示。代码如下：

```
1  <!DOCTYPE html>
2  <html>
3   <head>
4    <meta charset="utf-8" />
5    <title>&lt;details&gt;标签和&lt;summary&gt;标签</title>
6   </head>
7   <body>
8    <details>
9    <summary>details 标签和 summary 标签</summary> details 标签用于描述文档或文档某部分的细节。
10 summary 标签作为 details 标签的第一个子元素，用于定义 details 的标题。
11      <u>标题是可见的，当用户单击标题时，会显示或隐藏 details 中的其他内容。</u>
12    </details>
13   </body>
14 </html>
```

在 Chrome 浏览器中查看网页效果（Chrome 浏览器和 Safari6 浏览器支持<details>标签和<summary>标签）。默认情况下，标题是可见的，当用户单击“details 标签和 summary 标签”标题时，会显示<details>标签中的其他内容，如图 5-2 所示。

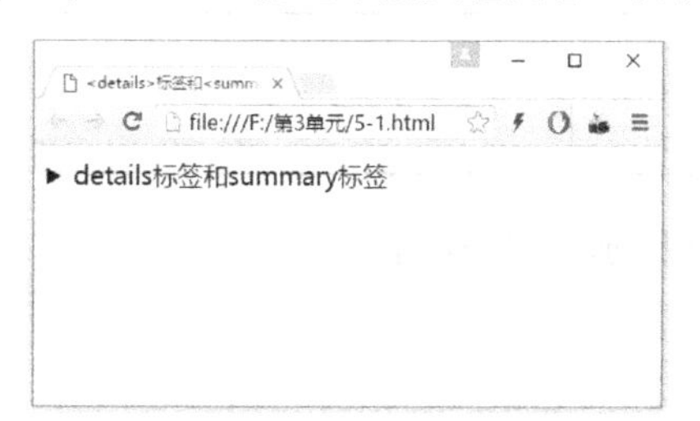

图 5-1　<details>标签和<summary>标签

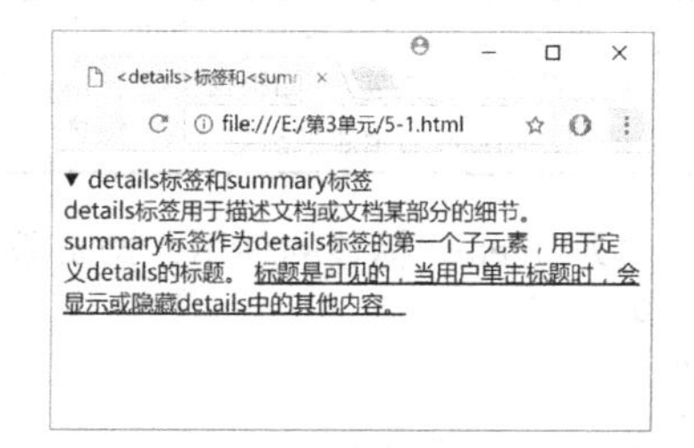

图 5-2　单击标题时的效果

再次单击“details 标签和 summary 标签”标题时，又恢复如图 5-1 所示的效果。

2. <progress>标签

<progress>标签用于定义运行中的任务进度（进程）。这个进度可以是不确定的，只表示进度正在进行，但是不清楚还有多少工作量没有完成；也可以用 0~*n* 之间的任意数值表示进度完成情况，进度条根据 value 和 max 的比值，显示任务进度的百分比。例如，用 0~100 之间的数值表示进度完成的百分比。<progress>标签的属性见表 5-1。

表 5-1　<progress>标签的属性

属　性	描　述	属　性	描　述
max	规定需要完成的值	value	规定进程的当前值

【例 5-2】<progress>标签的使用，网页效果如图 5-3 所示。代码如下：

```
1  <!doctype html>
2  <html>
3  <head>
4      <meta charset="utf-8">
5      <title>&lt;progress&gt;标签的使用</title>
6  </head>
7  <body>
```

```
8       progress 标签用法一：表示任务正在进行
9       <br> 工作进行中：
10      <progress></progress>
11      <br> progress 标签用法二：表示已完成任务量
12      <br> 已修满学分：
13      <progress value="45" max="100"></progress>
14  </body>
15  </html>
```

注意：<progress>标签不适于表示度量衡。若表示度量衡，请使用<meter>标签。

3. <meter>标签

<meter>标签用于定义度量衡。该标签仅用于已知最大值和最小值的度量衡。进度条会根据value 和 max 的比值，显示度量衡的百分比。例如，磁盘的使用情况、查询结果的相关性等。<meter>标签的属性见表 5-2。

表 5-2　<meter>标签的属性

属　性	描　述	属　性	描　述
high	定义被界定为高的值的范围	low	定义被界定为低的值的范围
max	定义最大值，默认值是 1	min	定义最小值，默认值是 0
title	光标移到进度条上的提示文字	value	定义度量的值
optimum	定义最佳值，如果该值高于 high 属性对应的值，则意味着值越高越好。如果该值低于 low 属性对应的值，则意味着值越低越好	—	—

【例 5-3】<meter>标签的使用，网页效果如图 5-4 所示。代码如下：

```
1   <!doctype html>
2   <html>
3   <head>
4       <meta charset="utf-8">
5       <title>&lt;meter&gt;标签的使用</title>
6   </head>
7   <body>
8       手机电量显示：
9       <br> 充足模式：
10      <meter min="0" max="100" low="10" high="20" optimum="100" value="80"
11  title="80%">80%</meter>
12      <br> 省电模式：
13      <meter min="0" max="100" low="10" high="20" optimum="100" value="15"
14  title="15%">15%</meter>
15      <br> 低电模式：
16      <meter min="0" max="100" low="10" high="20" optimum="100" value="5" title="5%">5%</meter>
17      <br>
18  </body>
19  </html>
```

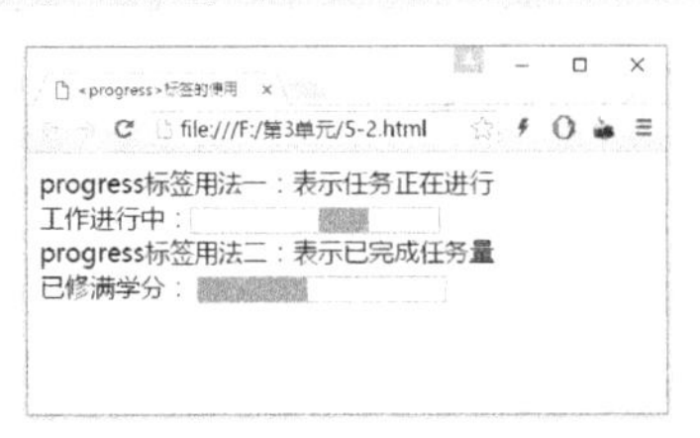

图 5-3　<progress>标签的使用

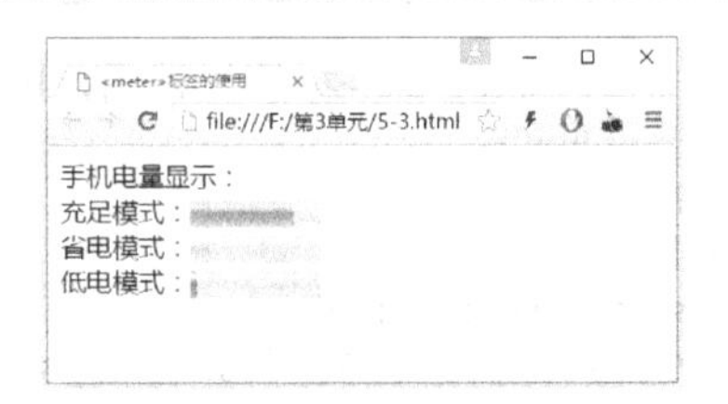

图 5-4　<meter>标签的使用

在本例中，网页显示手机电量的三种状态：充足模式（20%～100%）、省电模式（10%～20%）、低电模式（0～10%）。代码 min="0" max="100"定义了电量的范围是 0～100%，代码 low="10" high="20"定义了电量范围中的两个关键值，它们将电量范围划分成三段区间，分别是充足模式（20%～100%）、省电模式（10%～20%）和低电模式（0～10%）。代码 optimum="100"定义了电量的最佳值，该值高于 high 属性，则意味着值越高越好，因此决定了充足模式（20%～100%）进度条的颜色为绿色。换言之，optimum 属性的值决定了进度条的颜色，绿色代表最佳值，红色代表最差值，黄色介于两者之间。

5.1.2　层次语义标签

为了使 HTML5 页面中的文本内容更加形象、生动，可以使用层次语义标签定义文本。

1. <time>标签

<time>标签用于定义时间或日期，它不会在浏览器中呈现任何效果。但是，该标签能以机器可读的方式对日期和时间进行编码，主要用于机器识别。这样，用户可以将事件提醒添加到日程表中，搜索引擎也能生成更智能的搜索结果。

<time>标签的属性见表 5-3。

表 5-3　<time>标签的属性

属　性	描　述	属　性	描　述
datetime	定义具体时间（如 15：00）或日期（如 2010-10-10），否则，由标签的内容给定日期/时间	pubdate	定义<time>标签中的日期/时间的发布日期，一般情况下，值为 pubdate

【例 5-4】<time>标签的使用，网页效果如图 5-5 所示。代码如下：

```
1   <!doctype html>
2   <html>
3   <head>
4       <meta charset="utf-8">
5       <title>&lt;time&gt;标签的使用</title>
6   </head>
7   <body>
8       <p>我们每天早上<time>9:00</time> 开始营业。</p>
9       <p>我在<time datetime="2018-02-14">情人节</time> 有个约会。</p>
10      <p>丫丫记录于<time datetime="2017-10-27" pubdate="pubdate">2017-10-27</time></p>
11  </body>
12  </html>
```

2. <mark>标签

<mark>标签用于定义带有记号的文本，它可实现高亮显示某些字符，从而引起用户的注意。

【例 5-5】<mark>标签的使用，网页效果如图 5-6 所示。代码如下：

```
1   <!doctype html>
2   <html>
3   <head>
4       <meta charset="utf-8">
5       <title>&lt;mark&gt;标签的使用</title>
6   </head>
7   <body>
8       <h3 align="center">匆匆</h3>
9       <h4 align="center">朱自清</h4>
```

```
10            燕子去了，有再来的时候；杨柳枯了，有再青的时候；桃花谢了，有再
11   开的时候。但是，聪明的，你告诉我，我们的日子为什么
12        <mark>一去不复返</mark>呢？ ——是有人偷了他们罢：那是谁？又藏在何处呢？是他们自己逃走
13   了罢：现在又到了哪里呢？
14        <br>     我不知道他们给了我多少日子；但我的手确乎是渐渐空虚了。在默
15   默里算着，八千多日子已经从我手中溜去；像针尖上一滴水滴在大海里，我的日子滴在时间的流里，没
16   有声音，也没有影子。我不禁头涔涔而泪潸潸了。
17        <br>     去的尽管去了，来的尽管来着，去来的中间，又怎样地匆匆呢？早
18   上我起来的时候，小屋里射进两三方斜斜的太阳。太阳他有脚啊，轻轻悄悄地挪移了；我也茫茫然跟着
19   旋转。于是——洗手的时候，日子
20        <mark>从水盆里过去</mark>；吃饭的时候，日子
21        <mark>从饭碗里过去</mark>；默默时，便
22        <mark>从凝然的双眼前过去</mark>。我觉察他去的匆匆了，伸出手遮挽时，他又
23        <mark>从遮挽着的手边过去</mark>，天黑时，我躺在床上，他便伶伶俐俐地
24        <mark>从我身上跨过</mark>，
25        <mark>从我脚边飞去了</mark>。等我睁开眼和太阳再见，这算又
26        <mark>溜走了一日</mark>。我掩着面叹息。但是新来的日子的影儿又开始
27        <mark>在叹息里闪过</mark>了。
28        <br>     在逃去如飞的日子里，在千门万户的世界里的我能做些什么呢？只
29   有徘徊罢了，只有匆匆罢了；在八千多日的匆匆里，除徘徊外，又剩些什么呢？过去的日子如轻烟，被
30   微风吹散了，如薄雾，被初阳蒸融了；我留着些什么痕迹呢？我何曾留着像游丝样的痕迹呢？我赤裸裸
31   来到这世界，转眼间也将赤裸裸地回去罢？但不能平的，为什么偏要白白走这一遭啊？
32        <br>     你聪明的，告诉我，我们的日子为什么
33        <mark>一去不复返</mark>呢？
34   </body>
35   </html>
```

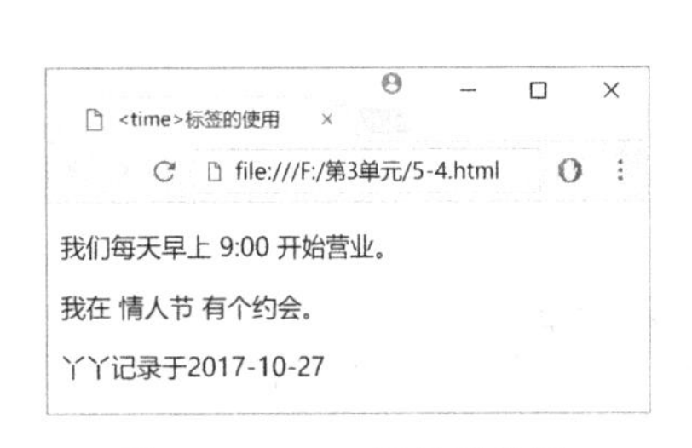

图 5-5 <time>标签的使用

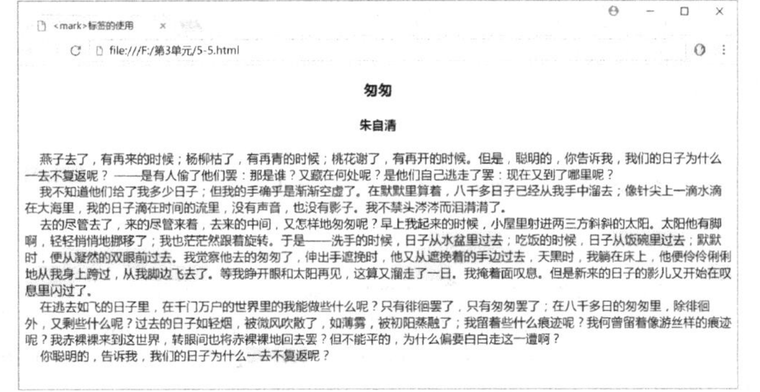

图 5-6 <mark>标签的使用

3. <cite>标签

<cite>标签用于定义作品（如书籍、歌曲、电影、电视节目、绘画、雕塑等）的标题。但是，人名不属于作品的标题。<cite>标签定义的文本以斜体字方式显示。

【例 5-6】<cite>标签的使用，网页效果如图 5-7 所示。代码如下：

```
1   <!doctype html>
2   <html>
3   <head>
4       <meta charset="utf-8">
5       <title>&lt;cite&gt;标签的使用</title>
6   </head>
7   <body>
```

```
8     <p>山不在高，有仙则名。水不在深，有龙则灵。</p>
9     <cite>——《陋室铭》</cite>
10  </body>
11  </html>
```

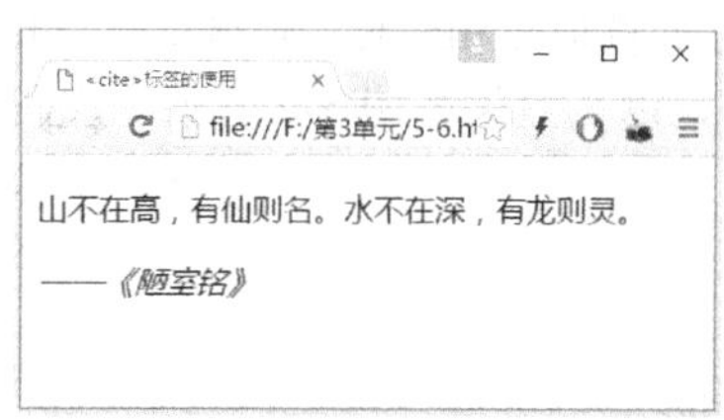

图 5-7　<cite>标签的使用

5.1.3　全局属性

全局属性是在任何元素中都可以使用的属性，本节将介绍 HTML5 中常用的全局属性。

1. draggable 属性

draggable 属性规定元素是否能被拖动。该属性有两个值：true 和 false，默认值为 false。当属性值为 true 时，表示该元素被选中后可以进行拖动操作；当属性为 false 时，表示该元素被选中后不能进行拖动操作。

【例 5-7】draggable 属性的使用，网页效果如图 5-8 所示。代码如下：

```
1   <!doctype html>
2   <html>
3   <head>
4       <meta charset="utf-8">
5       <title>draggable 属性的使用</title>
6   </head>
7   <body>
8       <p draggable="true">元素拖动属性：在网页中无法显示拖动效果，必须与 JavaScript 结合才能实现拖
9   动功能</p>
10      <img src="images/wlw.png" width="460" height="344" draggable="true">
11  </body>
12  </html>
```

图 5-8　draggable 属性的使用

提示：在浏览器中测试网页时，并不能拖动以上内容，必须与 JavaScript 结合使用。

2. hidden 属性

hidden 属性是布尔属性，用于规定元素是否可见。在 HTML5 中，只要 hidden 属性存在，不论其属性值为多少，都能隐藏元素。但是，CSS 样式可以覆盖 hidden 属性的隐藏效果。如果用 JavaScript 代码控制元素是否可见，当 hidden 属性值为 true 时，则显示；当 hidden 属性值为 false 时，则隐藏。

【例 5-8】hidden 属性的使用，网页效果如图 5-9 所示。代码如下：

```
1   <!doctype html>
2   <html>
3   <head>
4       <meta charset="utf-8">
5       <title>hidden 属性的使用</title>
6   </head>
7   <body>
8       设置图片隐藏，不显示
9       <img src="images/wlw.png" width="460" height="344" hidden>
10  </body>
11  </html>
```

在本例中，设置了图片的 hidden 属性，因此在浏览器中查看网页效果时，图片不显示。

3. spellcheck 属性

spellcheck 属性规定是否对元素的输入内容进行拼写和语法检查。一般情况下，可以对以下内容进行拼写检查：input 元素中的文本值（非密码）、textarea 元素中的文本、可编辑元素中的文本等。

该属性有两个值：true 和 false，默认值为 true。当属性值为 true 时，检查拼写和语法；当属性值为 false 时，不进行检查。

【例 5-9】spellcheck 属性的使用，网页效果如图 5-10 所示。代码如下：

```
1   <!doctype html>
2   <html>
3   <head>
4       <meta charset="utf-8">
5       <title>spellcheck 属性的使用</title>
6   </head>
7   <body>
8       spellcheck 属性值为 true：<br><br>
9       <textarea cols="40" rows="3" spellcheck="true"></textarea>
10      <br><br>
11      spellcheck 属性值为 false：<br><br>
12      <textarea cols="40" rows="3" spellcheck="false"></textarea>
13  </body>
14  </html>
```

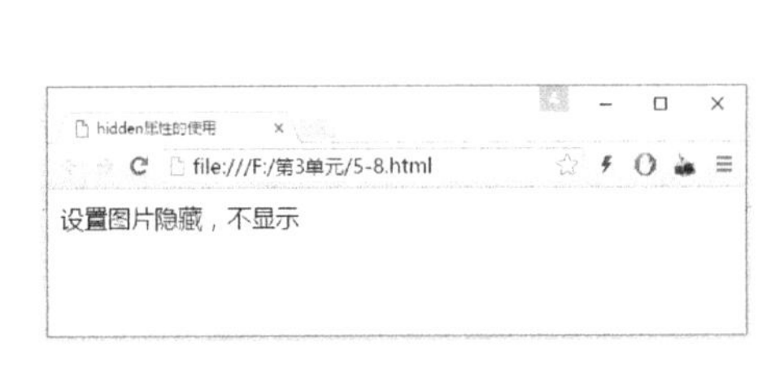

图 5-9　hidden 属性的使用

图 5-10　spellcheck 属性的使用

在本例中，第一个文本框的 spellcheck 属性设置为 true，因此其中的文字下面出现红色波浪线，检查生效。

4. contenteditable 属性

contenteditable 属性规定是否可以编辑元素的内容，使用前提是该元素必须获得鼠标焦点且不是只读的。该属性有两个值：true 和 false，默认值为 false。当属性值为 true 时，表示内容可编辑；当属性值为 false 时，表示内容不可编辑。

【例 5-10】contenteditable 属性的使用，网页效果如图 5-11 所示。代码如下：

```
1   <!doctype html>
2   <html>
3   <head>
4       <meta charset="utf-8">
5       <title>contenteditable 属性的使用</title>
6   </head>
7   <body>
8       <h2>不可编辑的菜单</h2>
9       <ul>
10          <li>菜单 1</li>
11          <li>菜单 2</li>
12          <li>菜单 3</li>
13          <li>菜单 4</li>
14      </ul>
15      <h2 contenteditable="true">可编辑的菜单</h2>
16      <ul contenteditable="true">
17          <li>菜单 1</li>
18          <li>菜单 2</li>
19          <li>菜单 3</li>
20          <li>菜单 4</li>
21      </ul>
22  </body>
23  </html>
```

在本例中，第二个列表内容设置为可编辑，因此在浏览器中单击文本，即可编辑列表文字内容，效果如图 5-12 所示。

图 5-11 contenteditable 属性的使用

图 5-12 编辑文字内容

5.2 实战演练——制作“书评网”网页

微课视频

5.2 实战演练

5.2.1 网页效果图

设计并制作“书评网”网页，效果如图5-13所示。页面中“热门图书”的封面小图呈现滚动效果。

图5-13 “书评网”网页

单击“新书速递”栏目，效果如图5-14所示。其中，图书的文字介绍允许用户编辑。

图5-14 单击“新书速递”栏目时的效果

单击“销售榜单”栏目，效果如图 5-15 所示。其中，图书的文字介绍允许用户编辑。

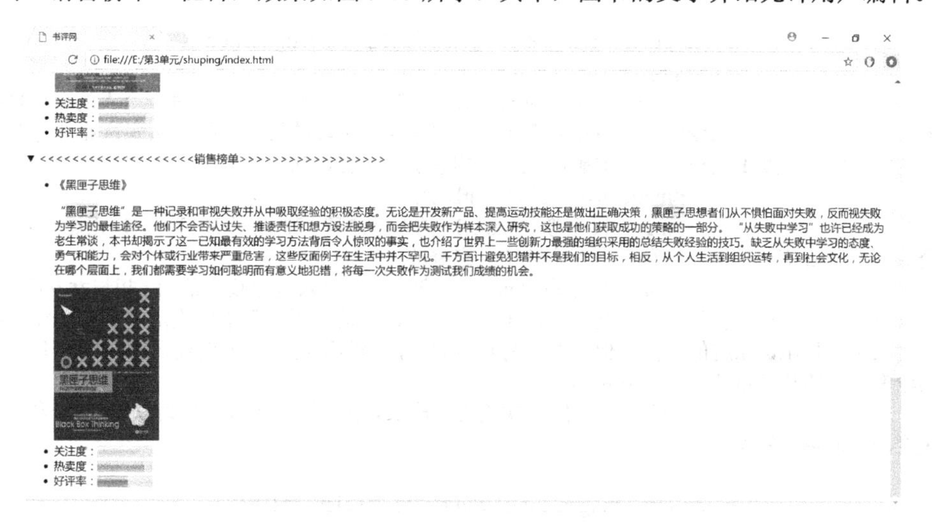

图 5-15　单击“销售榜单”栏目时的效果

5.2.2　制作过程

编写如下代码：

```
1   <!doctype html>
2   <html>
3   <head>
4       <meta charset="utf-8">
5       <title>书评网</title>
6   </head>
7   <body>
8       <header>
9           <h2 align="center">书评网</h2>
10          <p align="center">
11              <img src="images/top.jpg">
12          </p>
13      </header>
14      <nav>
15          <marquee>
16              <P align="center">
17                  <img src="images/1.jpg" width="153" height="216">   
18                  <img src="images/2.jpg" width="153" height="216">   
19                  <img src="images/3.jpg" width="153" height="216">   
20                  <img src="images/4.jpg" width="153" height="216">   
21                  <img src="images/5.jpg" width="153" height="216">   
22                  <img src="images/6.jpg" width="153" height="216">   
23                  <img src="images/7.jpg" width="153" height="216">
24          </P>
25          </marquee>
26      </nav>
27      <article>
28          <details>
29              <summary>
30                  <<<<<<<<<<<<<<<<<<<新书速递>>>>>>>>>>>>>>>>>>></summary>
```

```
31          <ul contenteditable="true">
32              <li>
33                  <figcaption>《奋斗者》：侯沧海商路笔记</figcaption>
34                  <p>这是一部
35                      <mark>民企教父</mark>的商路传奇奋斗史，也是每一个人的命运打拼史。从
36  公务员到商人两个身份的变化，从乡镇到全国 5 个层层递进阶段的摸爬滚打，从餐饮业到房地产 9 个不
37  同行业的磨砺，以及 1 次史玉柱式的破产重来，构成了一个首富从
38                      <mark>草根人物</mark>到
39                      <mark>民企教父</mark>的奋斗之路。20 世纪 90 年代末，正逢国内经济转型、
40  国企改制的风云变幻时代，出身于国有企业工人家庭的
41                      <mark>侯沧海</mark>大学毕业后考入基层政府部门，却与女友两地分居。为
42  了与女友团聚，侯沧海抓住一切机会脱颖而出，女友工作调动却阴差阳错屡次落空。直接领导被调离，
43  冤家对头不断打压，家庭的突变，促使侯沧海痛定思痛，辞职下海，走上创业之路，20 年后的山南省首
44  富侯沧海的商路传奇奋斗就此拉开帷幕……
45                      翻开本书，跟随侯沧海的成长，在中国跌宕起伏的时代变迁 20 年中，见识一
46  个民企教父的热血发家史。
47                  </p>
48                  <img src="images/2.jpg" width="153" height="216">
49              </li>
50              <li>
51                  关注度：
52                  <meter value="65" min="0" max="100" low="60" high="80" title="65 分"
53  optimum="100">65</meter>
54              </li>
55              <li>
56                  热卖度：
57                  <meter value="80" min="0" max="100" low="60" high="80" title="80 分"
58  optimum="100">80</meter>
59              </li>
60              <li>
61                  好评率：
62                  <meter value="40" min="0" max="100" low="60" high="80" title="40 分"
63  optimum="100">40</meter>
64              </li>
65          </ul>
66          <hr size="3" color="#ccc">
67          <ul contenteditable="true">
68              <li>
69                  <figcaption>《雪人》</figcaption>
70                  <p>
71                      初雪的夜晚，小男孩从噩梦中醒来，惊觉妈妈不见踪影，院子里凭空出现一
72  个不知是谁堆起的
73                      <mark>雪人</mark>。他当圣诞礼物送给妈妈的粉色围巾，就围在雪人的脖子
74  上，一排由黑色卵石组成的眼睛和嘴巴在月光下闪烁，
75                      <mark>雪人</mark>凝视着屋子，仿佛在微笑…… 一封署名“
76                      <mark>雪人</mark>”的匿名信，开启了警探哈利•霍勒对新近女性失踪案的
77  调查，观察力敏锐、又略显神秘的女警卡翠娜也加入了调查小组。接连失踪的那些女人似乎有着奇怪的
78  共同点。是什么隐秘的动机在驱使罪犯连续作案？以“
79                      <mark>雪人</mark>”为杀人记号的冷血犯人究竟是谁？总是徘徊在酒醉与清
80  醒之间的哈利沉迷于扑朔迷离的案情，越来越无法自拔，几欲疯狂。就在他即将揭开“
81                      <mark>雪人</mark>”真面目的当口，前女友萝凯也被卷入这场致命的追缉。
82  哈利必须牺牲自己，才能救回爱人……</p>
83                  <img src="images/8.jpg" width="153" height="216">
```

```
84                  </li>
85                  <li>
86                      关注度：
87                      <meter value="55" min="0" max="100" low="60" high="80" title="55 分"
88  optimum="100">55</meter>
89                  </li>
90                  <li>
91                      热卖度：
92                      <meter value="85" min="0" max="100" low="60" high="80" title="85 分"
93  optimum="100">85</meter>
94                  </li>
95                  <li>
96                      好评率：
97                      <meter value="75" min="0" max="100" low="60" high="80" title="75 分"
98  optimum="100">75</meter>
99                  </li>
100             </ul>
101         </details>
102         <details>
103             <summary>
104                 <<<<<<<<<<<<<<<<<<<<销售榜单>>>>>>>>>>>>>>>>>>>></summary>
105             <ul contenteditable="true">
106                 <li>
107                     <figcaption>《黑匣子思维》</figcaption>
108                     <p> “
109                         <mark>黑匣子</mark>思维”是一种记录和审视失败并从中吸取经验的积极态
110 度。无论是开发新产品、提高运动技能还是做出正确决策，
111                         <mark>黑匣子</mark>思想者们从不惧怕面对失败，反而视失败为学习的最佳
112 途径。他们不会否认过失、推诿责任和想方设法脱身，而会把失败作为样本深入研究，这也是他们获取
113 成功的策略的一部分。“从失败中学习”也许已经成为老生常谈，本书却揭示了这一已知最有效的学习
114 方法背后令人惊叹的事实，也介绍了世界上一些创新力最强的组织采用的总结失败经验的技巧。缺乏从
115 失败中学习的态度、勇气和能力，会对个体或行业带来严重危害，这些反面例子在生活中并不罕见。千
116 方百计避免犯错并不是我们的目标，相反，从个人生活到组织运转，再到社会文化，无论在哪个层面上，
117 我们都需要学习如何聪明而有意义地犯错，将每一次失败作为测试我们成绩的机会。
118                     </p>
119                     <img src="images/3.jpg" width="153" height="216">
120                 </li>
121                 <li>
122                     关注度：
123                     <meter value="75" min="0" max="100" low="60" high="80" title="75 分"
124 optimum="100">75</meter>
125                 </li>
126                 <li>
127                     热卖度：
128                     <meter value="85" min="0" max="100" low="60" high="80" title="85 分"
129 optimum="100">85</meter>
130                 </li>
131                 <li>
132                     好评率：
133                     <meter value="55" min="0" max="100" low="60" high="80" title="55 分"
134 optimum="100">55</meter>
135                 </li>
```

```
136                 </ul>
137                 <hr size="3" color="#ccc">
138             </details>
139         </article>
140 </body>
141 </html>
```

5.2.3 代码分析

第 8～13 行代码，编写网页的<header>标签部分，在其内部放置网页标题和 banner 广告图片。

第 14～26 行代码，放置“热门图书”的封面小图，并通过<marquee>标签设置图片的滚动效果。

第 27～139 行代码是网页的主体部分，放在<article>标签中。

第 28～101 行代码，使用<details>标签描述“新书速递”栏目的内容。

第 29～30 行代码，使用<summary>标签定义<details>标签的标题。标题是可见的，当用户单击标题时，会显示或隐藏<details>标签中的其他内容。

第 31～65 行代码，<details>标签的主要内容，设置 contenteditable 属性为 true，允许用户在浏览器中编辑文字内容。

第 33 行代码，使用<figcaption>标签定义标题。

第 35 行代码，使用<mark>标签定义高亮显示字符。

第 52～53 行，第 57～58 行，第 62～63 行代码，使用<meter>标签定义关注度、热卖度、好评率。

第 67～100 行代码与第 31～65 行代码相似，不再赘述。

第 102～138 行代码与第 28～101 行代码相似，不再赘述。

5.3 强化训练——制作“面试应答技巧”网页

微课视频

5.3 强化训练

5.3.1 网页效果图

设计并制作“面试应答技巧”网页，效果如图 5-16 所示。单击页面中的分标题时，效果如图 5-17 所示。

图 5-16 “面试应答技巧”网页

面试应答技巧

file:///E:/第3单元/interview/index.html

面试常见的问题及应答技巧有哪些？

面试是找工作的必经之路。求职者能否通过面试，除了考察自身的能力外，同时也与其在面试过程中的应答表现有关。世界上没有100%成功的面试绝招，但是，我们可以了解面试中常见问题并掌握应答技巧，从而提高面试的成功率。

接下来，分享几个老生常谈的必考题（问题不分先后），只要掌握技巧，就能将它们变成送分题。

▼ **1.请做一下自我介绍。**

在面试官没有规定时间的情况下，要学会合理分配时间，通常安排1~3分钟为宜，一次好的自我介绍能大大增加你的入职成功率。自我介绍说什么？不是介绍性别、年龄等个人信息，而是要与应聘的岗位进行关联介绍。主要突出三点：

- 个人工作经验，也就是自己的背景介绍；
- 公司为什么要选择你，证明过往经历适合该岗位；
- 为什么要选择这家公司。

应答参考：

XX经理，您好。我叫XX，今年XX岁，毕业于XX大学。之前在XX公司担任过XX职位，有XX年工作经验。
面试前我对公司招聘的岗位进行了初步了解，主要事项包括A、B一几部分。而在过往的工作中，我对这几部分有过实践操作，并且取得了不错的成绩。
贵公司属于XX行业，同时也是一家创业型公司，很符合我的要求。对于XX行业，我长期看好，并且立志要在这个行业长久发展，同时，创业型公司对个人能力等方面都有着较高的要求。
因此，我向贵公司招聘的XX岗位投递了简历，很荣幸今天与您面对面沟通。

▼ **2.你能为公司带来什么？**

对于这个问题，可以试着告诉面试官能为企业减少费用，比如自己已经有XX年工作经验，积累了XX人脉，任职后便能上手工作。同时你能为公司带来什么，这里可以突出自身的优势，也可以引用过往的成绩，因为数字才具备说服力。

应答参考：

比如你是应聘营销类的职位，可以说："我从事销售工作XX年，具备开发大量客户的能力，在上家企业的业绩XX，同时也会维护好老客户，开发老客户的新需求和消费。"等等。

▼ **3.您还有其他问题吗？**

其实，企业不喜欢那些自诩"没有问题"的人，因此他们想通过这个问题来对你进行判断。同时，企业还没有表明会给你发Offer或暗示邀请你入职，不要问薪资、福利、加班等问题，这些等企业明确提出让你入职可以问清楚。

应答参考：

作为新进员工，公司是否会先进行相关培训？公司的晋升机制是怎么样的？有幸被公司录用，有没哪些内容需要提前学习和准备？试想，哪家企业不喜欢有上进心和学习热情的求职者。

图 5-17　单击分标题时的效果

5.3.2　制作过程

编写如下代码：

```
1   <!doctype html>
2   <html>
3   <head>
4       <meta charset="utf-8">
5       <title>面试应答技巧</title>
6   </head>
7   <body>
8       <h3>面试常见的问题及应答技巧有哪些？</h3>
9       <p>面试是找工作的必经之路。求职者能否通过面试，除了考察自身的能力外，同时也与其在面试过
10  程中的应答表现有关。世界上没有 100%成功的面试绝招，但是，我们可以了解面试中常见的问题并掌握
11  应答技巧，从而提高面试的成功率。</p>
12      <p>接下来，分享几个老生常谈的必考题（问题不分先后），只要掌握技巧，就能将它们变成送分题。
13  </p>
14      <img src="images/pic.jpg" width="320" height="223">
15      <details>
16          <summary>
17              <strong>1.请做一下自我介绍。</strong>
18          </summary>
19          <p>
20              在面试官没有规定时间的情况下，要学会合理分配时间，通常安排 1~3 分钟为宜，一次好
21  的自我介绍能大大增加你的入职成功率。自我介绍说什么？不是介绍性别、年龄等个人信息，而是要
22              <mark>与应聘的岗位进行关联介绍</mark>。主要突出三点： </p>
23          <mark>
24              <ul>
```

```
25                  <li>个人工作经验，也就是自己的背景介绍；</li>
26                  <li>公司为什么要选择你，证明过往经历适合该岗位；</li>
27                  <li>为什么要选择这家公司。</li>
28              </ul>
29          </mark>
30          <p>
31              <ins>
32                  <mark>应答参考：</mark>
33              </ins>
34          </p>
35          XX 经理，您好。我叫 XX，今年 XX 岁，毕业于 XX 大学。之前在 XX 公司担任过 XX 职位，
36  有 XX 年工作经验。
37          <br> 面试前我对公司招聘的岗位进行了初步了解，主要事项包括 A、B…等几部分。而在过往
38  的工作中，我对这几部分有过实践操作，并且取得了不错的成绩。
39          <br> 贵公司属于 XX 行业，同时也是一家创业型公司，很符合我的要求。对于 XX 行业，我长
40  期看好，并且立志要在这个行业长久发展，同时，创业型公司对个人能力等方面都有着较高的要求。
41          <br> 因此，我向贵公司招聘的 XX 岗位投递了简历，很荣幸今天与您面对面沟通。
42          <br>
43      </details>
44      <br>
45      <details>
46          <summary>
47              <strong>2.你能为公司带来什么？</strong>
48          </summary>
49          <p>
50              对于这个问题，可以试着告诉面试官
51              <mark>能为企业减少费用</mark>，比如自己已经有 XX 年工作经验，积累了 XX 人脉，任
52  职后便能上手工作。同时你能为公司带来什么，这里可以
53              <mark>突出自身的优势，也可以引用过往的成绩</mark>，因为数字才具备说服力。
54  </p>
55          <p>
56              <ins>
57                  <mark>应答参考：</mark>
58              </ins>
59          </p>
60          比如你是应聘营销类的职位，可以说："我从事销售工作 XX 年，具备开发大量客户的能力，在
61  上家企业的业绩 XX，同时也会维护好老客户，开发老客户的新需求和消费。"等等。
62          <br>
63      </details>
64      <br>
65      <details>
66          <summary>
67              <strong>3.您还有其他问题吗？</strong>
68          </summary>
69          <p>
70              其实，企业不喜欢那些自诩"没有问题"的人，因此他们想通过这个问题来对你进行判断。
71  同时，
72              <mark>企业还没有表明会给你发 Offer 或暗示邀请你入职，不要问薪资、福利、加班等问
73  题，</mark>这些等企业明确提出让你入职可以问清楚。 </p>
74          <p>
75              <ins>
76                  <mark>应答参考：</mark>
77              </ins>
```

```
78            </p>
79            作为新进员工，公司是否会先进行相关培训？公司的晋升机制是怎么样的？有幸被公司
80  录用，有没哪些内容需要提前学习和准备？试想，哪家企业不喜欢有上进心和学习热情的求职者。
81            <br>
82        </details>
83  </body>
84  </html>
```

5.3.3　代码分析

第15～43行代码，使用<details>标签定义“1.请做一下自我介绍。”栏目的内容。

第16～18行代码，使用<summary>标签定义<details>标签的标题。标题是可见的，当用户单击标题时，会显示或隐藏<details>标签中的其他内容。

第22行代码，第23～29行代码，使用<mark>标签定义高亮显示字符。

第24～28行代码，定义无序列表。

第31～33行代码，定义“应答参考：”文字为下画线且高亮显示状态。

第45～63行代码与第15～43行代码相似，不再赘述。

第65～82行代码与第15～43行代码相似，不再赘述。

微课视频

5.4　课后实训

5.4　课后实训

设计并制作“北京必玩景点推荐”网页，效果如图5-18所示。

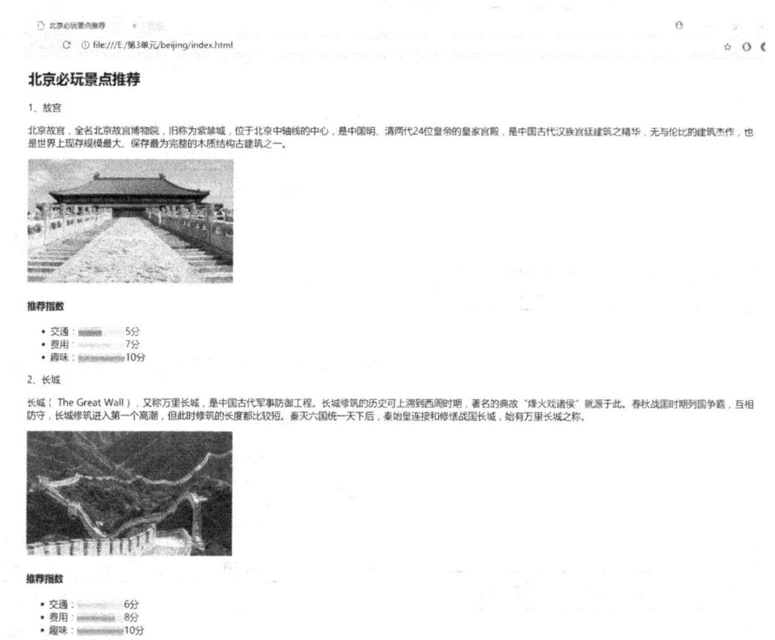

图5-18　“北京必玩景点推荐”网页

第四单元

CSS3 基础

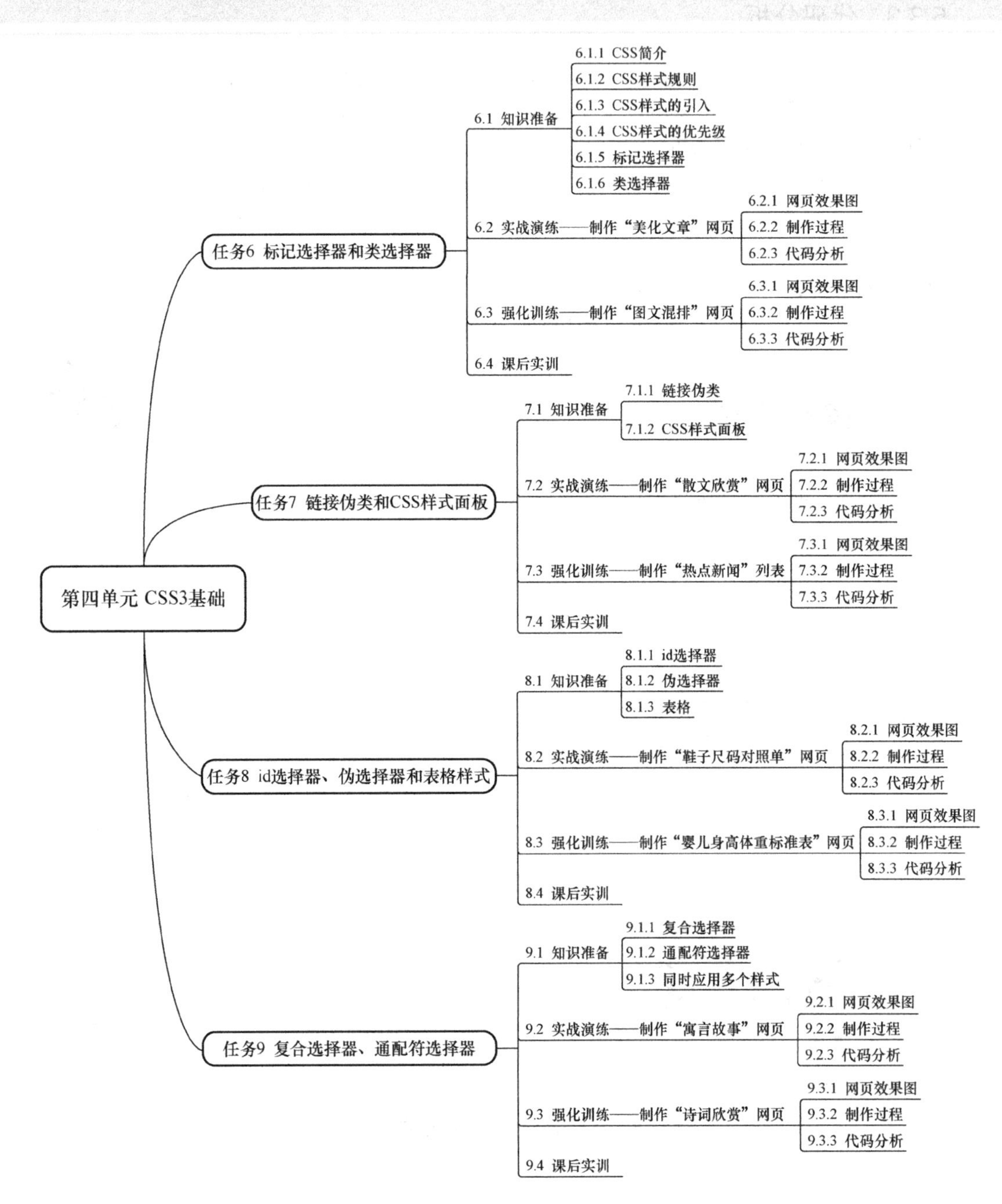

本章知识要点思维导图

CSS（Cascading StyleSheet）即层叠样式表。制作网页时采用层叠样式表技术，可以有效地对页面的布局、字体、颜色、背景和其他效果实现更加精确的控制。

CSS3 是 CSS 规范的升级版本，CSS3 规范是朝着模块化的方向发展的。之前的 CSS 规范虽然可以形成一个模块，但是它很庞大，并且较为复杂。所以，在 CSS3 规范中，把原先一个大的模块分解为若干小的模块，并且增加了很多新模块，具体包括：盒子模型、列表模块、超链接方式、语言模块、背景和边框、文字特效、多栏布局等。

【学习目标】

1. 掌握 CSS 的基础选择器，学会 CSS 的定义方法。
2. 掌握 CSS 的引用方式。
3. 理解 CSS 的优先级，学会编写复合选择器。

任务 6 标记选择器和类选择器

微课视频

6.1 知识准备

6.1 知识准备

6.1.1 CSS 简介

在前面的单元中，我们了解了 HTML5 基本网页元素及其属性。对网页设计者而言，只学会这些是不够的。在 Web 标准中，HTML 语言只用于定义网页的结构和内容，使用 HTML 标签的属性对网页进行修饰的方式存在很大的局限和不足，代码可读性差，维护难度大。

若想制作出漂亮且符合规范的网页，需要使用 CSS 样式设置网页元素的属性。例如，用 CSS 控制版面布局、文本或图片的样式。通过 CSS 控制网页的外观，从而实现结构与表现的分离，由 CSS 样式设计的网页，具有条理规范、布局统一、容易维护等优点。

CSS 发展至今出现了 4 个版本，分别是 CSS1、CSS2、CSS2.1 和 CSS3，CSS3 给用户带来了全新的设计体验。目前，各主流浏览器支持其中的绝大部分特性。

6.1.2 CSS 样式规则

一种 CSS 样式通常由若干样式规则组成，每个样式规则都可以被看作一条 CSS 的基本语句，每个规则都包含一个选择器（如 body、p 等）和写在花括号里的声明，这些声明通常由若干组以分号分隔的属性和值组成。具体格式如下：

```
选择器{属性 1:属性值 1;属性 2:属性值 2;属性 3:属性值 3;}
```

在上面的样式规则中，选择器用于指定 CSS 样式作用的 HTML 对象，花括号里定义的是具体的样式。属性和属性值成对出现，属性和属性值之间用半角状态的冒号“:”连接，多个“键值对”之间用半角状态的分号“;”进行区分。

例如，用 CSS 对网页中的 p 元素进行控制，将其字体大小设置为 18px，文字颜色设置为蓝色，代码如下：

```
p{font-size:18px;color:blue;}
```

6.1.3 CSS 样式的引入

若在网页中使用 CSS 样式控制外观，就需要在网页中引入样式，常用的样式有三种。

1. 行内式样式

在行内式样式中，一般通过 HTML5 标签的 style 属性设置元素的样式，语法格式如下：

```
<标签名 style="属性 1:属性值 1;属性 2:属性值 2; 属性 3:属性值 3;">内容</标签名>
```

【例 6-1】行内式样式的使用，网页效果如图 6-1 所示。代码如下：

```
1   <!doctype html>
2   <html>
3   <head>
4       <meta charset="utf-8">
5       <title>行内式样式的使用</title>
6   </head>
7   <body>
8       <p style="font-size:18px;color:blue;">行内式样式的使用:用 CSS 对网页中的&lt;p&gt;标签进行控
9   制，将其字体大小设置为 18px，文字颜色设置为蓝色。</p>
10  </body>
11  </html>
```

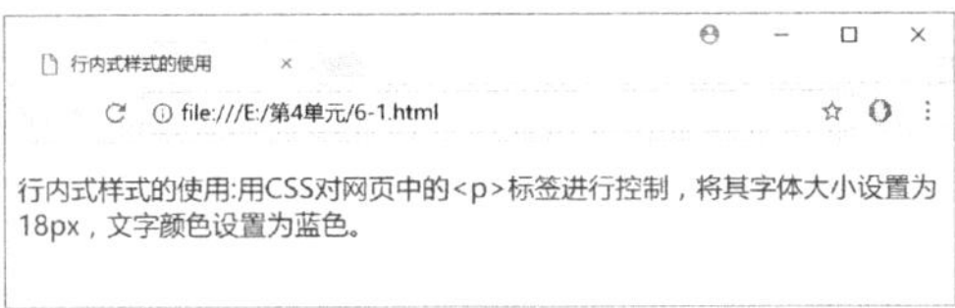

图 6-1 行内式样式的使用

提示：行内式样式通过标签的属性控制样式，并没有体现出 CSS 样式的结构与表现分离这一优点，因此在实际应用中，行内式样式很少使用。行内式样式一般适合单次使用。

2. 内嵌式样式

内嵌式样式是将 CSS 样式集中写在 HTML 文件的<head>…</head>标签中，并定义在<style>…</style>标签之间。语法格式如下：

```
<head>
<style type="text/css">
  选择器 {
          属性 1:属性值 1;
          属性 2:属性值 2;
          属性 3:属性值 3;
  }
</style>
</head>
```

在<style>标签的 type 属性中，说明其内部定义的是 CSS 代码。

提示：在 HTML5 中，<style>标签的 type 属性可以省略，因为在 HTML5 中，样式的 type 属性默认为 text/css，此处的 type 属性仅作为一种代码规范进行书写。

【例 6-2】内嵌式样式的使用，网页效果如图 6-2 所示。代码如下：

```
1   <!doctype html>
2   <html>
3   <head>
4       <meta charset="utf-8">
5       <title>内嵌式样式的使用</title>
```

```
6         <style type="text/css">
7             h1 {
8                 font-style: italic;
9                 color: #00F;
10                text-decoration: underline;
11            }
12            p {
13                font-size: 36px;
14                color: #F00;
15                font-weight: bold;
16                background-color: #FF0;
17            }
18        </style>
19    </head>
20    <body>
21        <h1>用内嵌式样式修改&lt;h1&gt;标签的样式</h1>
22        <p>内嵌式样式仅限于本文档使用。</p>
23    </body>
24    </html>
```

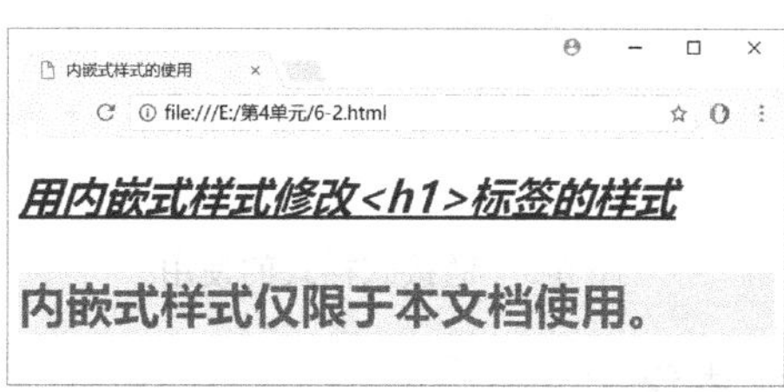

图 6-2　内嵌式样式的使用

提示：

内嵌式样式一般定义在<head>…</head>标签内，<title>…</title>标签后。

内嵌式样式仅限于本文档使用，因此当一个网站包含多张网页时，内嵌式样式无法体现 CSS 代码的重用优势，而使用链接式样式更合适。

3. 链接式样式

链接式样式将所有的 CSS 样式代码单独放在样式文件（扩展名为.css）中，通过<link>标签将样式文件链接到 HTML 文档中。<link>标签可以放在<head>…</head>标签内的任意位置，链接式样式的语法格式如下：

```
<head>
<link href="style.css" rel="stylesheet" type="text/css">
</head>
```

其中，href 属性用于指定外部样式文件的相对路径；rel 属性用于定义当前文档与被链接文档的关系，"stylesheet"值表示被链接的文档是一个样式文件；type 属性用于说明链接的外部文件是 CSS 样式。

CSS 样式文件可以在 Dreamweaver 中创建，操作方法为：执行菜单命令“文件”→“新建”，页面类型选择“CSS”。

【例 6-3】链接式样式的使用。HTML 文档的代码如下：

```
1    <!doctype html>
2    <html>
3    <head>
4    <meta charset="utf-8">
5    <title>链接式样式的使用</title>
```

```
6  <link href="style.css" rel="stylesheet" type="text/css">
7  </head>
8  <body>
9  <p>链接式样式的优势为能够使多张网页共用 CSS 样式代码。</p>
10 </body>
11 </html>
```

style.css 样式表文件的内容如下：

```
1  @charset "utf-8";
2  p {
3       font-family: "黑体";
4       font-size: 24px;
5       color: #390;
6       text-decoration: underline;
7  }
```

网页效果如图 6-3 所示。

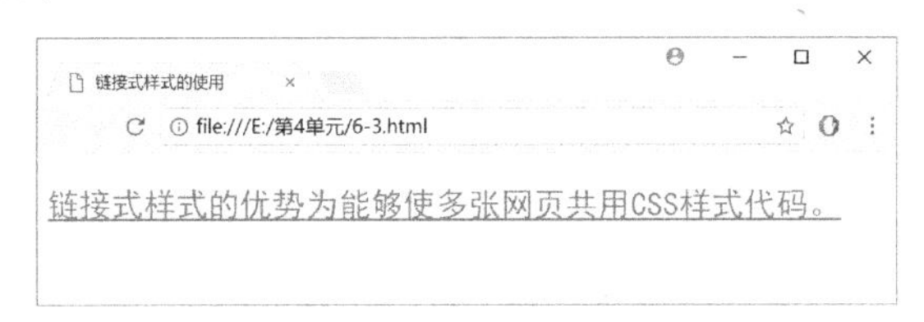

图 6-3　链接式样式的使用

6.1.4　CSS 样式的优先级

CSS 样式的优先级是指 CSS 样式在浏览器中被解析的先后顺序。既然样式有优先级，那么就会有一个“规则”约定该优先级，而这个“规则”就是重点。如果同一页面采用了多种 CSS 样式（如行内式样式、内嵌式样式和链接式样式），且这些样式共同作用于同一标记，就会出现优先级问题，即究竟哪种样式的设置操作会产生效果。如果内嵌式样式设置文本为红色，链接式样式设置字体为楷体，则两者会同时生效；如果两种样式同时设置字体为不同颜色，情况就会复杂。

前面介绍过三种样式，分别是行内式样式、内嵌式样式和链接式样式，它们的优先级关系为：行内式样式>内嵌式样式>链接式样式。

其实，CSS 为每个基础选择器都分配了权重，权重值越大，优先级越高。其中，标记选择器和伪元素选择器的权重值为 1，类选择器和伪类选择器的权重值为 10，id 选择器的权重值为 100，行内式样式权重值为 1000，通配符、子选择器、相邻选择器的权重值为 0，继承式样式的权重值为 0。由多个基础选择器构成的复合选择器（除并集选择器外），其权重为这些基础选择器的权重叠加值。

6.1.5　标记选择器

若将 CSS 样式应用于指定的 HTML 元素上，必须先找到该元素，这项任务需要由 CSS 选择器完成。在 CSS 样式中，基础选择器包括标记选择器、类选择器、id 选择器、通配符选择器、复合选择器等，我们先介绍标记选择器和类选择器。

标记选择器使用 HTML 标签名称作为选择器，用于更改页面中某类标签的默认样式，其语法格式如下：

```
标签名{属性 1:属性值 1;属性 2:属性值 2; 属性 3:属性值 3;}
```

所有的 HTML 标签都能作为标记选择器，如<body>、<img>、<p>、<h1>、<span>标签等。

如果使用标记选择器更改某个标签的样式后，则文档中所有的该标签样式均会被更改。

【例 6-4】标记选择器的使用，网页效果如图 6-4 所示。代码如下：

```
1   <!doctype html>
2   <html>
3   <head>
4   <meta charset="utf-8">
5   <title>标记选择器的使用</title>
6   <style type="text/css">
7   h1 {
8           font-size: 16px;
9           font-style: italic;
10          color: #F00;
11  }
12  </style>
13  </head>
14  <body>
15  <h1>更改 &lt;h1&gt;标签的外观样式</h1>
16  <h1>网页中所有 &lt;h1&gt;标签内的内容都会应用该样式</h1>
17  </body>
18  </html>
```

6.1.6　类选择器

标记选择器一旦被定义后，将会使网页中所有相同标签的样式均发生改变，这就是标记选择器的不足之处，即不能设计差异化的样式。为了能够自由地定义和使用样式，可以使用类选择器，其语法格式如下：

```
.类名{属性 1:属性值 1;属性 2:属性值 2; 属性 3:属性值 3;}
```

其中，类名前有一个半角状态的点号“.”，代表类选择器，类名不能使用已有的标签名。

类选择器定义的样式必须使用 class 属性设置为类名值才能应用样式。例如，定义的类名为“p1”，则需要在标签内添加“class=p1”才能应用样式。

【例 6-5】类选择器的使用，网页效果如图 6-5 所示。代码如下：

```
1   <!doctype html>
2   <html>
3   <head>
4   <meta charset="utf-8">
5   <title>类选择器的使用</title>
6   <style type="text/css">
7   h1 {
8         font-size: 16px;
9         font-style: italic;
10  }
11  p {
12        font-family: "黑体";
13  }
14  .font1 {
15        text-decoration: underline;
16  }
17  .bluefont {
18        color: #00F;
19  }
20  </style>
21  </head>
22  <body>
```

```
23  <h1>更改 &lt;h1&gt;标签的外观样式</h1>
24  <h1 class="bluefont">此处&lt;h1&gt;标签设置了类选择器</h1>
25  <p>更改所有&lt;P&gt;标签的外观样式</p>
26  <p class="bluefont font1">此处&lt;P&gt;标签设置了两个类选择器</p>
27  </body>
28  </html>
```

在本例中，定义了类名为 font1 和 bluefont 的样式，这样，同一样式可以被多个标签使用，一个标签内也可以设置多个样式，只需在 class 属性中将多个类名用空格隔开。

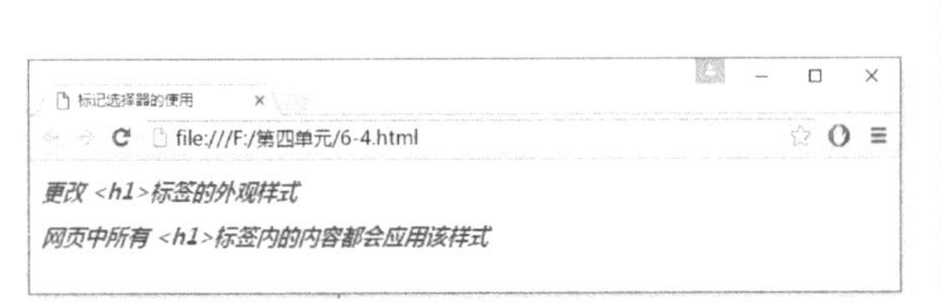

图 6-4 标记选择器的使用

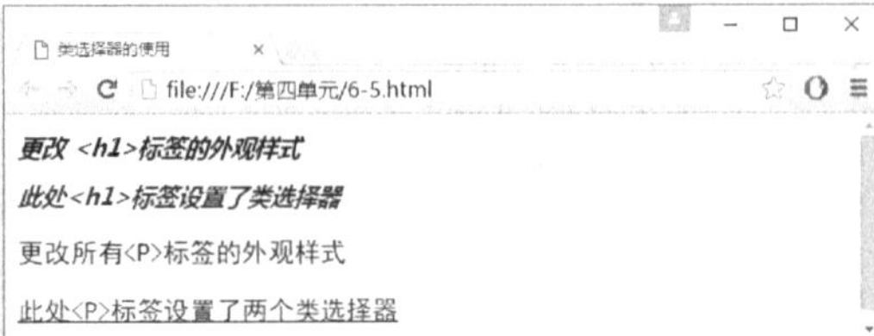

图 6-5 类选择器的使用

提示：

- 类名的第一个字符不能使用数字，而且区分大小写字母，一般情况下用小写字母。
- 类选择器的优先级大于标记选择器，因此当某元素同时满足上述两种选择器且样式设置有冲突时，将显示类选择器中定义的样式。

6.2 实战演练——制作“美化文章”网页

微课视频

6.2 实战演练

6.2.1 网页效果图

设计并制作“美化文章”网页，效果如图 6-6 所示。

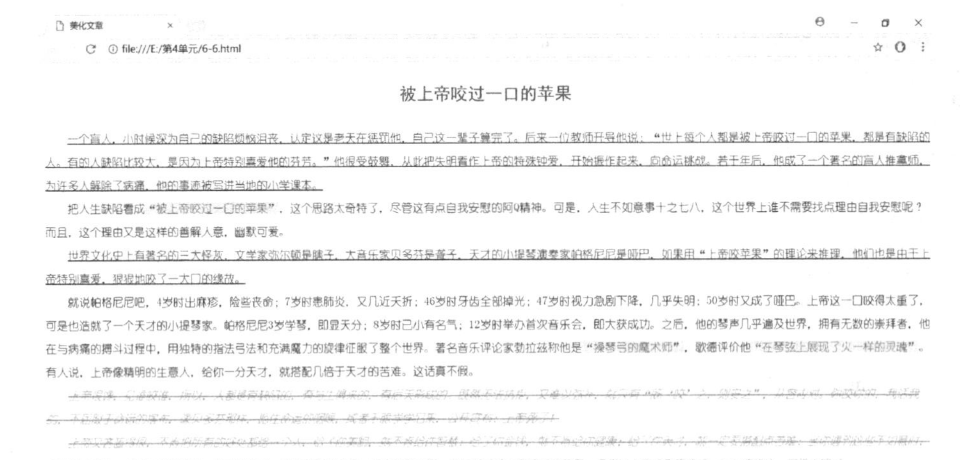

图 6-6 “美化文章”网页

6.2.2 制作过程

编写如下代码：

```
1  <!doctype html>
2  <html>
3  <head>
4      <meta charset="utf-8">
5      <title>美化文章</title>
6      <style type="text/css">
7          body {
8              font-family: "幼圆";
9              line-height: 2;
10         }
11         h2 {
12             font-family: '黑体';
13             font-size: 24px;
14             color: #F00;
15             text-align: center;
16         }
17         .p1 {
18             color: #00F;
19             text-decoration: underline;
20             text-indent: 2em;
21             display: block;
22         }
23         .p2 {
24             color: #F3C;
25             text-decoration: line-through;
26             font-style: italic;
27             text-indent: 2em;
28             display: block;
29         }
30         .p3 {
31             text-indent: 2em;
32             display: block;
33         }
34         .wenzi {
35             color: #F00;
36             background-color: #FF0;
37         }
38     </style>
39 </head>
40 <body>
41     <h2>被上帝咬过一口的苹果</h2>
42     <span class="p1">一个盲人，小时候深为自己的缺陷烦恼沮丧，认定这是老天在惩罚他，自己这一辈
43 子算完了。后来一位教师开导他说："世上每个人都是被上帝咬过一口的苹果，都是有缺陷的人。有的人
44 缺陷比较大，是因为上帝特别喜爱他的芬芳。"他很受鼓舞，从此把失明看作上帝的特殊钟爱，开始振作
45 起来，向命运挑战。若干年后，他成了一个著名的盲人推拿师，为许多人解除了病痛，他的事迹被写进
46 当地的小学课本。</span>
47     <span class="p3">把人生缺陷看成<span class="wenzi">"被上帝咬过一口的苹果"</span>，这个思
48 路太奇特了，尽管这有点自我安慰的阿Q精神。可是，人生不如意事十之七八，这个世界上谁不需要找
49 点理由自我安慰呢？而且，这个理由又是这样的善解人意，幽默可爱。</span>
50     <span class="p1">世界文化史上有著名的三大怪杰，文学家弥尔顿是瞎子，大音乐家贝多芬是聋子，
51 天才的小提琴演奏家帕格尼尼是哑巴，如果用"上帝咬苹果"的理论来推理，他们也是由于上帝特别喜
52 爱，狠狠地咬了一大口的缘故。</span>
53     <span class="p3">就说帕格尼尼吧，4岁时出麻疹，险些丧命；7岁时患肺炎，又几近夭折；46岁时
54 牙齿全部掉光；47岁时视力急剧下降，几乎失明；50岁时又成了哑巴。上帝这一口咬得太重了，可是也
55 造就了一个天才的小提琴家。帕格尼尼3岁学琴，即显天分；8岁时已小有名气；12岁时举办首次音乐
```

```
56 会，即大获成功。之后，他的琴声几乎遍及世界，拥有无数的崇拜者，他在与病痛的搏斗过程中，用独
57 特的指法弓法和充满魔力的旋律征服了整个世界。著名音乐评论家勃拉兹称他是<span class="wenzi">“操
58 琴弓的魔术师”</span>，歌德评价他<span class="wenzi">“在琴弦上展现了火一样的灵魂”</span>。有
59 人说，上帝像精明的生意人，给你一分天才，就搭配几倍于天才的苦难。这话真不假。</span>
60       <span class="p2">上帝很馋，见谁咬谁，所以，人都是有缺陷的，有与生俱来的，有后天形成的。既
61 然无法抗拒，又难以弥补，就只有“既‘咬’之，则安之”，从容应对。你咬你的，我活我的，不屈服于
62 命运的摆布，像贝多芬那样，扼住命运的咽喉，或者干脆学学尼采，公开宣布：上帝死了！</span>
63       <span class="p2">上帝又吝啬得很，不肯把所有的好处都给一个人，给了你美貌，就不肯给你智慧；
64 给了你金钱，就不肯给你健康；给了你天才，就一定要搭配点苦难；当你遇到这些不如意时，不必怨天
65 尤人，更不能自暴自弃，顶好的办法，就是像那位老师一样去自励自慰；我们都是被上帝咬过的苹果，
66 只不过上帝特别喜欢我，所以咬的这一口更大罢了。</span>
67       <br>
68 </body>
69 </html>
```

6.2.3 代码分析

第6～38行代码是该网页的内嵌式样式代码。

第7～10行代码，使用标记选择器“body”将整个页面文档中的字体（font-family）设置为“幼圆”，行高（line-height）设置为“2”。该样式应用于<body>…</body>标签内的所有文字。

第11～16行代码，使用标记选择器“h2”更改标题的默认样式，将字体（font-family）设置为“黑体”，文字大小（font-size）设置为“24px”，文字颜色（color）设置为“#F00”。该样式应用于第41行的<h2>…</h2>标签内的标题文字。

第17～22行代码，定义类选择器“p1”，将段落文字颜色（color）设置为“#00F”（蓝色），文本修饰（text-decoration）设置为“underline”（下画线），段落文本缩进（text-indent）设置为“2em”，显示方式（display）设置为“block”。该样式应用于第1段和第3段的文字，在第42行和第50行的<span>标签中，设置class属性为“p1”。由于span元素是行内元素，因此在设置文本缩进时，必须以“块”（block）显示方式实现缩进效果。

第23～29行代码，定义类选择器“p2”，将段落文字颜色（color）设置为“#F3C”，文本修饰（text-decoration）设置为“line-through”（删除线），段落文本缩进（text-indent）设置为“2em”，显示方式（display）设置为“block”。该样式应用于末尾两段的文字，在第60行和第63行的<span>标签中，设置class属性为“p2”。

第30～33行代码，定义类选择器“p3”，将段落文本缩进（text-indent）设置为“2em”，显示方式（display）设置为“block”。该样式应用于第2段和第4段的文字，在第47行和第53行的<span>标签中，设置class属性为“p3”。

第34～37行代码，定义类选择器“wenzi”，将文中双引号内的文字颜色（color）设置为“#F00”（红色），背景颜色（background-color）设置为“#FF0”（黄色），在第47、57、58行的<span>标签中，设置class属性为“wenzi”。

6.3 强化训练——制作“图文混排”网页

微课视频

6.3 强化训练

6.3.1 网页效果图

设计并制作“图文混排”网页，效果如图6-7所示。

图 6-7 “图文混排”网页

6.3.2 制作过程

编写如下代码：

```
1  <!doctype html>
2  <html>
3  <head>
4      <meta charset="utf-8">
5      <title>图文混排网页</title>
6      <style type="text/css">
7          h2 {
8              text-align: center;
9              font-size: 36px;
10             color: #666;
11             letter-spacing: 10px;
12         }
13         .hspan {
14             color: #076BBC;
15         }
16         .author {
17             text-align: center;
18             color: #666;
19             font-family: "楷体";
20         }
21         .redspan {
22             color: #f00;
23         }
24         p {
25             font-family: "微软雅黑";
26         }
27         .source {
28             font-family: "楷体";
29             font-style: italic;
30             color: #666;
31             font-size: 16px;
32             text-align: center;
33         }
```

```
34         </style>
35  </head>
36  <body>
37         <h2>网页
38                <span class="hspan">排版布局</span>原则及特点</h2>
39         <p class="author">更新时间:
40                <span class="redspan">2018 年 09 月 05 日 16 时 17 分</span>  来源:
41                <span>网络空间</span>
42         </p>
43         <img src="images/pic.jpg" width="485" height="303" hspace="30" align="left" />
44         <p>&hearts; 图文平衡性。平衡性是指文字、图像等要素的占用空间分布均匀，而且色彩协调，
45  给人以平稳、舒服的感觉，满足客户的感官感受。任何没有达到平衡性的元素，均会造成视觉上的排斥。
46  </p>
47         <p>&hearts; 内容对称性。并非要求设计者将所有内容统一对称，而是建议打破传统对称的方
48  法，避免呆板、死气沉沉的感觉；在适当的时候产生一些变化，会有不一样的效果，对称也是一种美。</p>
49         <p>&hearts; 布局疏密度。留白是一种巧妙的技巧，在疏密度中可以体现。疏密度是指整个网
50  页不要只用一种样式，要适当留白，运用空格，改变行距、字距等，从而产生一些变化。要做到疏密有
51  度，即“密不透风，疏可跑马”。</p>
52         <p>&hearts; 视觉对比性。对比指的是从不同的色调、色彩、形态等技巧进行表现，从而形成
53  鲜明的视觉效果。如果开发者注重这项网站开发技巧，就能够创造出富有变化的页面效果。</p>
54         <p>&hearts; 合理的布局比例。对布局而言，适当的比例非常重要，虽然比例的数值不一定为
55  黄金分割比的数值，但实际的比例务必协调，否则页面就会显得混乱，参差不齐，影响效果。</p>
56         <hr>
57         <p class="source">原文链接：
58                <span class="redspan">https://baijiahao.baidu.com</span>    文章　来源：
59                <span class="redspan">百家号</span>
60         </p>
61  </body>
62  </html>
```

6.3.3 代码分析

第 6～34 行代码是该网页的内嵌式样式代码。

第 7～12 行代码，使用标记选择器“h2”更改标题的默认样式，将文本对齐方式（text-align）设置为“center”，文字大小（font-size）设置为“36px”，文字颜色（color）设置为“#666”，字符间距（letter-spacing）设置为“10px”。该样式应用于第 37～38 行的<h2>…</h2>标签内的标题文字。

第 13～15 行代码，定义类选择器“hspan”，将文本颜色（color）设置为“#076BBC”。该样式应用于第 38 行的代码，在<span>标签中，设置 class 属性为“hspan”。

第 16～20 行代码，定义类选择器“author”，将文本对齐方式（text-align）设置为“center”，文字颜色（color）设置为“#666”，字体（font-family）设置为“楷体”。该样式应用于第 39～42 行的代码，在<p>标签中，设置 class 属性为“author”。

第 21～23 行代码，定义类选择器“redspan”，将文本颜色（color）设置为“#f00”。在第 40、58、59 行的<span>标签中，设置 class 属性为“redspan”。

第 24～26 行代码，使用标记选择器“p”更改段落的默认样式，将段落文本的字体更改为“微软雅黑”。该样式应用于网页中所有的<p>…</p>标签内的段落文本。

第 27～33 行代码，定义类选择器“source”，将字体（font-family）设置为“楷体”，字体样式（font-style）设置为“italic”（斜体），文字颜色（color）设置为“#666”，文字大小（font-size）

设置为“16px”，文本对齐方式（text-align）设置为“center”。在第 57～60 行的<p>标签中，设置 class 属性为“source”。

第 43 行代码，插入图片并设置图片的宽度（width）、高度（height）、图片与文本的左右距离（hspace）和图片对齐方式（align）。

第 44 行代码，使用特殊字符“♥”插入心形图案，使用特殊字符“ ”插入空格符。

第 56 行代码，使用<hr>标签插入分隔线。

微课视频

6.4 课后实训

6.4 课后实训

设计并制作“颐和园景点介绍”网页，效果如图 6-8 所示。

图 6-8 “颐和园景点介绍”网页

任务 7 链接伪类和 CSS 样式面板

微课视频

7.1 知识准备

7.1 知识准备

7.1.1 链接伪类

在所有浏览器中，默认的超链接样式如图 7-1 所示。

我们从图 7-1 中可以看出，超链接在单击的不同时期，其样式是不一样的，具体情况如下。

默认样式
单击时样式
单击后样式

图 7-1 默认的超链接样式

（1）默认情况：字体为蓝色，带有下画线；

（2）单击时：字体为红色，带有下画线；

（3）单击后：字体为紫色，带有下画线；

其中，“单击时”是指单击超链接的瞬间，字体是红色的。这个样式变化是瞬间发生的。

为了提高用户体验，可以用 CSS 样式设置超链接的不同状态。超链接共有四种状态：未访问过的超链接、已经访问过的超链接、鼠标指针经过或悬停在超链接上、鼠标左键按下而未放开时的超链接。以上四种状态的样式可以通过链接伪类进行设置，方法见表 7-1。

表 7-1 链接伪类

<a>标签的伪类	超链接状态	<a>标签的伪类	超链接状态
a:link	未访问过的超链接	a:hover	鼠标指针经过或悬停在超链接上
a:visited	已经访问过的超链接	a:active	鼠标左键按下而未放开时的超链接

定义这四种伪类，必须按照“link”“visited”“hover”“active”的顺序进行，否则，浏览器可能无法正常显示这四种样式。

提示：设置超链接的四种伪类时要遵循“爱恨原则”，即“LoVe-HAte”原则。

【例 7-1】链接伪类的使用，网页效果如图 7-2 所示。代码如下：

```
1   <!doctype html>
2   <html>
3   <head>
4       <meta charset="utf-8">
5       <title>链接伪类的使用</title>
6       <style type="text/css">
7           a:link {
8               color: #F60;
9               text-decoration: none;
10          }
11          a:visited {
12              color: #F60;
13              text-decoration: none;
14          }
15          a:hover {
16              color: #00F;
17              text-decoration: underline;
18          }
19          a:active {
20              color: #690;
21              text-decoration: none;
22          }
23      </style>
24  </head>
25  <body>
26      <a href="#">商城首页</a>
27      <a href="#">潮流饰品</a>
28      <a href="#">母婴童装</a>
29      <a href="#">家装家纺</a>
30      <a href="#">手机数码</a>
31  </body>
32  </html>
```

在本例中，第 7～10 行代码定义未访问过的超链接样式为“橙色”“无下画线”；第 11～14 行代码定义已经访问过的超链接样式为“橙色”“无下画线”；第 15～18 行代码定义鼠标指针经过或悬停在超链接上时的样式为“蓝色”“有下画线”；第 19～22 行代码定义鼠标左键按下而未放开时的超链接样式为“绿色”“无下画线”。

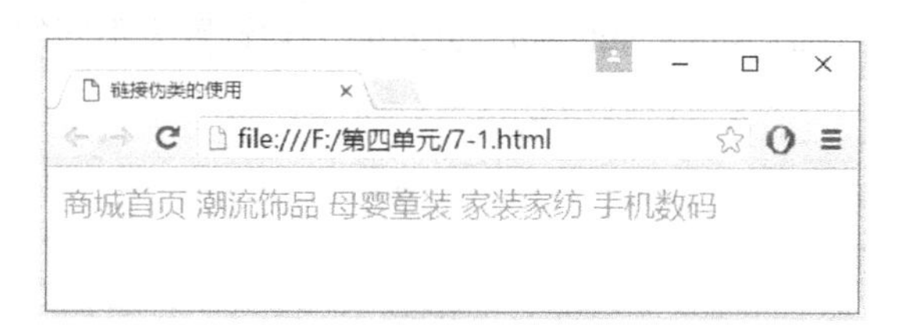

图 7-2　链接伪类的使用

7.1.2　CSS 样式面板

使用 Dreamweaver 时，可以直接在代码视图中编写 CSS 样式代码，但是速度较慢。我们可以使用软件中的 CSS 样式面板快速查看、创建、编辑和删除 CSS 样式，并且可以将外部样式表附加到文档中。CSS 样式面板如图 7-3 所示。

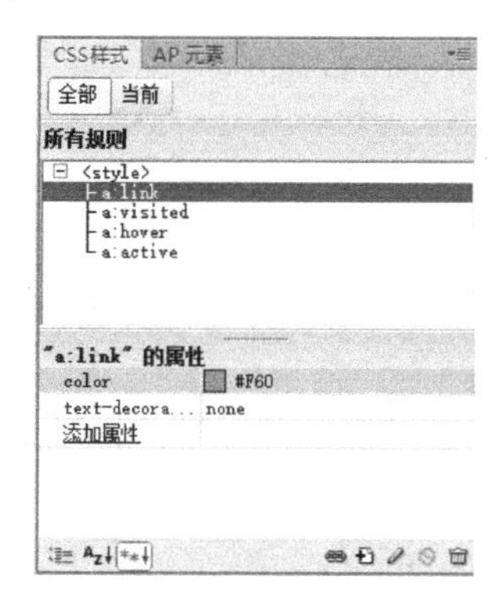

图 7-3　CSS 样式面板

下面对常用的按钮进行介绍。

类别视图：将 Dreamweaver 支持的 CSS 属性划分为八个类别，即字体、背景、区块、边框、方框、列表、定位和扩展。每个类别的属性都被包含在一个列表中，可以单击类别名称旁的加号（+）按钮展开或折叠。“设置属性”（蓝色）将出现在列表顶部。

列表视图：按字母顺序显示 Dreamweaver 支持的所有 CSS 属性。“设置属性”（蓝色）将出现在列表顶部。

设置属性视图：仅显示那些已设置的属性。设置属性视图为默认视图。

附加样式表：打开“链接外部样式表”对话框。选择要链接到或导入当前文档中的外部样式表。

新建 CSS 规则：打开一个对话框，可在其中选择要创建的样式类型。例如，要创建类样式、重新定义 HTML 标签或者定义 CSS 选择器。

编辑样式：打开一个对话框，可在该对话框中编辑当前文档或外部样式表中的样式。

删除 CSS 规则：删除 CSS 样式面板中的所选规则或属性。

7.2　实战演练——制作“散文欣赏”网页

7.2　实战演练

7.2.1　网页效果图

设计并制作“散文欣赏”网页，效果如图 7-4 所示。其中，光标图标设置为“help”样式，锚点链接的四种状态（a:link、a:visited、a:hover、a:active）均设置为不同的样式。

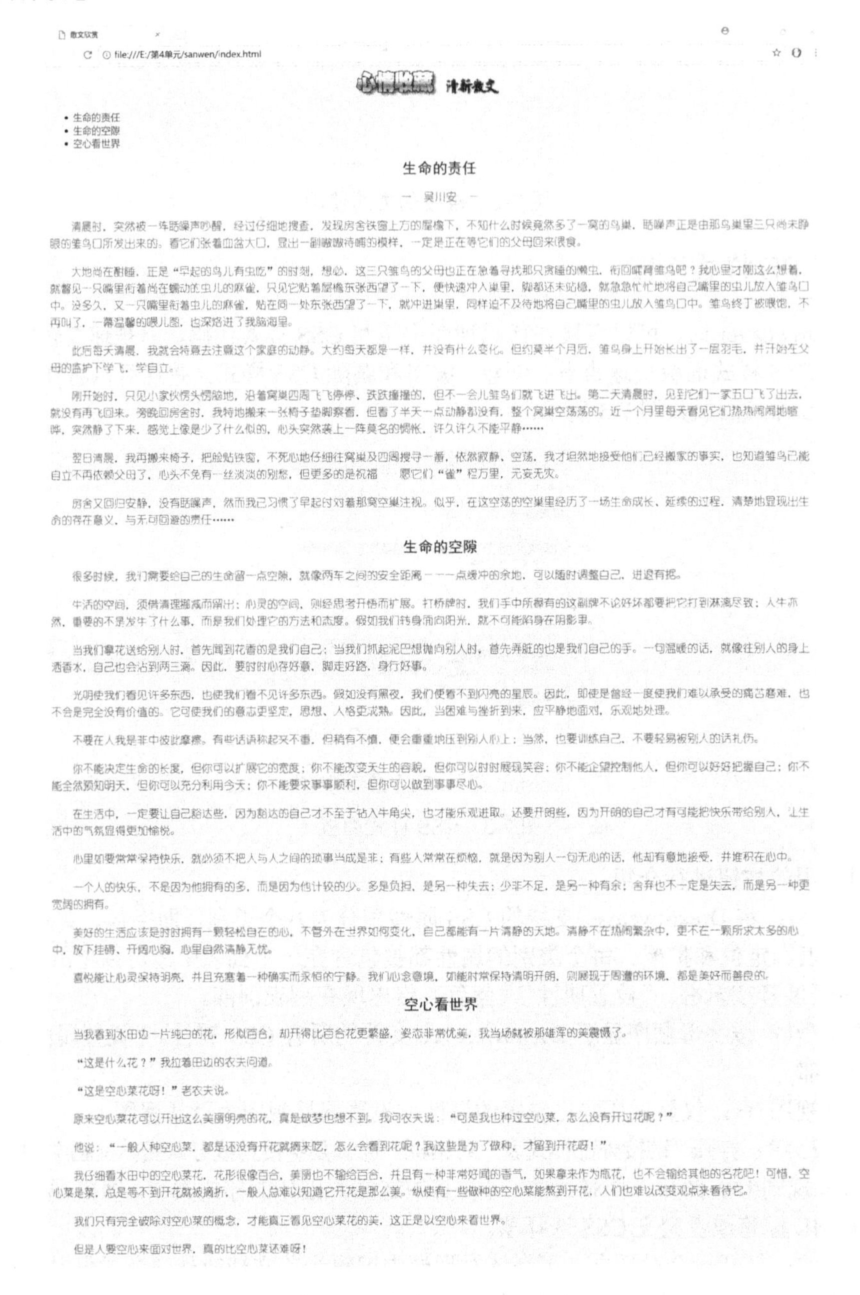

图 7-4 “散文欣赏”网页

7.2.2 制作过程

（1）在站点下新建 HTML 网页，保存为“index.html”，将网页的标题栏内容改为“散文欣赏”，代码如下：

```
1 <!doctype html>
2 <html>
3 <head>
```

```
4         <meta charset="utf-8">
5         <title>散文欣赏</title>
6     </head>
7     <body>
8     </body>
9     </html>
```

（2）编辑网页文字内容、图片和锚点链接，如图 7-5 所示。代码如下：

```
1     <!doctype html>
2     <html>
3     <head>
4         <meta charset="utf-8">
5         <title>散文欣赏</title>
6     </head>
7     <body>
8         <center>
9             <img src="images/word.gif" width="233" height="41">
10        </center>
11        <ul>
12            <li><a href="#t1">生命的责任</a></li>
13            <li><a href="#t2">生命的空隙</a></li>
14            <li><a href="#t3">空心看世界</a></li>
15        </ul>
16        <p><a id="t1"></a>生命的责任</p><!--id 属性与 name 属性作用相同，创建目标位置的锚点-->
17        <p align="center">—吴川安—</p>
18        <p>清晨时，突然被一阵聒噪声吵醒，经过仔细地搜查，发现房舍铁窗上方的屋檐下，不知什么时候
19    竟然多了一窝的鸟巢，聒噪声正是由那鸟巢里三只尚未睁眼的雏鸟口所发出来的。看它们张着血盆大口，
20    显出一副嗷嗷待哺的模样，一定是正在等它们的父母回来喂食。</p>
21        <p>大地尚在酣睡，正是“早起的鸟儿有虫吃”的时刻，想必，这三只雏鸟的父母也正在急着寻找那
22    只贪睡的懒虫，衔回哺育雏鸟吧？我心里才刚这么想着，就瞥见一只嘴里衔着尚在蠕动的虫儿的麻雀，
23    只见它贴着屋檐东张西望了一下，便快速冲入巢里，脚都还未站稳，就急急忙忙地将自己嘴里的虫儿放
24    入雏鸟口中。没多久，又一只嘴里衔着虫儿的麻雀，贴在同一处东张西望了一下，就冲进巢里，同样迫
25    不及待地将自己嘴里的虫儿放入雏鸟口中。雏鸟终于被喂饱，不再叫了，一幕温馨的喂儿图，也深烙进
26    了我脑海里。</p>
27        <p>此后每天清晨，我就会特意去注意这个家庭的动静。大约每天都是一样，并没有什么变化。但约
28    莫半个月后，雏鸟身上开始长出了一层羽毛，并开始在父母的监护下学飞，学自立。</p>
29        <p>刚开始时，只见小家伙愣头愣脑地，沿着窝巢四周飞飞停停、跌跌撞撞的，但不一会儿雏鸟们就
30    飞进飞出。第二天清晨时，见到它们一家五口飞了出去，就没有再飞回来。傍晚回房舍时，我特地搬来
31    一张椅子垫脚察看，但看了半天一点动静都没有，整个窝巢空荡荡的。近一个月里每天看见它们热热闹
32    闹地喧哗，突然静了下来，感觉上像是少了什么似的，心头突然袭上一阵莫名的惆怅，许久许久不能平
33    静……</p>
34        <p>翌日清晨，我再搬来椅子，把脸贴近铁窗，不死心地仔细往窝巢及四周搜寻一番，依然寂静、空
35    荡，我才坦然地接受它们已经搬家的事实，也知道雏鸟已能自立不再依赖父母了，心头不免有一丝淡淡
36    的别愁，但更多的是祝福——愿它们“雀”程万里，无妄无灾。</p>
37        <p>房舍又回归安静，没有聒噪声，然而我已习惯了早起时对着那窝空巢注视。似乎，在这空荡的空
38    巢里经历了一场生命成长、延续的过程，清楚地显现出生命的存在意义，与无可回避的责任……
39        <p><a id="t2"></a>生命的空隙</p>
40        <p>很多时候，我们需要给自己的生命留下一点空隙，就像两车之间的安全距离——一点缓冲的余地，
41    可以随时调整自己，进退有据。</p>
42        <p>生活的空间，须借清理挪减而留出；心灵的空间，则经思考开悟而扩展。打桥牌时，我们手中所
43    握有的这副牌不论好坏都要把它打到淋漓尽致；人生亦然，重要的不是发生了什么事，而是我们处理它
44    的方法和态度。假如我们转身面向阳光，就不可能陷身在阴影里。</p>
45        <p>当我们拿花送给别人时，首先闻到花香的是我们自己；当我们抓起泥巴想抛向别人时，首先弄脏
46    的也是我们自己的手。一句温暖的话，就像往别人的身上洒香水，自己也会沾到两三滴。因此，要时时
```

```
47 心存好意，脚走好路，身行好事。</p>
48     <p>光明使我们看见许多东西，也使我们看不见许多东西。假如没有黑夜，我们便看不到闪亮的星辰。
49 因此，即使是曾经一度使我们难以承受的痛苦磨难，也不会是完全没有价值的。它可使我们的意志更坚
50 定，思想、人格更成熟。因此，当困难与挫折到来，应平静地面对，乐观地处理。</p>
51     <p>不要在人我是非中彼此摩擦。有些话语称起来不重，但稍有不慎，便会重重地压到别人心上；当
52 然，也要训练自己，不要轻易被别人的话扎伤。</p>
53     <p>你不能决定生命的长度，但你可以扩展它的宽度；你不能改变天生的容貌，但你可以时时展现笑
54 容；你不能企望控制他人，但你可以好好把握自己；你不能全然预知明天，但你可以充分利用今天；你
55 不能要求事事顺利，但你可以做到事事尽心。</p>
56     <p>在生活中，一定要让自己豁达些，因为豁达的自己才不至于钻入牛角尖，也才能乐观进取。还要
57 开朗些，因为开朗的自己才有可能把快乐带给别人，让生活中的气氛显得更加愉悦。</p>
58     <p>心里如要常常保持快乐，就必须不把人与人之间的琐事当成是非；有些人常常在烦恼，就是因为
59 别人一句无心的话，他却有意地接受，并堆积在心中。 </p>
60     <p>一个人的快乐，不是因为他拥有的多，而是因为他计较的少。多是负担，是另一种失去；少非不
61 足，是另一种有余；舍弃也不一定是失去，而是另一种更宽阔的拥有。</p>
62     <p>美好的生活应该是时时拥有一颗轻松自在的心，不管外在世界如何变化，自己都能有一片清静的
63 天地。清静不在热闹繁杂中，更不在一颗所求太多的心中，放下挂碍、开阔心胸，心里自然清静无忧。</p>
64     <p>喜悦能让心灵保持明亮，并且充塞着一种确实而永恒的宁静。我们心念意境，如能时常保持清明
65 开朗，则展现于周遭的环境，都是美好而善良的。 </p>
66     <p><a id="t3"></a>空心看世界</p>
67     <p>当我看到水田边一片纯白的花，形似百合，却开得比百合花更繁盛，姿态非常优美，我当场就被
68 那雄浑的美震慑了。</p>
69     <p>“这是什么花？”我拉着田边的农夫问道。 </p>
70     <p>“这是空心菜花呀！”老农夫说。 </p>
71   <p>原来空心菜花可以开出这么美丽明亮的花，真是做梦也想不到。我问农夫说：“可是我也种过空心
72 菜，怎么没有开过花呢？”</p>
73   <p>他说：“一般人种空心菜，都是还没有开花就摘来吃，怎么会看到花呢？我这些是为了做种，才留
74 到开花呀！” </p>
75     <p>我仔细看水田中的空心菜花，花形很像百合，美丽也不输给百合，并且有一种非常好闻的香气，
76 如果拿来作为瓶花，也不会输给其他的名花吧！可惜，空心菜是菜，总是等不到开花就被摘折，一般人
77 总难以知道它开花是那么美。纵使有一些做种的空心菜能熬到开花，人们也难以改变观点来看待它。</p>
78     <p>我们只有完全破除对空心菜的概念，才能真正看见空心菜花的美，这正是以空心来看世界。
79 </p>
80     <p>但是人要空心来面对世界，真的比空心菜还难呀！ </p>
81 </body>
82 </html>
```

（3）在“CSS 样式”面板中单击“新建 CSS 规则”按钮，在弹出的“新建 CSS 规则”对话框中，设置选择器类型为“标签（重新定义 HTML 元素）”，表示新建一个标记选择器；设置选择器名称为“body”，表示标记选择器名称为“body”；设置规则定义为“仅限该文档”，表示新建“内嵌式样式”，单击“确定”按钮，如图 7-6 所示。

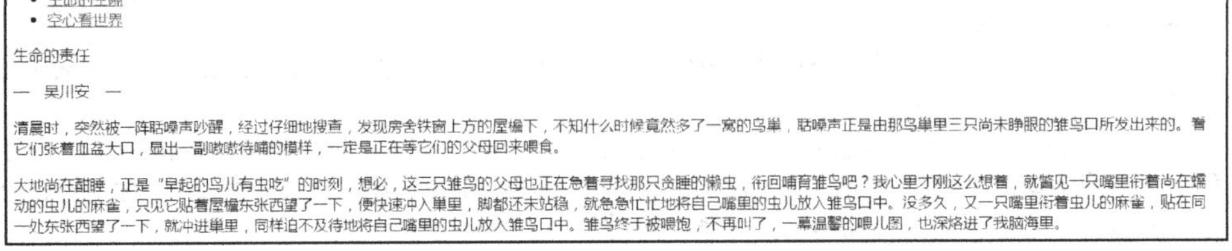

图 7-5　编辑网页文字内容、图片和锚点链接

此后每天清晨，我就会特意去注意这个家庭的动静。大约每天都是一样，并没有什么变化。但约莫半个月后，雏鸟身上开始长出了一层羽毛，并开始在父母的监护下学飞，学自立。

刚开始时，只见小家伙愣头愣脑地，沿着窝巢四周飞飞停停、跌跌撞撞的，但不一会儿雏鸟们就飞进飞出。第二天清晨时，见到它们一家五口飞了出去，就没有再飞回来。傍晚回房舍时，我特地搬来一张椅子垫脚李看，但看了半天一点动静都没有，整个窝巢空荡荡的。近一个月里每天看见它们热热闹闹地喧哗，突然静了下来，感觉上像是少了什么似的，心头突然袭上一阵莫名的惆怅，许久许久不能平静……

翌日清晨，我再搬来椅子，把脸贴铁窗，不死心地仔细往窝巢及周搜查一番，依然寂静、空荡，我才坦然地接受他们已经搬家的事实，也知道雏鸟已能自立不再依赖父母了，心头不免有一丝淡淡的别愁，但更多的是祝福——愿它们“雀”程万里，无妄无灾。

房舍又回归安静，没有聒噪声，然而我已习惯了早起时对着那窝空巢注视。似乎，在这空荡的空巢里经历了一场生命成长、延续的过程，清楚地显现出生命的存在意义，与无可回避的责任……

生命的空隙

很多的时候，我们需要给自己的生命留一点空隙，就像两车之间的安全距离——一点缓冲的余地，可以随时调整自己，进退有据。

生活的空间，需借清理挪减而留出；心灵的空间，则经思靠开悟而扩展。打桥牌时，我们手中所握有的这副牌不论好坏都要把它打得淋漓尽致；人生亦然，重要的不是发生了什么事，而是我们处理它的方法和态度。假如我们转身面向阳光，就不可能陷身在阴影里。

当我们拿花送给别人时，首先闻到花香的是我们自己；当我们抓起泥巴想抛向别人时，首先弄脏的也是我们自己的手。一句温暖的话，就像往别人身上洒香水，自己也会沾到两三滴。因此，要时时心存好意，脚走好路，身行好事。

光明是我们看见好多东西，也使我们看不见许多东西。假如没有黑夜，我们便看不到闪亮的星辰。因此，即使是曾经一度是我们难以承受的痛苦磨难，也不会是完全没有价值的。它可是我们的意识更坚定，思想，人格更成熟。因此，当困难与挫折到来，应该平静地面对，乐观地处理。

不要在人我是非中摩擦。有些话语称起来不重，但稍一不慎，便会重重的压在别人身上；同时，也要训练自己，不要轻易被别人的话扎伤。

你不能决定生命的长度，但你可以扩展它的宽度；你不能改变天生的容貌，但你可以时时展现笑容；你不能企望控制他人，但你可以好好掌握自己；你不能全然欲知明天，但你可以充分利用今天；你不能要就事事顺利，但你可以做到事事尽心。

在生活中，一定要让自己豁达些，因为豁达的自己才不至于钻入牛角尖，也才能乐观进取。还要开朗些，因为开朗的自己才有可能把快乐带给别人，让生活中的气氛显得更加愉悦。

心理如要常常保持快乐，就必须不把人与人之间的琐事当成是非；有些人常常在烦恼，就是因为别人一句无心的话，他却有意地接受，并堆积在心中。

一个人的快乐，不是因为他拥有得多，而是因为他计较得少。多是负担，是另一种失去；少非不足，是另一种有余；舍弃也不一定是失去，而是另一种更宽阔的拥有。

美好的生活应该时时拥有一颗轻松自在的心，不管外在世界如何变化，自己都能有一片清静的天地。清静不再热闹繁杂中，更不在一颗所求太多的心中，放下挂碍、开阔心胸，心理然清静无忧。

喜越能让心灵保持明亮，并且充塞着一种确实而永恒的宁静。我们心念意境，如能时常保持清明开朗，则展现于周遭的环境，都是美好而善良的。

空心看世界

当我看到水田边一片纯白的花，形似百合，却开得比百合花还要繁盛，姿态非常优美，我当场就被雄浑的美震慑了。

“这是什么花？”我拉着田边的农夫问道。

“这是空心菜花呀！”老农夫说。

原来空心菜花可以开出这么美丽明亮的花，真是做梦也想不到。我问农夫说：“可是我也种过空心菜，怎么没有开过花呢？”

他说：“一般人种空心菜，都是还没有开花就摘来吃，怎么会看到花呢？我这些是为了做种，才留到开花呀！”

我仔细看水田中的空心菜花，花形很像百合，美丽也不输给百合，并且有一种非常好闻的香气，如果拿来作为瓶花，也不会输给其他的名花吧！可惜，空心菜是菜，总是等不到开花就被摘折，一般人总难以知道它开花是那么美。纵使有一些做种的空心菜能熬到开花，人们也难以改变观点来看待它。

我们只有完全破除对空心菜的概念，才能真正看见空心菜花的美，这正是以空心来看世界。

但是人要空心来面对世界，真的比空心菜还难呀！

图 7-5　编辑网页文字内容、图片和锚点链接（续）

（4）定义标记选择器“body”的 CSS 规则。选择“背景”选项卡，设置背景图像的路径，选择网页的背景图像，如图 7-7 所示。再选择“扩展”选项卡，设置光标为“help”，即光标的样式被修改为“help”图标，单击“确定”按钮，如图 7-8 所示。

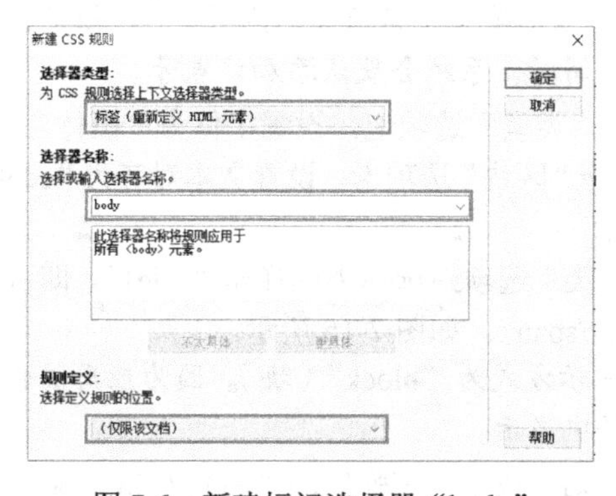

图 7-6　新建标记选择器“body”

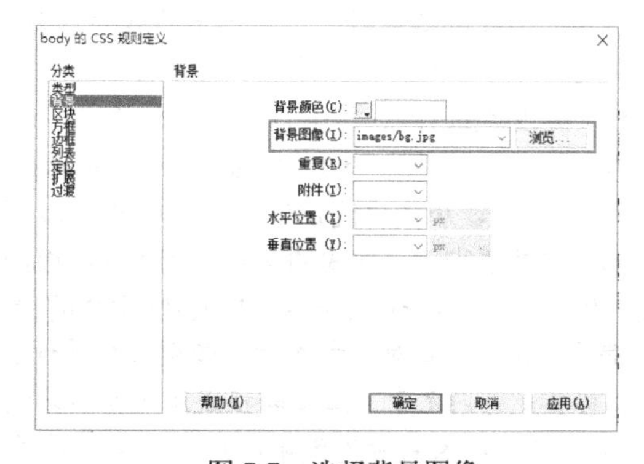

图 7-7　选择背景图像

（5）在“CSS 样式”面板中单击“新建 CSS 规则”按钮，在弹出的“新建 CSS 规则”对话框中新建标记选择器“p”，单击“确定”按钮，如图 7-9 所示。

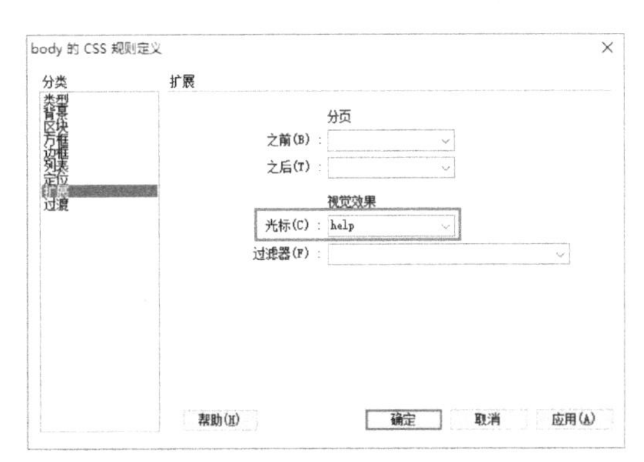

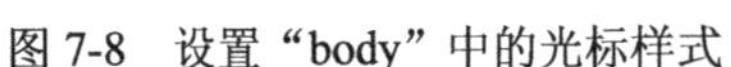
图 7-8　设置“body”中的光标样式

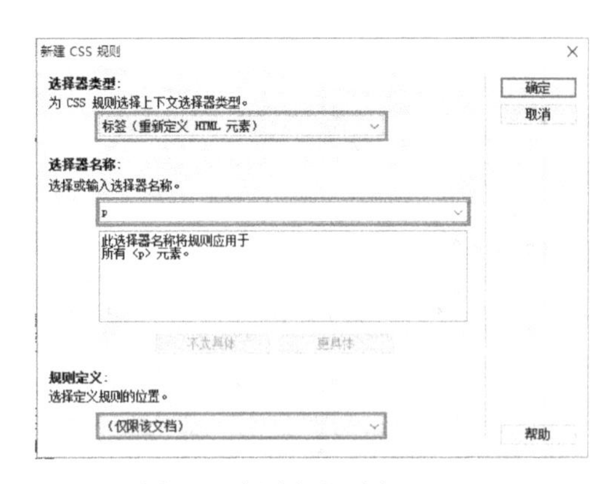

图 7-9　新建标记选择器“p”

（6）定义标记选择器“p”的 CSS 规则。选择“类型”选项卡，设置字体为“幼圆”，字体大小为“18px”，行高为“1.5em”，颜色为“#333”，如图 7-10 所示；选择“区块”选项卡，设置文本缩进为“2ems”，单击“确定”按钮，如图 7-11 所示。

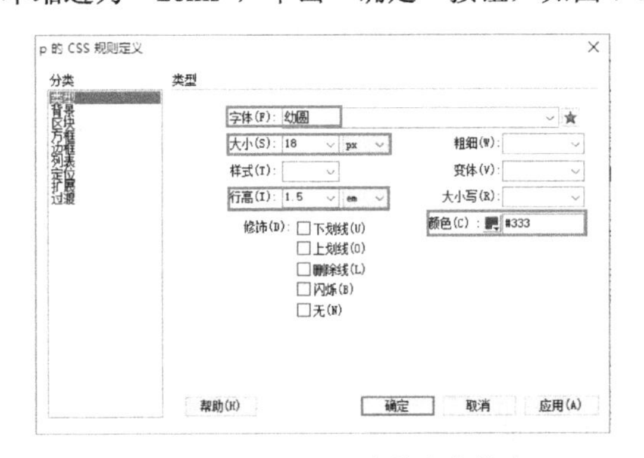

图 7-10　设置“p”中的文本样式

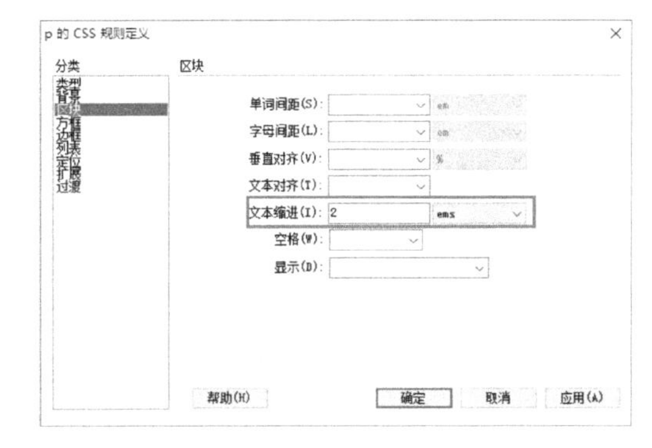

图 7-11　设置“p”中的文本缩进

（7）在“CSS 样式”面板中单击“新建 CSS 规则”按钮，在弹出的“新建 CSS 规则”对话框中新建类选择器“title1”，单击“确定”按钮，如图 7-12 所示。

提示：新建类选择器时，代码中的选择器名称前应加英文半角状态的点号“.”。但是，使用面板新建类选择器时，该点号可以写也可以不写。不写时，系统会默认添加该点号。

（8）定义类选择器“title1”的 CSS 规则。选择“类型”选项卡，设置字体为“黑体”，字体大小为“24px”，颜色为“#000”，如图 7-13 所示；选择“区块”选项卡，设置文本对齐为“center”，显示为“block”，单击“确定”按钮，如图 7-14 所示。

（9）选择要应用该样式的文字，在属性面板的“类”选项中选择类选择器“title1”，即可应用样式，生成代码为：<span class="title1">生命的责任</span>。如图 7-15 所示。

提示：设置文本对齐方式时，必须添加并设置显示方式为“block”（块）。因为应用该样式的<span>标签是行内元素，必须转换成块元素后才能居中显示。

（10）在“CSS 样式”面板中单击“新建 CSS 规则”按钮，在弹出的“新建 CSS 规则”对话框中新建链接伪类“复合内容（基于选择的内容）”，设置选择器名称为“a:link”，单击“确定”按钮，如图 7-16 所示。

（11）定义伪类选择器“a:link”的 CSS 规则。选择“类型”选项卡，设置文本修饰为“无”，去除锚点链接的下画线，单击“确定”按钮，如图 7-17 所示。

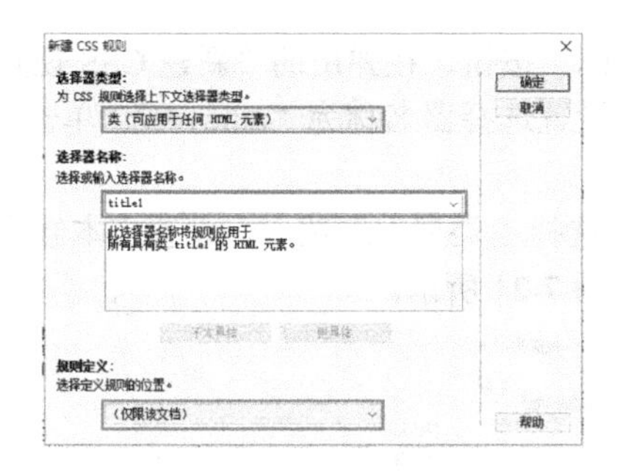

图 7-12　新建类选择器“title1”

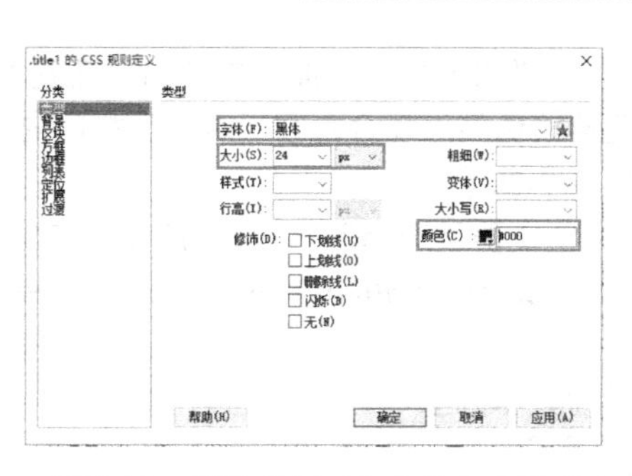

图 7-13　设置“title1”中的文本样式

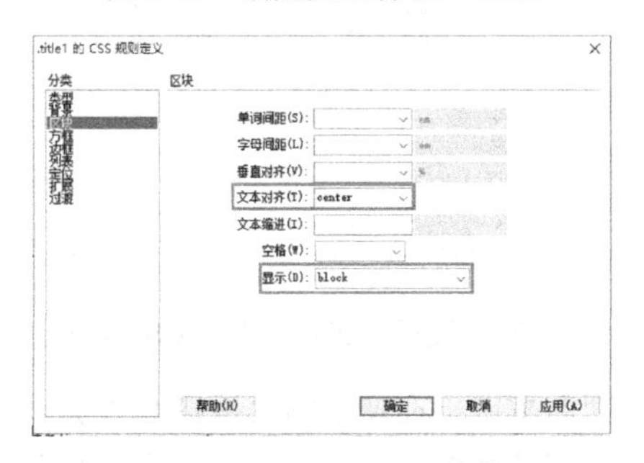

图 7-14　设置“title1”中的对齐方式

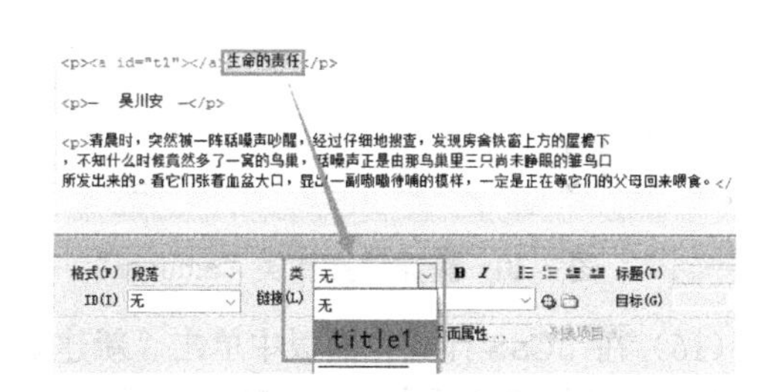

图 7-15　应用样式

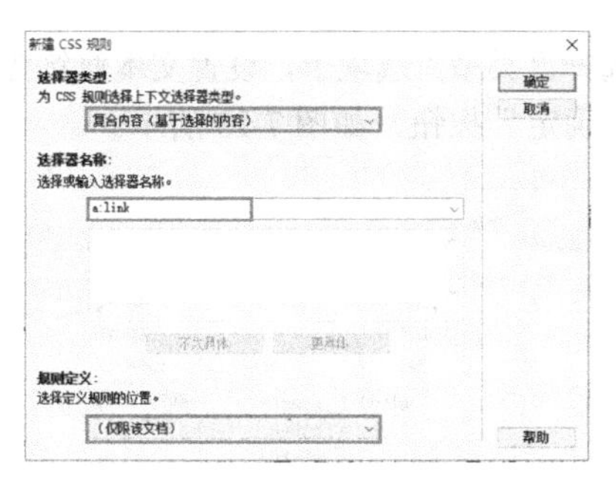

图 7-16 新建链接伪类“a:link”

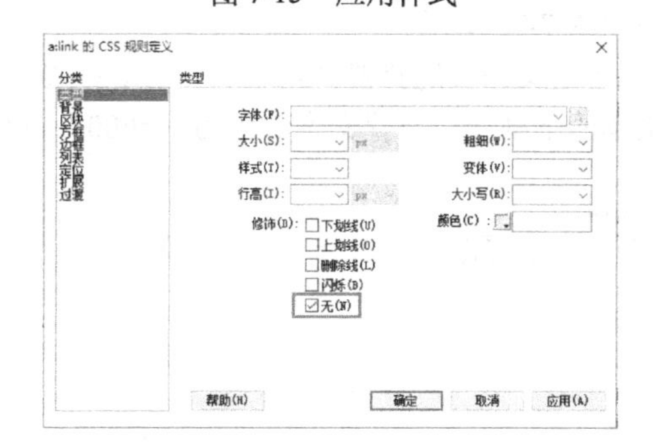

图 7-17　设置“a:link”的 CSS 规则

（12）在“CSS 样式”面板中单击“新建 CSS 规则”按钮，在弹出的“新建 CSS 规则”对话框中新建链接伪类“复合内容（基于选择的内容）”，设置选择器名称为“a:visited”，单击“确定”按钮，如图 7-18 所示。

（13）定义伪类选择器“a:visited”的 CSS 规则。选择“类型”选项卡，设置文本修饰为“无”，去除锚点链接的下画线，设置文本颜色为“#00F”，单击“确定”按钮，如图 7-19 所示。

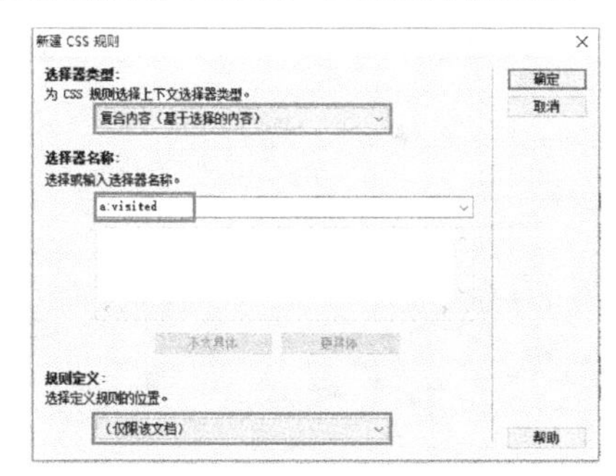

图 7-18　新建链接伪类“a:visited”

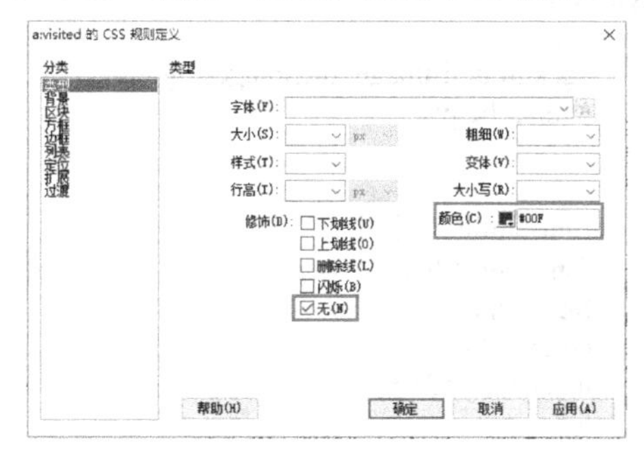

图 7-19　设置“a:visited”的 CSS 规则

（14）在“CSS 样式”面板中单击“新建 CSS 规则”按钮，在弹出的“新建 CSS 规则”对话框中新建链接伪类“复合内容（基于选择的内容）”，设置选择器名称为“a:hover”，单击“确定”按钮，如图 7-20 所示。

（15）定义伪类选择器“a:hover”的 CSS 规则。选择“类型”选项卡，设置文本修饰为“下画线”，文本颜色为“#0F0”，单击“确定”按钮，如图 7-21 所示。

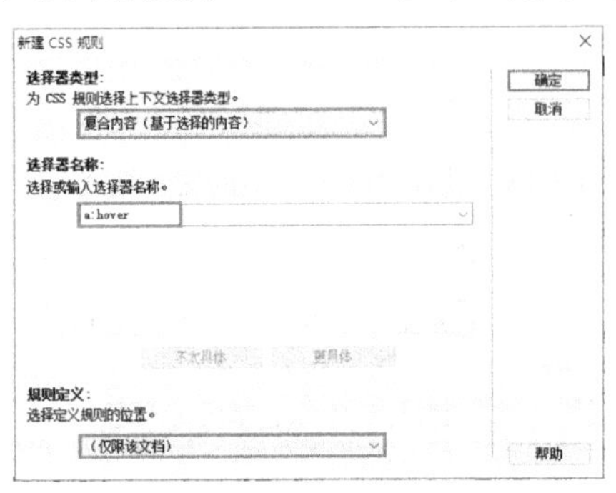

图 7-20 新建链接伪类“a:hover”

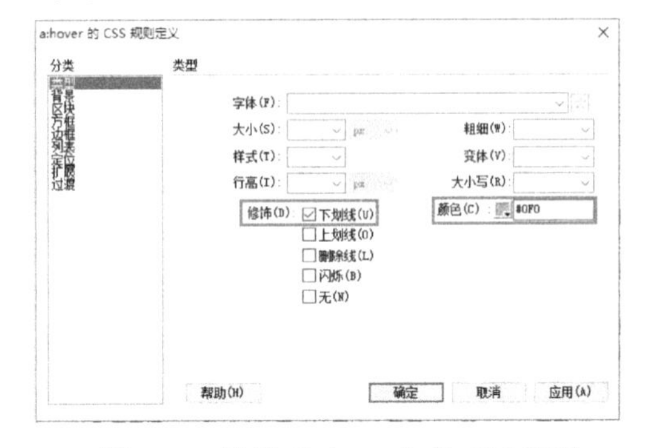

图 7-21 设置“a:hover”的 CSS 规则

（16）在“CSS 样式”面板中单击“新建 CSS 规则”按钮，在弹出的“新建 CSS 规则”对话框中新建链接伪类“复合内容（基于选择的内容）”，设置选择器名称为“a:active”，单击“确定”按钮，如图 7-22 所示。

（17）定义伪类选择器“a:active”的 CSS 规则。选择“类型”选项卡，设置文本修饰为“无”，去除文本的下画线，设置文本颜色为“#F00”，单击“确定”按钮，如图 7-23 所示。

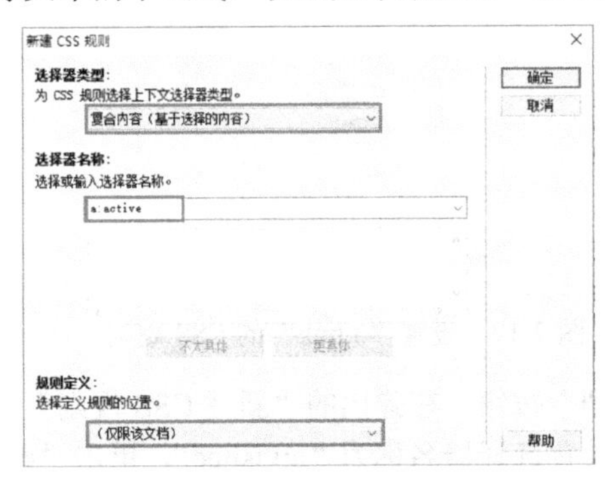

图 7-22 新建链接伪类“a:active”

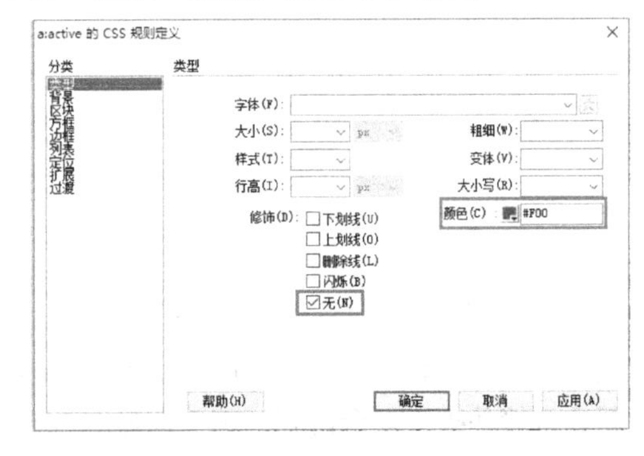

图 7-23 设置“a:active”的 CSS 规则

（18）最终，“散文欣赏”的网页效果如图 7-4 所示，生成的 CSS 样式代码如下：

```
1   <style type="text/css">
2   body {
3           background-image: url(images/bg.jpg);
4           cursor: help;
5   }
6   p {
7           font-family: "幼圆";
8           font-size: 18px;
9           line-height: 1.5em;
10          color: #333;
11          text-indent: 2em;
12  }
13  .title1 {
```

```
14          font-family: "黑体";
15          font-size: 24px;
16          color: #000;
17          text-align: center;
18          display: block;
19  }
20  a:link {
21          text-decoration: none;
22  }
23  a:visited {
24          color: #00F;
25          text-decoration: none;
26  }
27  a:hover {
28          color: #0F0;
29          text-decoration: underline;
30  }
31  a:active {
32          color: #F00;
33          text-decoration: none;
34  }
35  </style>
```

7.2.3 代码分析

第 2～5 行代码是标记选择器“body”的样式，在本段代码中，需要选择页面背景图片（background-image）的路径，设置光标（cursor）样式为“help”。

第 6～12 行代码，使用标记选择器“p”设置整个页面文档的段落文字属性，即将字体（font-family）设置为“幼圆”，文字大小（font-size）设置为“18px”，行高（line-height）设置为“1.5em”，文字颜色（color）设置为“#333”，文本缩进（text-indent）设置为“2em”。

第 13～19 行代码，新建类选择器“title1”并设置页面标题文字属性，即将字体（font-family）设置为“黑体”，文字大小（font-size）设置为“24px”，文字颜色（color）设置为“#000”，文本对齐方式（text-align）设置为“center”，显示方式（display）设置为“block”。

第 20～22 行代码，新建链接伪类选择器“a:link”，将文本修饰（text-decoration）设置为“none”，去除锚点链接的下画线。

第 23～26 行代码，新建链接伪类选择器“a:visited”，将文字颜色（color）设置为“#00F”，文本修饰（text-decoration）设置为“none”，去除锚点链接的下画线。

第 27～30 行代码，新建链接伪类选择器“a:hover”，将文字颜色（color）设置为“#0F0”，文本修饰（text-decoration）设置为“underline”，添加锚点链接的下画线。

第 31～34 行代码，新建链接伪类选择器“a:active”，将文字颜色（color）设置为“#F00”，文本修饰（text-decoration）设置为“none”，去除锚点链接的下画线。

7.3 强化训练——制作“热点新闻”列表

微课视频

7.3 强化训练

7.3.1 网页效果图

设计并制作“热点新闻”列表，效果如图 7-24 所示。当鼠标指针悬停在新闻标题上时，样式效果如图 7-25 所示。

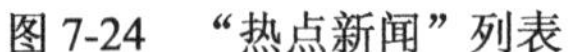
图 7-24 “热点新闻”列表

图 7-25 鼠标指针悬停在新闻标题上的样式

7.3.2 制作过程

（1）在站点下新建 HTML 网页，保存为“index.html”，将网页的标题栏内容改为“热点新闻”，代码如下：

```
1  <!doctype html>
2  <html>
3  <head>
4      <meta charset="utf-8">
5      <title>热点新闻</title>
6  </head>
7  <body>
8  </body>
9  </html>
```

（2）编辑网页文字内容、图片和超链接，如图 7-26 所示。代码如下：

```
1  <!doctype html>
2  <html>
3  <head>
4      <meta charset="utf-8">
5      <title>热点新闻</title>
6  </head>
7  <body>
8      <h2>热点新闻</h2>
9      <hr>
10     <ul>
11         <li>
12             <a href="#">泰国普吉海域发生快艇撞船事故 致 11 名杭州游客受伤</a>
13         </li>
14         <li>
15             <a href="#">杭州萧山机场春运客流连创新高 7 天运送旅客 81 万人次</a>
16         </li>
17         <li>
18             <a href="#">2019 年春节期间 8.23 亿人收发微信红包 浙江省排名前十</a>
19         </li>
20         <li>
21             <a href="#">渔船因机舱失火在温州外海遇险浓烟飘散 11 人全获救</a>
22         </li>
23         <li>
```

```
24            <a href="#">浙江扫黑除恶惩腐拔伞 杭多名政法系统干部涉黑被查</a>
25        </li>
26        <li>
27            <a href="#">2019 年宁波招聘旺市日历发布 宁波高速迎来出行最高峰</a>
28        </li>
29        <li>
30            <a href="#">万米高空上乘客突发癔症 浙江台州医生云上急救（图）</a>
31        </li>
32        <li>
33            <a href="#">浙 90 后异地双警家庭：为团圆春节跑四趟杭州湾大桥</a>
34        </li>
35        <li>
36            <a href="#">春节爬山吃红心甘蔗 宁波一女子重度中毒生命垂危</a>
37        </li>
38    </ul>
39    <a href="#">
40        <img src="images/timg.png" width="80">
41    </a>
42 </body>
43 </html>
```

图 7-26 编辑网页文字内容、图片和超链接

（3）在“CSS 样式”面板中单击“新建 CSS 规则”按钮，在弹出的“新建 CSS 规则”对话框中将选择器类型设置为“标签（重新定义 HTML 元素）”，即新建一个标记选择器；选择器名称设置为“hr”，表示标记选择器名称为“hr”；规则定义设置为“新建样式表文件”，表示新建“链接式样式”，单击“确定”按钮，如图 7-27 所示。保存新建的样式表文件，将文件命名为“style”，单击“保存”按钮，如图 7-28 所示。

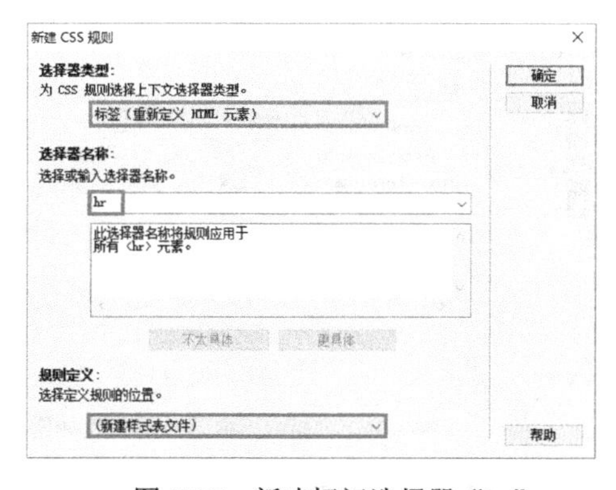

图 7-27 新建标记选择器“hr”

图 7-28 保存新建的样式表文件

（4）定义标记选择器“hr”的 CSS 规则。选择“背景”选项卡，设置背景颜色为“#FF9900”，如图 7-29 所示。选择“区块”选项卡，设置对齐方式为“left”，如图 7-30 所示。选择“方框”选项卡，设置宽度为“450px”、高度为“2px”、左边距（Margin-Left）为“0px”，如图 7-31 所示。选择“边框”选项卡，设置宽度为“0px”，单击“确定”按钮，如图 7-32 所示。保存 HTML 文档和 CSS 样式文件。

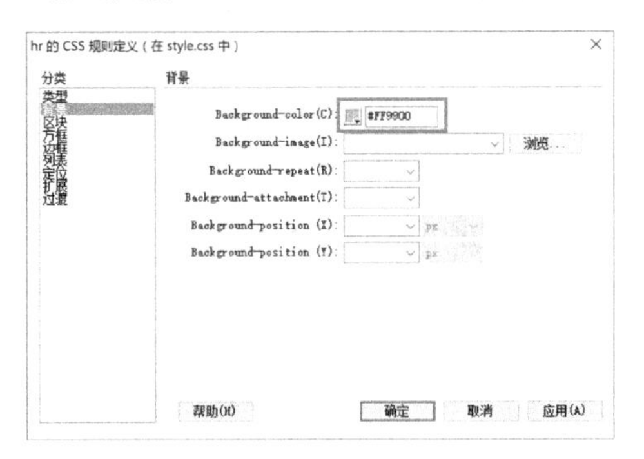

图 7-29　设置“hr”中的背景颜色

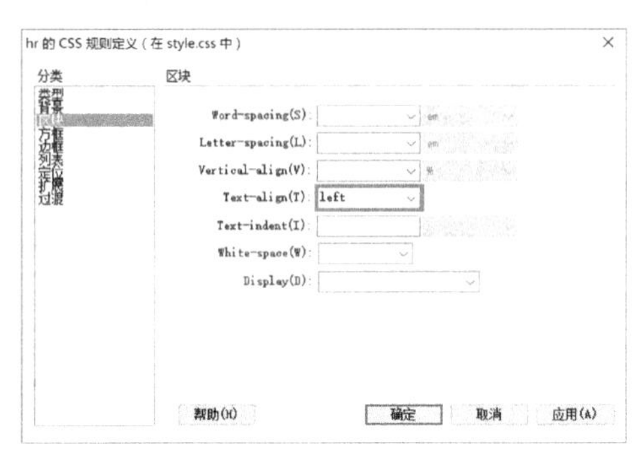

图 7-30　设置“hr”中的对齐方式

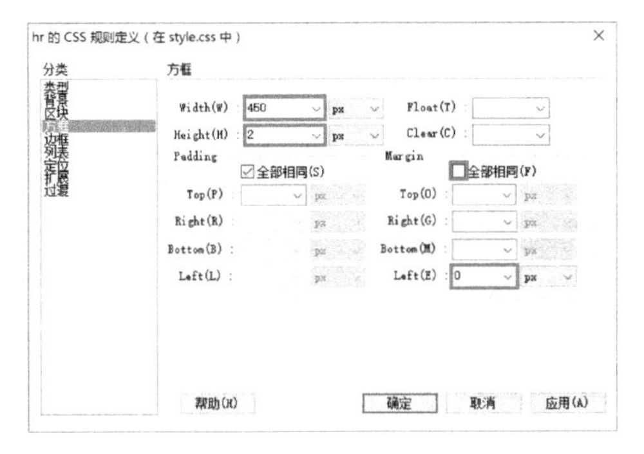

图 7-31　设置“hr”中的宽度、高度、左边距

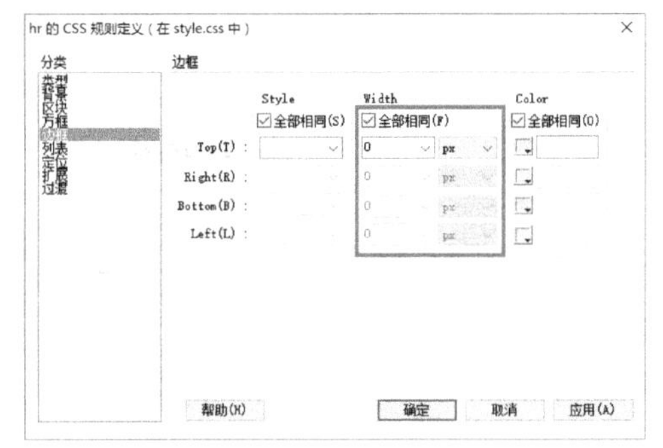

图 7-32　设置“hr”中的边框粗细

（5）在“CSS 样式”面板中单击“新建 CSS 规则”按钮，在弹出的“新建 CSS 规则”对话框中新建标记选择器“ul”，设置定义规则的位置为“style.css”，单击“确定”按钮，如图 7-33 所示。

提示： *新建 CSS 规则时，若定义规则的位置没有“style.css”，则需要将 Dreamweaver 切换到源代码文件窗口。*

（6）定义标记选择器“ul”的 CSS 规则。选择“列表”选项卡，设置列表符号样式为“square”，单击“确定”按钮，如图 7-34 所示。

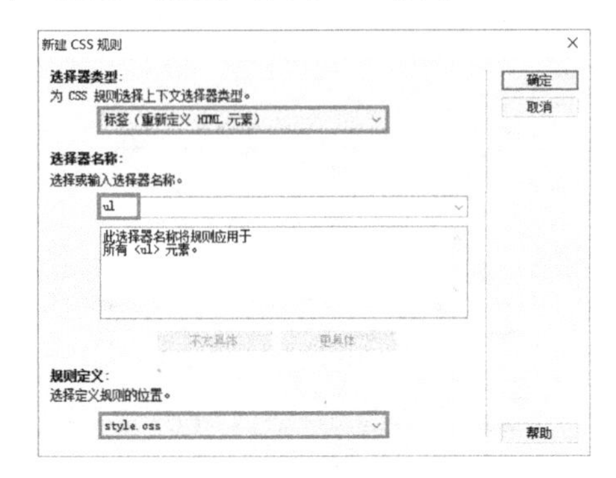

图 7-33　新建标记选择器“ul”

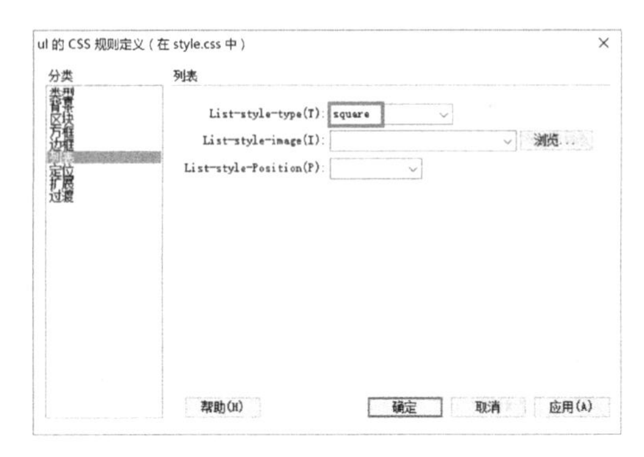

图 7-34　设置列表符号样式

（7）在“CSS 样式”面板中单击“新建 CSS 规则”按钮，在弹出的“新建 CSS 规则”对话框中新建标记选择器“li”，设置定义规则的位置为“style.css”，单击“确定”按钮，如图 7-35 所示。

（8）定义标记选择器“li”的 CSS 规则。选择“类型”选项卡，设置字体为“宋体”，字体大小为“16px”，行高为“1.6em”，颜色为“#666666”，单击“确定”按钮，如图 7-36 所示。

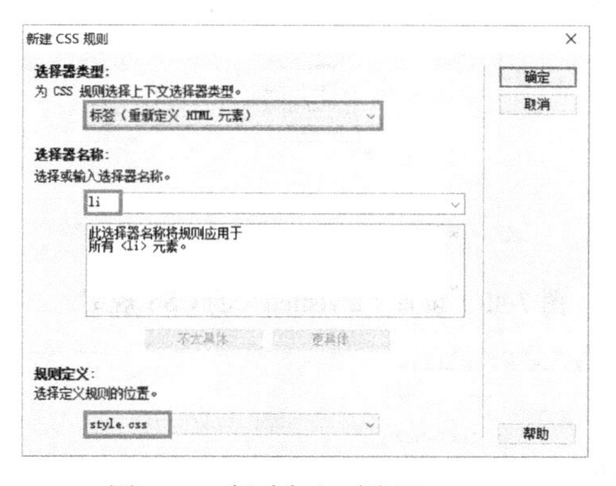

图 7-35　新建标记选择器“li”

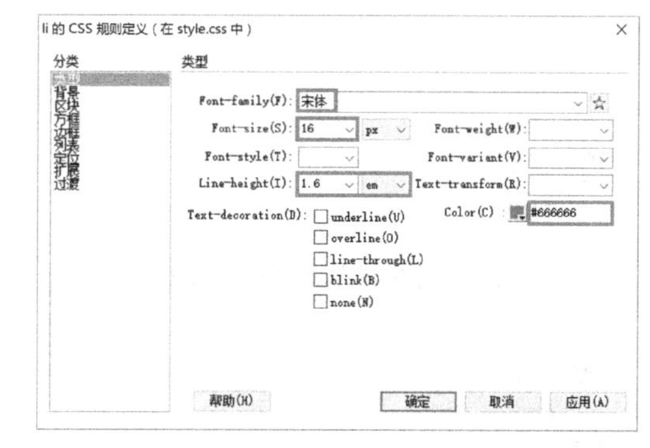

图 7-36　设置“li”中的文字样式

（9）在“CSS 样式”面板中单击“新建 CSS 规则”按钮，在弹出的“新建 CSS 规则”对话框中新建链接伪类“复合内容（基于选择的内容）”，设置选择器名称为“a:link”，设置定义规则的位置为“style.css”，单击“确定”按钮，如图 7-37 所示。

（10）定义伪类选择器“a:link”的 CSS 规则。选择“类型”选项卡，设置文本修饰为“无”，去除超链接的下画线，设置文本颜色为“#666666”，单击“确定”按钮，如图 7-38 所示。

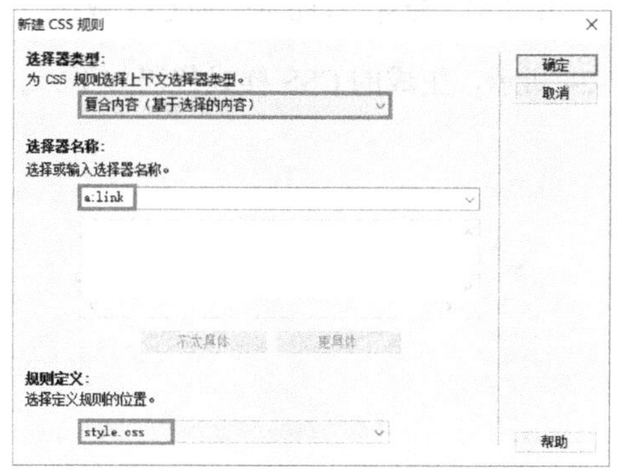

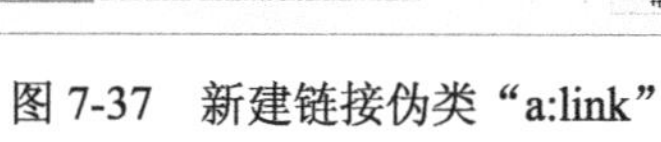

图 7-37　新建链接伪类“a:link”

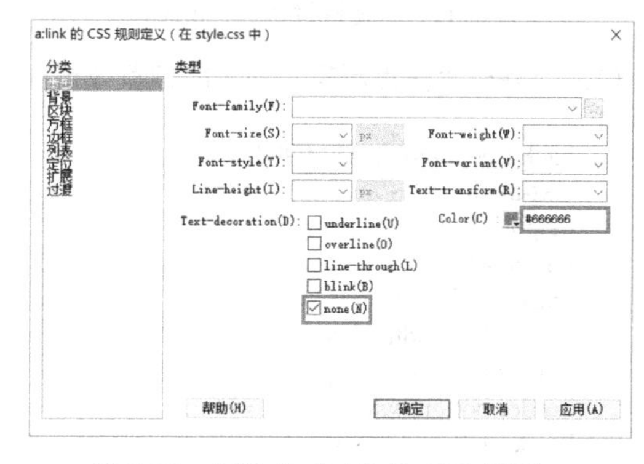

图 7-38　设置“a:link”的 CSS 规则

（11）在“CSS 样式”面板中单击“新建 CSS 规则”按钮，在弹出的“新建 CSS 规则”对话框中新建链接伪类“复合内容（基于选择的内容）”，设置选择器名称为“a:visited”，设置定义规则的位置为“style.css”，单击“确定”按钮，如图 7-39 所示。

（12）定义伪类选择器“a:visited”的 CSS 规则。选择“类型”选项卡，设置文本修饰为“无”，去除超链接的下画线，设置文本颜色为“#666666”，单击“确定”按钮，如图 7-40 所示。

（13）在“CSS 样式”面板中单击“新建 CSS 规则”按钮，在弹出的“新建 CSS 规则”对话框中新建链接伪类“复合内容（基于选择的内容）”，设置选择器名称为“a:hover”，设置定义规则的位置为“style.css”，单击“确定”按钮，如图 7-41 所示。

（14）定义伪类选择器“a:hover”的 CSS 规则。选择“类型”选项卡，设置文本修饰为“下画线”，文本颜色为“#FF9900”，单击“确定”按钮，如图 7-42 所示。

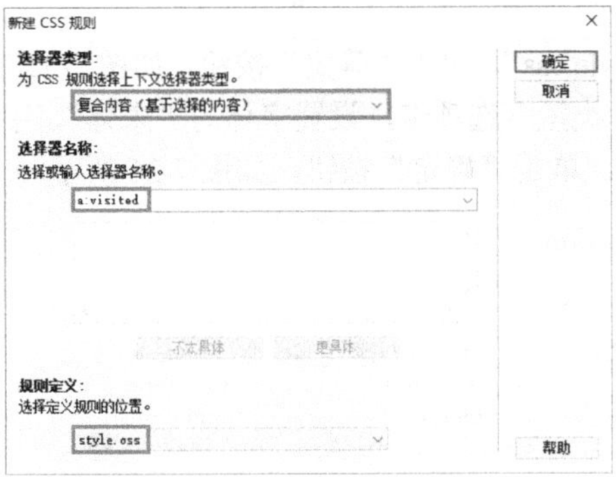

图 7-39　新建链接伪类“a:visited”

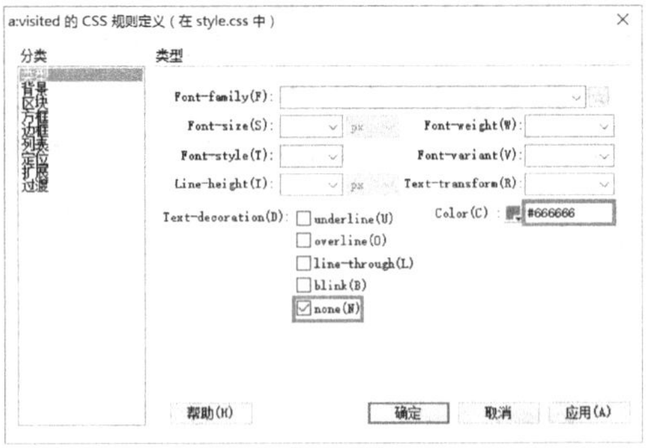

图 7-40　设置“a:visited”的 CSS 规则

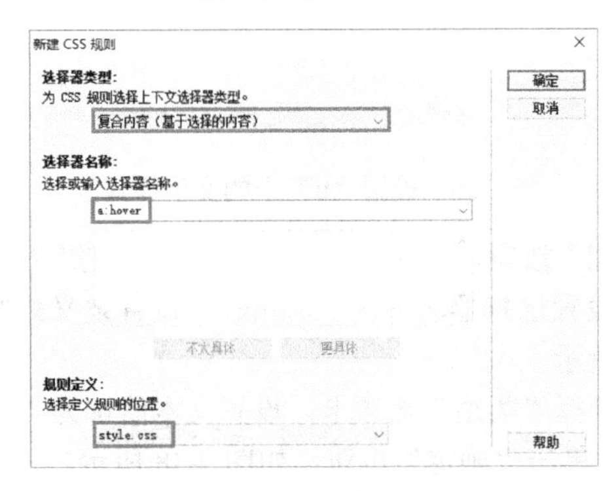

图 7-41　新建链接伪类“a:hover”

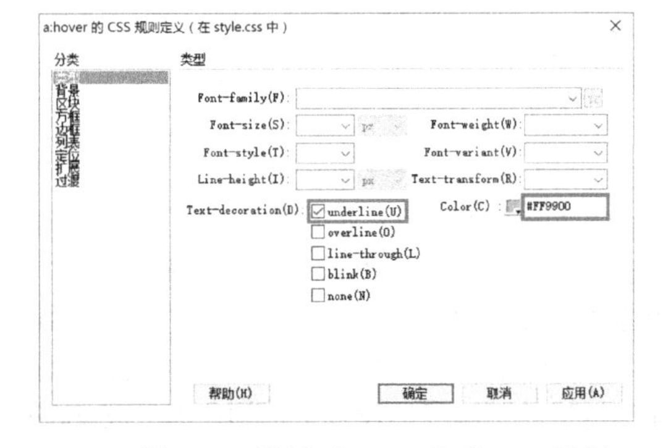

图 7-42　设置“a:hover”的 CSS 规则

（15）最终，“热点新闻”列表的预览效果如图 7-24 所示，生成的 CSS 样式代码如下：

```
1  hr {
2        background-color: #FF9900;
3        text-align: left;
4        height: 2px;
5        width: 450px;
6        margin-left: 0px;
7        border-top-width: 0px;
8        border-right-width: 0px;
9        border-bottom-width: 0px;
10       border-left-width: 0px;
11 }
12 ul {
13       list-style-type: square;
14 }
15 li {
16       font-family: "宋体";
17       font-size: 16px;
18       line-height: 1.6em;
19       color: #666666;
20 }
21 a:link {
22       color: #666666;
23       text-decoration: none;
24 }
25 a:visited {
```

```
26          color: #666666;
27          text-decoration: none;
28  }
29  a:hover {
30          color: #FF9900;
31          text-decoration: underline;
32  }
```

提示：该样式文件可以供其他 HTML 文件使用，只要在新的 HTML 文件中，单击 CSS 样式面板的“附加样式表”按钮，链接该 CSS 文件即可。

7.3.3　代码分析

第 1～11 行代码是标记选择器“hr”的样式。设置“hr”的 CSS 样式属性和设置“hr”的标签属性有所不同。在本段代码中，背景颜色（background-color）用于设置分割线的颜色；高度（height）用于设置分割线的粗细；宽度（width）用于设置分割线的长度；text-align: left 用于设置分割线左对齐，但只兼容 IE 浏览器和 Opera 浏览器；margin-left: 0px 也用于设置分割线左对齐，可兼容 Firefox 浏览器、Chrome 浏览器和 Safari 浏览器；边框（border）的参数值若不设置为“0px”，虽然也能改变分割线颜色，但会显示黑色的边框。

第 12～14 行代码，使用标记选择器“ul”将列表的符号类型（list-style-type）设置为“square”（方形）。

第 15～20 行代码，使用标记选择器“li”设置文字属性，即将字体（font-family）设置为“宋体”，文字大小（font-size）设置为“16px”，行高设置为“1.6em”，文字颜色（color）设置为“#666666”。

第 21～24 行代码，新建链接伪类选择器“a:link”，将文字颜色（color）设置为“#666666”，文本修饰（text-decoration）设置为“none”，去除超链接的下画线。

第 25～28 行代码，新建链接伪类选择器“a:visited”，将文字颜色（color）设置为“#666666”，文本修饰（text-decoration）设置为“none”，去除超链接的下画线。

第 29～32 行代码，新建链接伪类选择器“a:hover”，将文字颜色（color）设置为“#FF9900”，文本修饰（text-decoration）设置为“underline”，添加超链接的下画线。

7.4　课后实训

微课视频

7.4　课后实训

设计并制作“帮助中心”网页，效果如图 7-43 所示，鼠标指针悬停在超链接上时的效果如图 7-44 所示，单击激活超链接后的效果如图 7-45 所示。

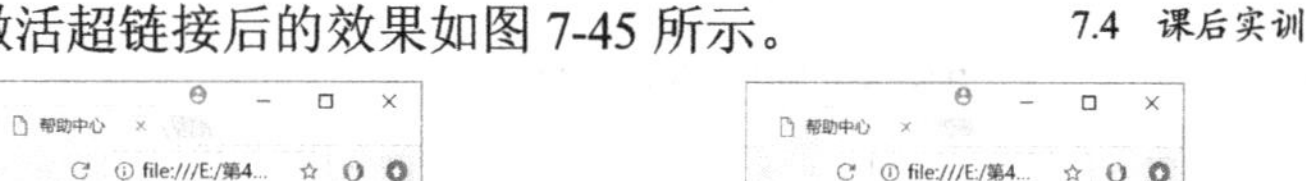

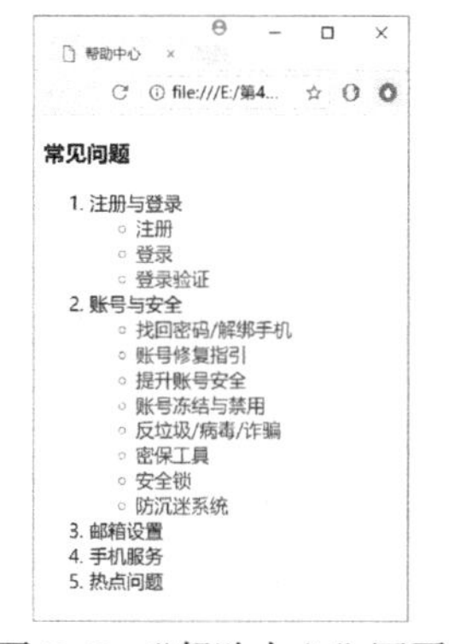

图 7-43　“帮助中心”网页

图 7-44　鼠标指针悬停在超链接上的效果

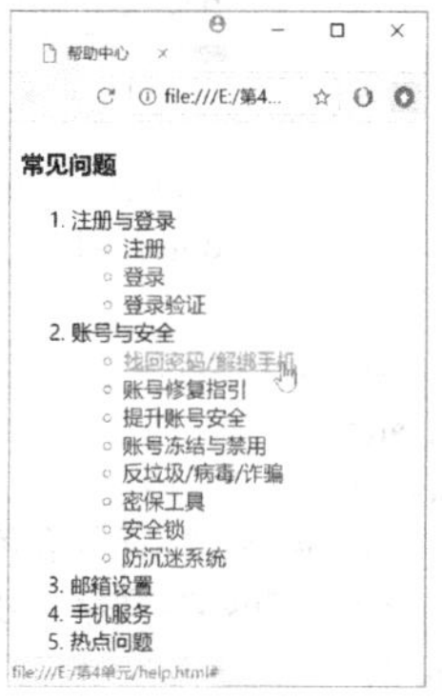

图 7-45　单击激活超链接后的效果

任务 8　id 选择器、伪选择器和表格样式

微课视频

8.1　知识准备

8.1　知识准备

8.1.1　id 选择器

HTML 标签都有一个 id 属性，它如同中国公民的身份证号码一样，用于唯一标识标签元素。id 属性值不能重复，它在当前文档页面中必须是唯一的。

id 选择器可以为标有特定 id 的 HTML 元素指定特定的样式。其语法格式为：

#id 名{属性 1:属性值 1;属性 2:属性值 2; 属性 3:属性值 3;}

Id 选择器和类选择器一样，是用户可以自定义的类别名称，不同之处为 id 选择器使用“#”作为定义标识。例如，下面两个 id 选择器，第一个 id 选择器用于定义元素的颜色为红色，第二个 id 选择器用于定义元素的颜色为绿色，代码如下：

```
#red {color:red;}
#green {color:green;}
```

下面的 HTML 代码中，id 属性为 red 的<p>标签显示为红色，而 id 属性为 green 的<p>标签显示为绿色：

```
<p id="red">这个段落是红色。</p>
<p id="green">这个段落是绿色。</p>
```

由于 id 属性的唯一性，id 选择器所定义的 CSS 样式在 HTML 文档中只应用一次。

【例 8-1】id 选择器的使用，网页效果如图 8-1 所示。代码如下：

```
1  <!doctype html>
2  <html>
3  <head>
4      <meta charset="utf-8">
5      <title>id 选择器的使用</title>
6      <style type="text/css">
7          #one {
8              color: #FFF;
9              background-color: #06C;
10         }
11         #two {
12             font-size: 20px;
13             color: #F00;
14         }
15     </style>
16 </head>
17 <body>
18     <p id="one">背景颜色为蓝色，字颜色为白色</p>
19     <p id="two">文字大小为 20 像素，颜色为红色</p>
20 </body>
21 </html>
```

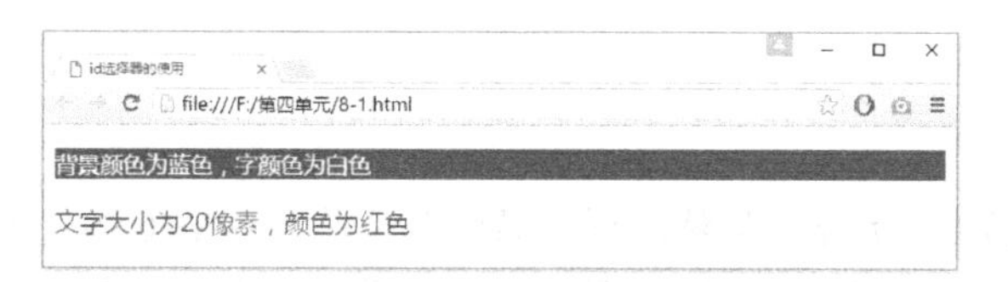

图 8-1　id 选择器的使用

8.1.2　伪选择器

在 CSS3 中，伪选择器分为伪类选择器和伪元素选择器。

1. 伪类选择器

在任务 7 中，我们介绍了超链接的四种伪类选择器，即“link”“visited”“hover”“active”。此外，CSS 中还有很多伪类选择器用于为选择器添加特殊效果。常用的伪类选择器见表 8-1。

表 8-1　常用的伪类选择器

元　素　名	示　　例	描　　述
:root	root	选择文档的根元素，通常返回 html
:first-child	p:first-child	匹配属于任意元素的第一个子元素的 p 元素
:last-child	p:last-child	选择所有 p 元素的最后一个子元素
:only-child	p:only-child	选择所有仅有一个子元素的 p 元素
:only-of-type	p:only-of-type	选择所有仅有一个子元素为 p 的元素
:nth-child(n)	p:nth-child(2)	选择所有 p 元素的父元素的第二个子元素
:nth-last-child(n)	p:nth-last-child(2)	选择所有 p 元素倒数第二个子元素
:nth-of-type(n)	p:nth-of-type(2)	选择所有 p 元素第二个为 p 的子元素
:nth-last-of-type(n)	p:nth-last-of-type(2)	选择所有 p 元素倒数第二个为 p 的子元素
:link	a:link	选择所有未访问的链接
:visited	a:visited	选择所有访问过的链接
:hover	a:hover	选择鼠标指针悬停在链接上的状态
:active	a:active	选择鼠标单击链接时的状态
:focus	input:focus	选择获得焦点状态下的元素
:enabled(:disabled)	input:enabled(:disabled)	选择启用（禁用）状态的表单元素
:checked	input:checked	被选中的单选钮或复选框
:valid(:invalid)	input:valid(:invalid)	验证输入数据，匹配有效（无效）的 input 元素
:not	input:not(.radio)	选择除应用 radio 类外的所有 input 元素

2. 伪元素选择器

CSS 伪元素用于为选择器添加特殊效果。常用的伪元素选择器见表 8-2。

表 8-2　常用的伪元素选择器

元　素　名	示　　例	描　　述
:first-letter	p:first-letter	选择 p 段落的首字母
:first-line	p:first-line	选择 p 元素的首行
:before	h1:before	在元素 h1 内容的前面插入新内容，必须配合 content 属性指定要插入的具体内容
:after	h2:after	在元素 h1 内容的后面插入新内容，必须配合 content 属性指定要插入的具体内容

8.1.3 表格

表格是网页中最常见的元素，虽然网页布局技术已采用DIV+CSS布局，表格布局已被淘汰，但表格仍然在网页设计中占有一席之地。表格作为传统网页设计元素，其主要优势在于表格框架简单明了，容易控制。

1. 新建表格

新建HTML文件，执行菜单命令“插入”→“表格”，打开“表格”对话框，在“表格大小”选项组中的“行数”文本框内输入“3”，在“列”文本框内输入“3”，如图8-2所示。单击“确定”按钮，即可创建一个3行×3列的表格。

2. 表格中的标记

创建3行×3列的表格后，生成的代码如下：

```
1   <table width="200px" border="1px">
2     <tr>
3       <td> </td>
4       <td> </td>
5       <td> </td>
6     </tr>
7     <tr>
8       <td> </td>
9       <td> </td>
10      <td> </td>
11    </tr>
12    <tr>
13      <td> </td>
14      <td> </td>
15      <td> </td>
16    </tr>
17  </table>
```

从上述代码中，我们可以看到表格中有3个标签，即<table>、<tr>和<td>。它们是表格中最基本的也是最常用的3个标签，<table>标签用于定义整个表格，<tr>标签用于定义一行，<td>标签用于定义一个单元格。

上述代码中还定义了表格宽度（width）为“200px”，边框粗细（border）为“1px”。此外，表格还可以定义背景颜色（bgcolor），单元格边框与单元格内容之间的间距（cellpadding），单元格与它上、下、左、右相邻单元格的距离（cellspacing）。

3. 合并单元格

如需对表格进行合并单元格操作，则应将Dreamweaver切换到“设计”视图，选择要合并的多个单元格，如图8-3所示。

在所选的单元格上右击，在弹出的快捷菜单中执行菜单命令“表格”→“合并单元格”，如图8-4所示，即可合并选择的单元格，如图8-5所示。

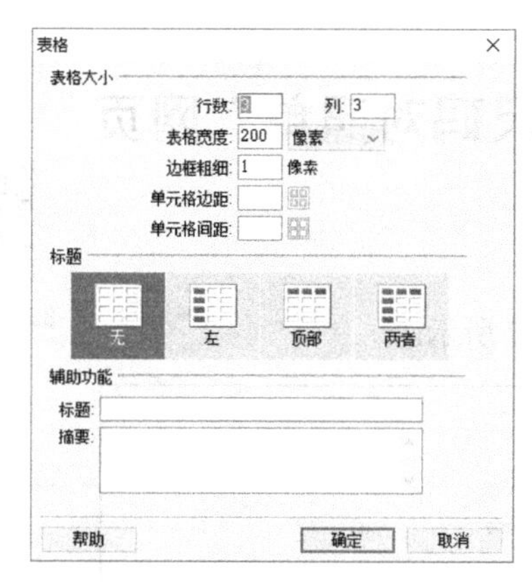

图 8-2　新建表格

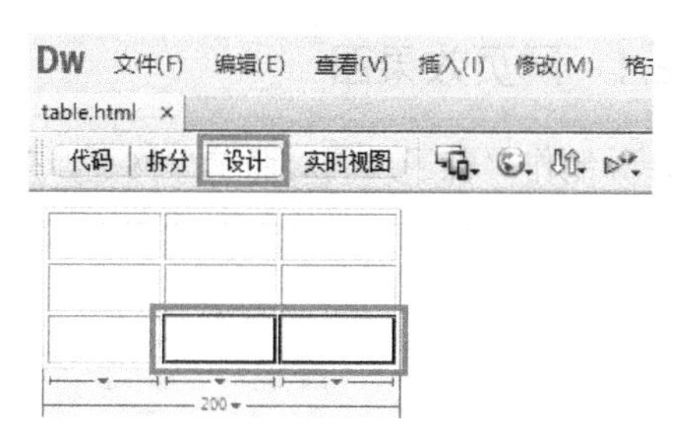

图 8-3　选择需要合并的单元格

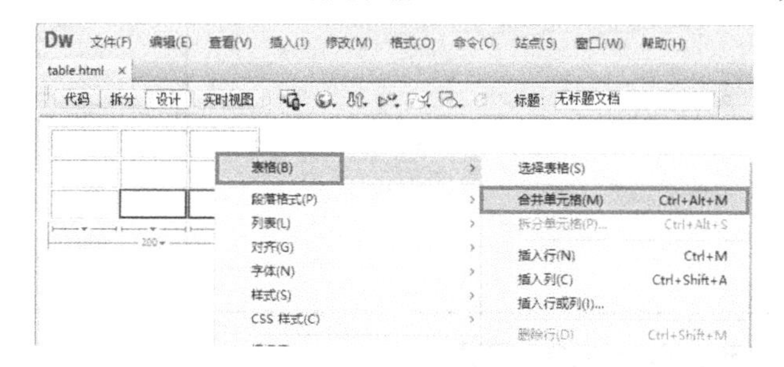

图 8-4　执行菜单命令“表格”→“合并单元格”

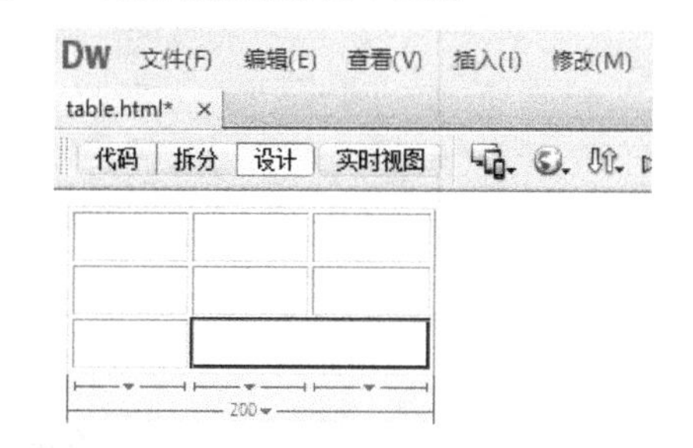

图 8-5　合并单元格后

拆分单元格的操作方式与合并单元格的操作类似，此处不再赘述。

4. 设置对齐方式

对<table>标签而言，有三种对齐方式，即居左、居中和居右。表格的默认对齐方式为居左，如需改变对齐方式，可切换到“设计”视图，将光标定位到表格内部任意位置，通过标签选中整个表格，此时的“属性”面板将显示<table>的相关属性，在“对齐”下拉菜单中选择对齐方式即可，如图 8-6 所示。

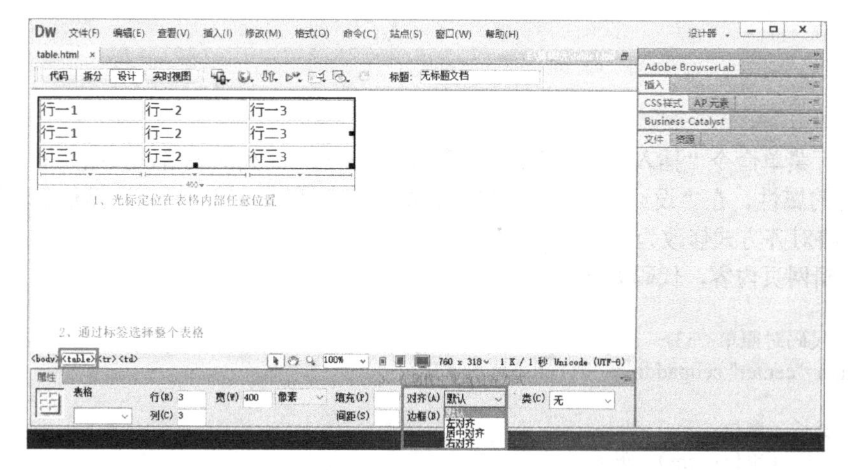

图 8-6　设置对齐方式

<td>标签也可设置对齐方式，操作方法与<table>标签类似，此处不再赘述。

8.2 实战演练——制作“鞋子尺码对照单”网页

微课视频

8.2 实战演练

8.2.1 网页效果图

设计并制作“鞋子尺码对照单”网页，效果如图 8-7 所示。

鞋子尺码对照单

脚长（单位：cm）	尺码（单位：cm）	欧码	英码	美码
23.7	24	38.5	5.5	6
24.1	24.5	39	6	6.5
24.5	25	40	6	7
25	25.5	40.5	6.5	7.5
25.4	26	41	7	8
25.8	26.5	42	7.5	8.5
26.2	27	42.5	8	9
26.7	27.5	43	8.5	9.5

图 8-7 “鞋子尺码对照单”网页

8.2.2 制作过程

（1）在站点下新建 HTML 网页，保存为“8-2.html”，将网页的标题栏内容改为“鞋子尺码对照单”，代码如下：

```
1   <!doctype html>
2   <html>
3   <head>
4   <meta charset="utf-8">
5   <title>鞋子尺码对照单</title>
6   </head>
7   <body>
8   </body>
9   </html>
```

（2）执行菜单命令“插入”→“表格”，插入一个 9 行×5 列的表格，按照如图 8-8 所示的内容设置表格的属性。在“设计”视图下，单击表格内部，通过<table>标签选择整个表格，在“属性”面板中将对齐方式修改为“居中对齐”。

（3）编辑网页内容，代码如下：

```
1   <body>
2   <h3>鞋子尺码对照单</h3>
3   <table align="center" cellpadding="0" cellspacing="0">
4     <tr>
5       <td>脚长（单位：cm）</td>
6       <td>尺码（单位：cm）</td>
7       <td>欧码</td>
8       <td>英码</td>
```

```
9           <td>美码</td>
10      </tr>
11      <tr>
12          <td>23.7</td>
13          <td>24</td>
14          <td>38.5</td>
15          <td>5.5</td>
16          <td>6</td>
17      </tr>
18      <tr>
19          <td>24.1</td>
20          <td>24.5</td>
21          <td>39</td>
22          <td>6</td>
23          <td>6.5</td>
24      </tr>
25      <tr>
26          <td>24.5</td>
27          <td>25</td>
28          <td>40</td>
29          <td>6</td>
30          <td>7</td>
31      </tr>
32      <tr>
33          <td>25</td>
34          <td>25.5</td>
35          <td>40.5</td>
36          <td>6.5</td>
37          <td>7.5</td>
38      </tr>
39      <tr>
40          <td>25.4</td>
41          <td>26</td>
42          <td>41</td>
43          <td>7</td>
44          <td>8</td>
45      </tr>
46      <tr>
47          <td>25.8</td>
48          <td>26.5</td>
49          <td>42</td>
50          <td>7.5</td>
51          <td>8.5</td>
52      </tr>
53      <tr>
54          <td>26.2</td>
55          <td>27</td>
56          <td>42.5</td>
57          <td>8</td>
58          <td>9</td>
59      </tr>
60      <tr>
61          <td>26.7</td>
62          <td>27.5</td>
63          <td>43</td>
```

```
64          <td>8.5</td>
65          <td>9.5</td>
66      </tr>
67  </table>
68  </body>
```

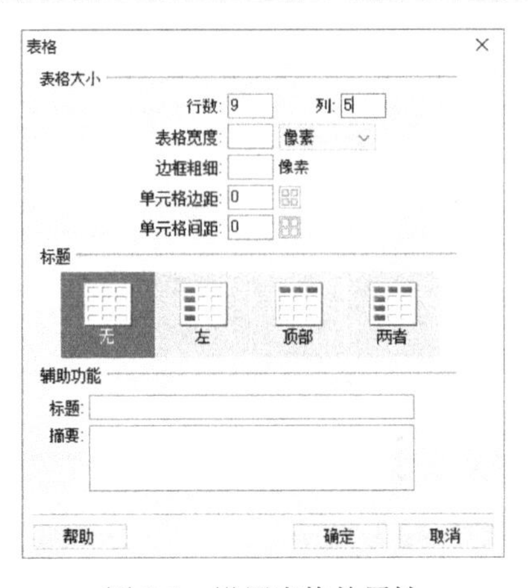

图 8-8　设置表格的属性

（4）设置网页元素的样式，代码如下：

```
1   <style type="text/css">
2   h3{
3           text-align:center;
4           color:#900;}
5   table{
6           border:10px solid #E7E7E7;}
7   tr:first-child{
8           background:#E7E7E7;
9           font-weight:bold;}
10  td{
11          height:50px;
12          width:160px;
13          text-align:center;
14          vertical-align:middle;
15          border-bottom:#E7E7E7 1px solid;
16          border-right:#E7E7E7 1px solid;}
17  td:last-of-type{
18          border-right:0px;}
19  tr:nth-child(2n){
20          background:#CFCFCF;}
21  </style>
```

8.2.3　代码分析

下面对网页的样式代码进行分析。

第 2～4 行代码是标记选择器“h3”的样式，用于设置页面标题的文本居中对齐，颜色为红色。

第 5～6 行代码，设置表格的边框样式。

第 7～9 行代码，使用伪类选择器“tr:first-child”，读者可以选中表格中的第一行，设置其背景颜色，并将其中的文本设置为粗体。

第 10～16 行代码，设置表格内单元格的属性，即将单元格高度（height）设置为“50px”，宽度（width）设置为“160px”，单元格内文本水平对齐方式（text-align）设置为“center”，文本竖直对齐方式（vertical-align）设置为“middle”，下边框（border-bottom）和右边框（border-right）的颜色设置为“#E7E7E7”，粗细设置为“1px”，样式设置为“solid”。

第 17～18 行代码，使用伪类选择器“td:last-of-type”，读者可以选中每行的最后一个单元格，设置其右边框（border-right）为“0px”。

第 19～20 行代码，使用伪类选择器“tr:nth-child(2n)”，读者可以选中表格中的偶数行，设置其背景颜色为“#CFCFCF”。

8.3 强化训练——制作“婴儿身高体重标准表”网页

8.3.1 网页效果图

微课视频

8.3 强化训练

设计并制作“婴儿身高体重标准表”网页，初始效果如图 8-9 所示。当鼠标指针移到不同行时，所在行的背景色会变为粉红色，效果如图 8-10 所示。

婴儿身高体重标准表

年龄	体重（kg）		身高（cm）	
	男	女	男	女
出生	2.9-3.8	2.7-3.6	48.2-52.8	47.7-52.0
1月	3.6-5.0	3.4-4.5	52.1-57.0	51.2-55.8
2月	4.3-6.0	4.0-5.4	55.5-60.7	54.4-59.2
3月	5.0-6.9	4.7-6.2	58.5-63.7	57.1-59.5
4月	5.7-7.6	5.3-6.9	61.0-66.4	59.4-64.5
5月	6.3-8.2	5.8-7.5	63.2-68.6	61.5-66.7
6月	6.9-8.8	6.3-8.1	65.1-70.5	63.3-68.6
8月	7.8-9.8	7.2-9.1	68.3-73.6	66.4-71.8
10月	8.6-10.6	7.9-9.9	71.0-76.3	69.0-74.5
12月	9.1-11.3	8.5-10.6	73.4-78.8	71.5-77.1

图 8-9 “婴儿身高体重标准表”网页的初始效果

婴儿身高体重标准表

年龄	体重（kg）		身高（cm）	
	男	女	男	女
出生	2.9-3.8	2.7-3.6	48.2-52.8	47.7-52.0
1月	3.6-5.0	3.4-4.5	52.1-57.0	51.2-55.8
2月	4.3-6.0	4.0-5.4	55.5-60.7	54.4-59.2
3月	5.0-6.9	4.7-6.2	58.5-63.7	57.1-59.5
4月	5.7-7.6	5.3-6.9	61.0-66.4	59.4-64.5
5月	6.3-8.2	5.8-7.5	63.2-68.6	61.5-66.7
6月	6.9-8.8	6.3-8.1	65.1-70.5	63.3-68.6
8月	7.8-9.8	7.2-9.1	68.3-73.6	66.4-71.8
10月	8.6-10.6	7.9-9.9	71.0-76.3	69.0-74.5
12月	9.1-11.3	8.5-10.6	73.4-78.8	71.5-77.1

图 8-10 鼠标指针所在行的效果

8.3.2 制作过程

（1）在站点下新建 HTML 网页，保存为“8-3.html”，将网页的标题栏内容改为“婴儿身高体重标准表”，代码如下：

```
1	<!doctype html>
2	<html>
3	<head>
4	<meta charset="utf-8">
5	<title>婴儿身高体重标准表</title>
6	</head>
7	<body>
8	</body>
9	</html>
```

（2）执行菜单命令“插入”→“表格”，插入一个 12 行×5 列的表格，按照如图 8-11 所示的内容设置表格的属性。在“设计”视图下，单击表格内部，通过<table>标签选择整个表格，在“属性”面板中将对齐方式修改为“居中对齐”。

（3）合并相关单元格，效果如图 8-12 所示。

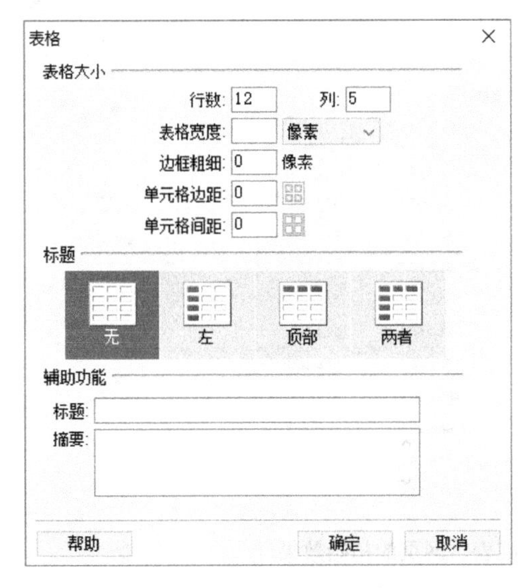

图 8-11 设置表格的属性

图 8-12 合并相关单元格

（4）编辑网页内容，代码如下：

```
1	<body>
2	<h3>婴儿身高体重标准表</h3>
3	<table  border="0" align="center" cellpadding="0" cellspacing="0">
4	  <tr class="content">
5	    <td rowspan="2">年龄</td>
6	    <td colspan="2">体重（kg）</td>
7	    <td colspan="2">身高（cm）</td>
8	  </tr>
9	  <tr class="content">
10	    <td>男</td>
11	    <td>女</td>
12	    <td>男</td>
13	    <td>女</td>
```

```
14      </tr>
15      <tr>
16          <td>出生</td>
17          <td>2.9-3.8</td>
18          <td>2.7-3.6</td>
19          <td>48.2-52.8</td>
20          <td>47.7-52.0</td>
21      </tr>
22      <tr>
23          <td>1 月</td>
24          <td>3.6-5.0</td>
25          <td>3.4-4.5</td>
26          <td>52.1-57.0</td>
27          <td>51.2-55.8</td>
28      </tr>
29      <tr>
30          <td>2 月</td>
31          <td>4.3-6.0</td>
32          <td>4.0-5.4</td>
33          <td>55.5-60.7</td>
34          <td>54.4-59.2</td>
35      </tr>
36      <tr>
37          <td>3 月</td>
38          <td>5.0-6.9</td>
39          <td>4.7-6.2</td>
40          <td>58.5-63.7</td>
41          <td>57.1-59.5</td>
42      </tr>
43      <tr>
44          <td>4 月</td>
45          <td>5.7-7.6</td>
46          <td>5.3-6.9</td>
47          <td>61.0-66.4</td>
48          <td>59.4-64.5</td>
49      </tr>
50      <tr>
51          <td>5 月</td>
52          <td>6.3-8.2</td>
53          <td>5.8-7.5</td>
54          <td>63.2-68.6</td>
55          <td>61.5-66.7</td>
56      </tr>
57      <tr>
58          <td>6 月</td>
59          <td>6.9-8.8</td>
60          <td>6.3-8.1</td>
61          <td>65.1-70.5</td>
62          <td>63.3-68.6</td>
63      </tr>
64      <tr>
65          <td>8 月</td>
66          <td>7.8-9.8</td>
67          <td>7.2-9.1</td>
```

```
68          <td>68.3-73.6</td>
69          <td>66.4-71.8</td>
70      </tr>
71      <tr>
72          <td>10 月</td>
73          <td>8.6-10.6</td>
74          <td>7.9-9.9</td>
75          <td>71.0-76.3</td>
76          <td>69.0-74.5</td>
77      </tr>
78      <tr>
79          <td>12 月</td>
80          <td>9.1-11.3</td>
81          <td>8.5-10.6</td>
82          <td>73.4-78.8</td>
83          <td>71.5-77.1</td>
84      </tr>
85  </table>
86  </body>
```

（5）设置网页元素的样式，代码如下：

```
1   <style type="text/css">
2   h3{
3       text-align:center;}
4   table{
5       border:1px solid #A6A6A6;}
6   td{
7       width:150px;
8       height:40px;
9       text-align:center;
10      vertical-align:middle;
11      border:1px dashed #D1D1D1;}
12  .content{
13      background:#9CF;
14      font-weight:bold;
15      color:#F00;}
16  tr:hover{
17      background:#FCF;}
18  </style>
```

8.3.3 代码分析

下面对网页的样式代码进行分析。

第2～3行代码是标记选择器“h3”的样式，用于设置页面标题的文本居中对齐。

第4～5行代码，设置表格的边框样式。

第6～11行代码，设置表格内单元格的属性，即将单元格宽度（width）设置为“150px”，高度（height）设置为“40px”，单元格内文本水平对齐方式（text-align）设置为“center”，文本竖直对齐方式（vertical-align）设置为“middle”，边框粗细设置为“1px”，样式设置为“dashed”，颜色设置为“#D1D1D1”。

第12～15行代码，使用类选择器“content”将第一行和第二行的背景色（background）设置为“#9CF”，字体重量（font-weight）设置为“bold”（加粗），文字颜色（color）设置为“#F00”。

第16～17行代码，使用伪类选择器“tr:hover”将光标所在行的背景颜色设置为“#FCF”。

8.4 课后实训

微课视频

8.4 课后实训

设计并制作“表格样式”网页，效果如图 8-13 所示，当鼠标指针在表格的行内悬停时，效果如图 8-14 所示。

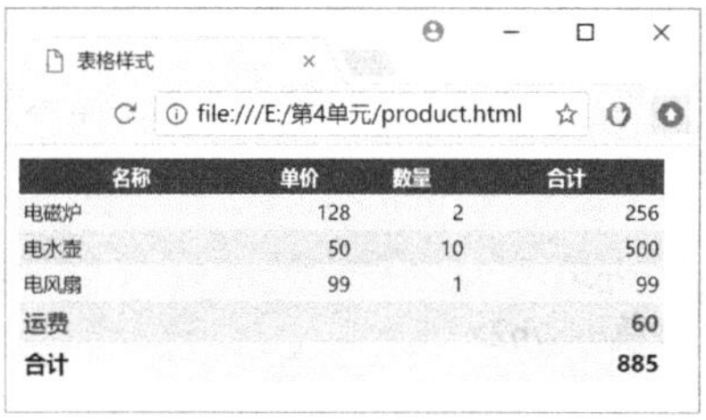

图 8-13 “表格样式”网页

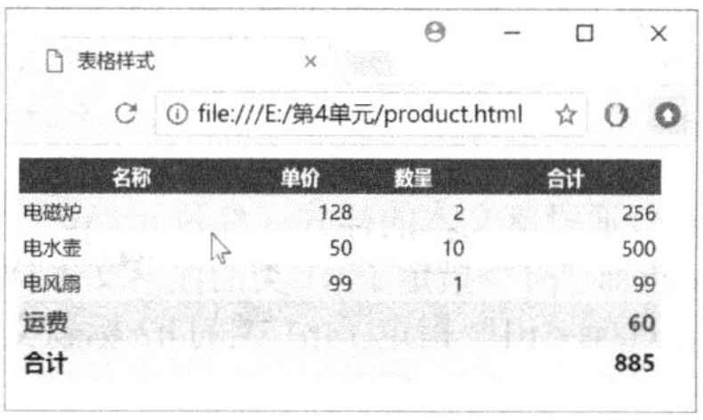

图 8-14 鼠标指针在表格的行内悬停时的效果

任务 9 复合选择器、通配符选择器

9.1 知识准备

微课视频

9.1 知识准备

9.1.1 复合选择器

复合选择器是由两个或多个基础选择器通过不同的方式组合而成的，目的是可以选择更准确、更精细的目标元素标签。常用的复合选择器有：交集选择器、并集选择器、后代选择器等。

1. 交集选择器

交集选择器是由两个选择器直接连接构成，其结果是选中两者各自元素范围的交集。其中，第一个选择器必须为标记选择器，第二个选择器必须为类选择器或 id 选择器，这两个选择器之间不能有空格，必须连续书写。这种方式构成的选择器，将选中同时满足前后两者定义的元素，即前者定义的标记类型，其类别或 id 为后者的元素，因此，这种方式被称为交集选择器。

例如，在下面的 HTML 代码中，第一行代码可用交集选择器“p#red”表示，第二行代码可用交集选择器“p.green”表示，分别如下：

```
<p id="red">这个段落是红色。</p>
<p class="green">这个段落是绿色。</p>
```

【例 9-1】交集选择器的使用，网页效果如图 9-1 所示。代码如下：

```
1    <!doctype html>
2    <html>
3    <head>
4        <meta charset="utf-8">
5        <title>交集选择器的使用</title>
6        <style type="text/css">
7            p {
8                color: #F00;
9                /*红色*/
```

```
10          }
11          .p1 {
12                color: #0F0;
13                /*绿色*/
14          }
15          h2.p1 {
16                color: #00F;
17                /*蓝色*/
18          }
19      </style>
20  </head>
21  <body>
22      <p>普通段落文本的样式（红色）</p>
23      <p class="p1">指定了.p1 类的段落文本样式（绿色）</p>
24      <h2 class="p1">指定了.p1 类的 h2 标题文本样式（蓝色）</h2>
25  </body>
26  </html>
```

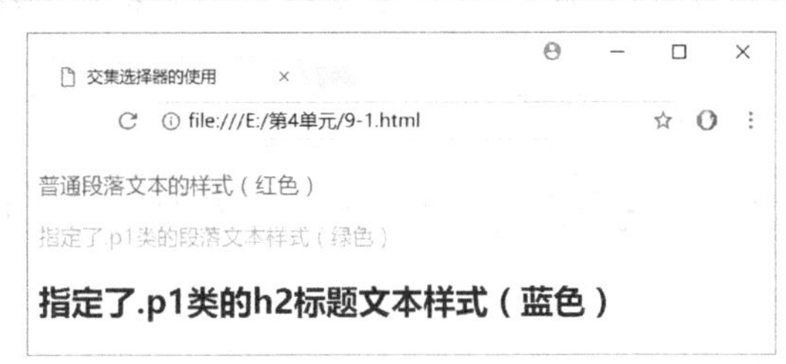

图 9-1 交集选择器的使用

从上述代码中可以看出，选择器“h2.p1”选中的是应用了“p1” 类的 h2 标题文本，选择器“.p1”选中的是应用了“p1”类的段落文本（除 h2 标题文本外），而选择器“p”选中的是除上述两者外的段落文本。

2. 并集选择器

如果某些选择器定义的样式完全相同或者部分相同，就可以利用并集选择器为它们定义相同的 CSS 样式。在并集选择器中，各选择器通过逗号连接而成，这样做避免了多次定义相同的 CSS 样式代码，极大地降低了代码的冗余程度。

【例 9-2】并集选择器的使用，网页效果如图 9-2 所示。代码如下：

```
1   <!doctype html>
2   <html>
3   <head>
4       <meta charset="utf-8">
5       <title>并集选择器的使用</title>
6       <style type="text/css">
7           p,
8           h1,
9           h2,
10          h2.special,
11          .one,
12          p#two {
13                text-decoration: underline;
14                font-size: 15px;
15          }
16      </style>
```

```
17 </head>
18 <body>
19     <p>并集选择器的使用 </p>
20     <h1>并集选择器的使用 </h1>
21     <h2>并集选择器的使用 </h2>
22     <h2 class="special">并集选择器的使用 </h2>
23     <span class="one">并集选择器的使用 </span>
24     <p id="two">并集选择器的使用 </p>
25 </body>
26 </html>
```

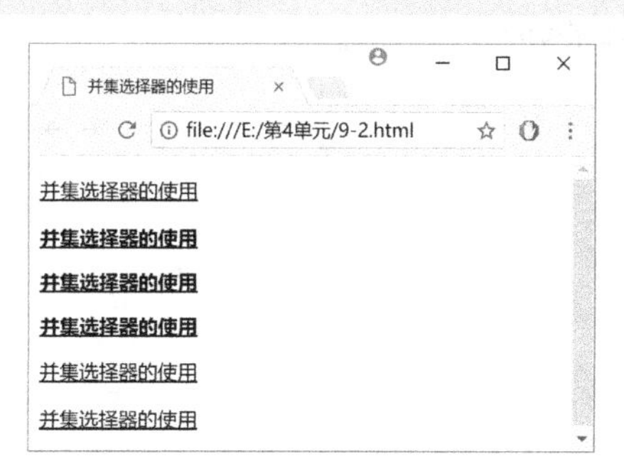

图 9-2　并集选择器的使用

从上述代码中可以看出，p、h1、h2、h2.special、.one、p#two 六个选择器需要设置相同的 CSS 样式，则用逗号连接成并集选择器，共同定义一次 CSS 样式即可。

3. 后代选择器

后代选择器的格式：将外层的标记写在前面，内层的标记写在后面，之间用空格分隔。

例如：

```
<h1>热烈庆祝<span>第三十届</span>牡丹文化节召开</h1>
```

在上述代码中，最外层标记是<h1>标签，里面嵌套的标记是<span>标签，则 span 是 h1 的后代（或子元素），可用后代选择器“h1 span”表示。

【例 9-3】后代选择器的使用，网页效果如图 9-3 所示。代码如下：

```
1 <!doctype html>
2 <html>
3 <head>
4     <meta charset="utf-8">
5     <title>后代选择器的使用</title>
6     <style type="text/css">
7         span {
8             text-decoration: underline;
9         }
10        h2 span {
11            color: #F00;
12        }
13        h3 span {
14            color: #00F;
15        }
16        .uu li ul li {
17            font-weight: bold;
18            color: #00F;
19        }
20    </style>
```

```
21 </head>
22 <body>
23     <h2>热烈祝贺<span>第三十届</span>牡丹文化节召开</h2>
24     <h3><span>牡丹花</span>分三类十二型</h3>
25     <ol class="uu">
26         <li>单瓣类
27             <ul>
28                 <li>黄花魁</li>
29                 <li>泼墨紫</li>
30                 <li>凤丹</li>
31                 <li>盘中取果</li>
32             </ul>
33         </li>
34         <li>重瓣类</li>
35         <li>重台类</li>
36     </ol>
37 </body>
38 </html>
```

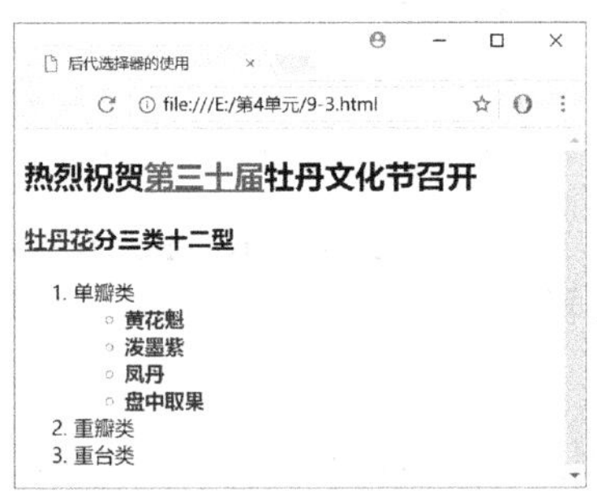

图 9-3 后代选择器的使用

9.1.2 通配符选择器

通配符选择器用“*”表示，它能匹配网页中的所有元素，通配符选择器设置的样式将对网页中的所有标记元素起作用。在实际的网页开发工作中，不建议读者使用通配符选择器，因为该选择器将降低网页代码的执行效率。

通配符选择器的语法格式为：

```
*{属性 1:属性值 1;属性 2:属性值 2; 属性 3:属性值 3;}
```

例如：

```
*{
margin:0;
padding:0;
background-color:#0F0;
}
```

上述代码表示清除所有 HTML 标记的默认外边距（margin）、内边距（padding），把当前页面中所有标记元素的背景颜色设置为“#0F0”。

9.1.3 同时应用多个样式

如果 HTML 标记需要同时应用多个 CSS 样式，则可以在 class 属性值中设置多个选择器名称，并用空格隔开。例如，要对段落文本同时使用 p1 类、p2 类的样式，代码如下：

```
<p class="p1 p2">同时使用.p1 和.p2 两种样式，中间用空格隔开。</p>
```

9.2　实战演练——制作“寓言故事”网页

9.2　实战演练

9.2.1　网页效果图

设计并制作“寓言故事”网页，效果如图 9-4 所示。在该网页中，锚点链接应分别设置为不同的超链接样式，如图 9-5 所示；网页右上角的背景图片应设置为固定位置，如图 9-6 所示。

图 9-4　“寓言故事”网页

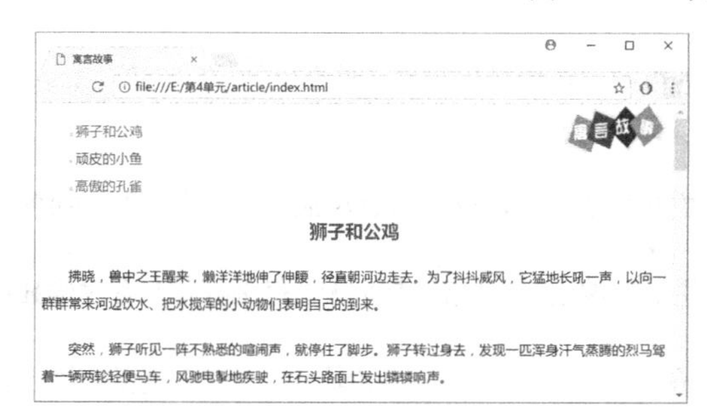

图 9-5　锚点链接样式

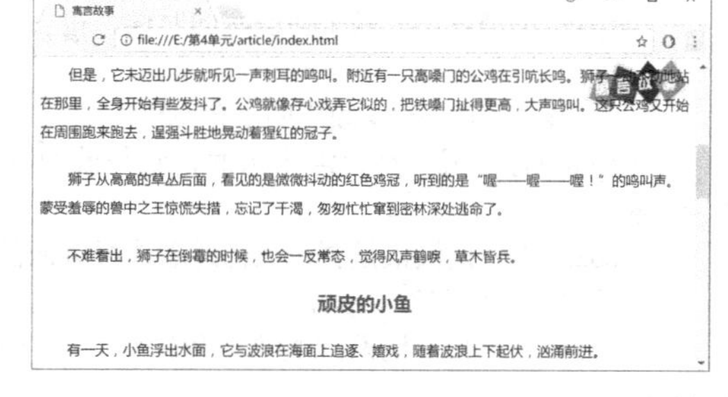

图 9-6　背景图片位置

9.2.2 制作过程

（1）在站点下新建 HTML 网页，保存为“index.html”，将网页标题栏内容改为“寓言故事”，编辑网页内容，代码如下：

```
1  <!doctype html>
2  <html>
3  <head>
4      <meta charset="utf-8">
5      <title>寓言故事</title>
6  </head>
7  <body>
8      <ul>
9          <li>
10             <a href="#t1" class="a1">狮子和公鸡</a>
11         </li>
12         <li>
13             <a href="#t2" class="a2">顽皮的小鱼</a>
14         </li>
15         <li>
16             <a href="#t3" class="a3">高傲的孔雀</a>
17         </li>
18     </ul>
19     <h3>
20         <a id="t1"></a>狮子和公鸡</h3>
21     <span>拂晓，兽中之王醒来，懒洋洋地伸了伸腰，径直朝河边走去。为了抖抖威风，它猛地长吼一
22 声，以向一群群常来河边饮水、把水搅浑的小动物们表明自己的到来。</span>
23     <span>突然，狮子听见一阵不熟悉的喧闹声，就停住了脚步。狮子转过身去，发现一匹浑身汗气蒸
24 腾的烈马驾着一辆两轮轻便马车，风驰电掣地疾驶，在石头路面上发出辚辚响声。</span>
25     <span>狮子赶忙跳进附近的草丛里，吓得眯缝起眼睛。它平生从未见过如此稀奇古怪，发出辚辚响
26 声的动物。</span>
27     <span>狮子躲在草丛中，稍微定了定神，便走出来四下观望。然后它又小心翼翼地从草丛中朝河边
28 走去。</span>
29     <span>但是，它未迈出几步就听见一声刺耳的鸣叫。附近有一只高嗓门的公鸡在引吭长鸣。狮子一
30 动不动地站在那里，全身开始有些发抖了。公鸡就像存心戏弄它似的，把铁嗓门扯得更高，大声鸣叫。
31 这只公鸡又开始在周围跑来跑去，逞强斗胜地晃动着猩红的冠子。</span>
32     <span>狮子从高高的草丛后面，看见的是微微抖动的红色鸡冠，听到的是“喔——喔——喔！”的鸣
33 叫声。蒙受羞辱的兽中之王惊慌失措，忘记了干渴，匆匆忙忙窜到密林深处逃命了。
34     </span>
35     <span>不难看出，狮子在倒霉的时候，也会一反常态，觉得风声鹤唳，草木皆兵。</span>
36     <h3>
37         <a id="t2"></a>顽皮的小鱼</h3>
38     <span>有一天，小鱼浮出水面，它与波浪在海面上追逐、嬉戏，随着波浪上下起伏，汹涌前进。
39 </span>
40     <span>小鱼问波浪是否每天都过着这样刺激的生活？波浪说：“岂只是每天，每刻都是！有时候狂风
41 暴雨，那更刺激呢！”</span>
42     <span>小鱼兴奋地说：“真希望我也变成一个波浪，每天可以随风雨、潮汐流动，过这么刺激的生活。”
43 </span>
```

```
44      <span>小鱼在波浪里玩了没多久就觉得有些累了，便对波浪说：“波浪，我想到海底安静一会儿，你
45  跟我一起去吧？”波浪没来得及回答就被一个大浪冲走了。小鱼只好潜到海底休息去了。</span>
46      <span>小鱼每天都要和波浪一起做游戏，可是每当小鱼请波浪一起去海底时，波浪没回答就被冲走
47  了。小鱼下定决心要问明原因，它于是又问波浪，问完后便紧紧地牵着波浪的裙子，随之被冲到很远。
48  </span>
49      <span>波浪告诉小鱼：“我也很想到海底安静一下，可是不行啊！我一到海底就会死去。而且我也是
50  身不由己的，总是被后面的波浪推着前进。每当起风时，我跑得非常累；潮汐变化时，我全身都在发颤。
51  我真希望自己是一条小鱼多好，还可以潜到水底休息休息……”波浪没说完，就被一个大浪打了几丈高，
52  小鱼吓得一溜烟钻进海底。</span>
53      <span>“像波浪这样生活实在是太可怜了，不能休息，还不能自主。还是做一条小鱼比较好呀！”小
54  鱼自言自语道。</span>
55      <h3>
56          <a id="t3"></a>高傲的孔雀</h3>
57      <span>从前，畜栏里有一群动物，它们生活得非常愉快，什么也不缺少。</span>
58      <span>突然有一天，一切都改变了。清早，农夫提着食桶把粮食撒光后，关上畜栏的门就走了。然
59  而，那天夜里农夫得了急性重症，他病倒了，好几天都没有露面。动物们却不知道农夫得了重病，它们
60  在畜栏里又饥又渴，公鸡都没有力气啼叫了。</span>
61      <span>不过，孔雀根据它的老习惯，在这些日子里，仍然迈着发抖的脚步走来走去，将那五彩缤纷
62  的尾巴展成扇形，高傲地显摆自己。</span>
63      <span>“妈妈，”一只瘦得皮包骨的小母鸡问，“孔雀为什么每天开屏？”</span>
64      <span>“她爱虚荣，孩子！傲慢是至死不变的陋习啊！”</span>
65      <span>孔雀高傲，它还有美丽的羽毛；有些人什么本领也没有，却常常摆出臭架子。</span>
66  </body>
67  </html>
```

（2）设置网页元素的样式，代码如下：

```
1   <style type="text/css">
2       body {
3           background: url(images/bg.jpg) no-repeat right top;
4           background-attachment: fixed;
5       }
6       h3 {
7           text-align: center;
8           font-size: 22px;
9           color: #930;
10      }
11      span {
12          text-indent: 2em;
13          display: block;
14          line-height: 2em;
15      }
16      ul li {
17          list-style-image: url(images/icon.jpg);
18          line-height: 2em;
19      }
20      ul li a {
21          text-decoration: none;
22      }
23      ul li a.a1:link,
```

```
24        ul li a.a1:visited {
25            color: #F00;
26        }
27        ul li a.a2:link,
28        ul li a.a2:visited {
29            color: #60F;
30        }
31        ul li a.a3:link,
32        ul li a.a3:visited {
33            color: #090;
34        }
35        ul li a.a1:hover,
36        ul li a.a2:hover,
37        ul li a.a3:hover {
38            color: #000;
39        }
40    </style>
```

9.2.3 代码分析

下面对网页的样式代码进行分析。

第 2～5 行代码是标记选择器“body”的样式，将页面的背景图片设置为“no-repeat”（不重复），位置设置为“right top”（右上角），背景图像的位置（background-attachment）设置为“fixed”（固定）。

第 6～10 行代码，将 h3 文本的对齐方式（text-align）设置为“center”（居中），文字大小设置为“22px”，颜色设置为“#930”。

第 11～15 行代码，将 span 元素内的文本缩进（text-indent）设置为“2em”（2 个文字），显示形式（display）设置为“block”（块显示），行高（line-height）设置为“2em”（2 倍行高）。

第 16～19 行代码，使用后代选择器“ul li”将列表的图标样式设置为图像，行高设置为“2em”。

第 20～22 行代码，使用后代选择器“ul li a”去除所有超链接 a 元素的下画线。

第 23～26 行代码，使用并集选择器将“ul li a.a1:link”和“ul li a.a1:visited”的文本颜色设置为“#F00”。其中，选择器“ul li a.a1:link”中同时使用了后代选择器、交集选择器和伪类选择器。选择器“ul li a.a1:visited”亦如此。

第 27～30 行代码、第 31～34 行代码，这两段代码与第 23～26 行代码类似，不再赘述。

第 35～39 行代码，通过并集选择器同时设置三个超链接的 hover 样式。

9.3 强化训练——制作“诗词欣赏”网页

微课视频

9.3 强化训练

9.3.1 网页效果图

设计并制作“诗词欣赏”网页，效果如图 9-7~图 9-10 所示。如图 9-7~图 9-10 所示的网页中均有相同的超链接样式，使用链接式样式设置。

图 9-7　“诗词欣赏”网页

图 9-8　“诗词欣赏”网页——钱塘湖春行

图 9-9　“诗词欣赏”网页——送友人

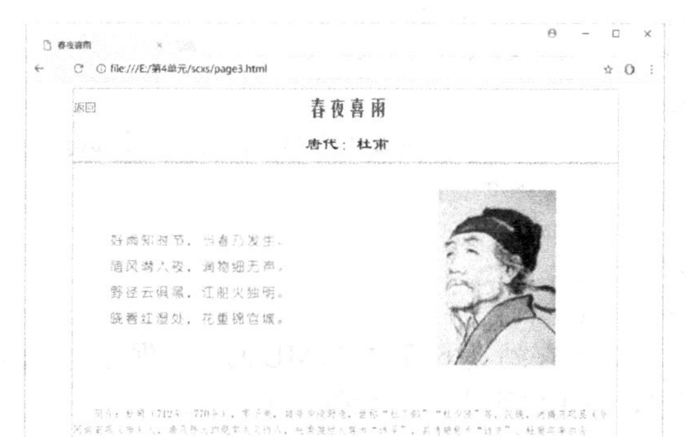

图 9-10　“诗词欣赏”网页——春夜喜雨

9.3.2　制作过程

（1）在站点下新建 HTML 网页，保存为“index.html”，将网页的标题栏内容改为“诗词欣赏”，编辑网页内容，代码如下：

```
1   <!doctype html>
2   <html>
3   <head>
4       <meta charset="utf-8">
5       <title>诗词欣赏</title>
6       <link href="scxs.css" rel="stylesheet" type="text/css">
7   </head>
8   <body>
9       <table width="780" border="0" align="center" cellpadding="0" cellspacing="0" class="table_border">
10          <tr>
11              <td height="100" colspan="2" align="center" class="header_border">
12                  <img src="images/shc.jpg" width="236" height="64">
13              </td>
14          </tr>
15          <tr>
16              <td width="310" height="320">
17                  <ul>
```

```
18                      <li>
19                          <a href="page1.html">钱塘湖春行</a>
20                      </li>
21                      <li>
22                          <a href="page2.html">送友人</a>
23                      </li>
24                      <li>
25                          <a href="page3.html">春夜喜雨</a>
26                      </li>
27                  </ul>
28              </td>
29              <td width="470" align="center">
30                  <img src="images/fg.jpg" width="400" height="249">
31              </td>
32          </tr>
33          <tr>
34              <td height="100" colspan="2" align="center">欢迎来到诗词欣赏</td>
35          </tr>
36      </table>
37  </body>
38  </html>
```

（2）在站点下新建HTML网页，保存为“page1.html”，将网页的标题栏内容改为“钱塘湖春行”，编辑网页内容，代码如下：

```
1   <!doctype html>
2   <html>
3   <head>
4       <meta charset="utf-8">
5       <title>钱塘湖春行</title>
6       <link href="scxs.css" rel="stylesheet" type="text/css">
7   </head>
8   <body>
9       <table width="780" border="0" align="center" cellpadding="0" cellspacing="0" class="table_border1">
10          <tr>
11              <td width="260" height="50">
12                  <a href="index.html">返回</a>
13              </td>
14              <td width="260" align="center">
15                  <span class="title">钱塘湖春行</span>
16              </td>
17              <td width="260" height="50"> </td>
18          </tr>
19          <tr>
20              <td height="50" colspan="3" align="center" class="author">唐代：白居易</td>
21          </tr>
22          <tr>
23              <td height="320" colspan="2" class="content">
24                  <p>孤山寺北贾亭西，水面初平云脚低。</p>
25                  <p>几处早莺争暖树，谁家新燕啄春泥。</p>
```

```
26                <p>乱花渐欲迷人眼，浅草才能没马蹄。</p>
27                <p>最爱湖东行不足，绿杨阴里白沙堤。</p>
28            </td>
29            <td>
30                <img src="images/bjy.jpg" width="170" height="243">
31            </td>
32    </tr>
33        <tr>
34            <td height="100" colspan="3" class="introduce">
35                <p>简介：白居易（772年－846年），字乐天，号香山居士，又号醉吟先生，祖籍太原，
36 到其曾祖父时迁居下邽，生于河南新郑。白居易是唐代伟大的现实主义诗人，唐代三大诗人之一。白居
37 易与元稹共同倡导新乐府运动，世称“元白”，与刘禹锡并称“刘白”。白居易的诗歌题材广泛，形式多
38 样，语言平易通俗，有“诗魔”和“诗王”之称。</p>
39            </td>
40        </tr>
41    </table>
42 </body>
43 </html>
```

（3）在站点下新建HTML网页，保存为“page2.html”，将网页的标题栏内容改为“送友人”，编辑网页内容，代码如下：

```
1  <!doctype html>
2  <html>
3  <head>
4      <meta charset="utf-8">
5      <title>送友人</title>
6      <link href="scxs.css" rel="stylesheet" type="text/css">
7  </head>
8  <body>
9      <table width="780" border="0" align="center" cellpadding="0" cellspacing="0" class="table_border1">
10         <tr>
11             <td width="260" height="50">
12                 <a href="index.html">返回</a>
13             </td>
14             <td width="260" align="center">
15                 <span class="title">送友人</span>
16             </td>
17             <td width="260" height="50"> </td>
18         </tr>
19         <tr>
20             <td height="50" colspan="3" align="center" class="author">唐代：李白</td>
21         </tr>
22         <tr>
23             <td height="320" colspan="2" class="content">
24                 <p>青山横北郭，白水绕东城。</p>
25                 <p>此地一为别，孤蓬万里征。</p>
26                 <p>浮云游子意，落日故人情。</p>
27                 <p>挥手自兹去，萧萧班马鸣。</p>
28             </td>
```

```
29              <td>
30                  <img src="images/libai.jpg" width="170" height="243">
31              </td>
32          </tr>
33          <tr>
34              <td height="100" colspan="3" class="introduce">
35                  <p>简介：李白（701年－762年），字太白，号青莲居士，唐朝浪漫主义诗人，被后人
36  誉为“诗仙”。李白祖籍陇西成纪（待考），生于西域碎叶城，4岁时随父迁至剑南道绵州。李白存世诗
37  文千余篇，有《李太白集》传世。762年病逝，享年61岁。其墓在今安徽当涂，四川江油、湖北安陆有
38  纪念馆。</p>
39              </td>
40          </tr>
41      </table>
42  </body>
43  </html>
```

（4）在站点下新建HTML网页，保存为“page3.html”，将网页的标题栏内容改为“春夜喜雨”，编辑网页内容，代码如下：

```
1   <!doctype html>
2   <html>
3   <head>
4       <meta charset="utf-8">
5       <title>春夜喜雨</title>
6       <link href="scxs.css" rel="stylesheet" type="text/css">
7   </head>
8   <body>
9       <table width="780" border="0" align="center" cellpadding="0" cellspacing="0" class="table_border1">
10          <tr>
11              <td width="260" height="50">
12                  <a href="index.html">返回</a>
13              </td>
14              <td width="260" align="center">
15                  <span class="title">春夜喜雨</span>
16              </td>
17              <td width="260" height="50"> </td>
18          </tr>
19          <tr>
20              <td height="50" colspan="3" align="center" class="author">唐代：杜甫</td>
21          </tr>
22          <tr>
23              <td height="320" colspan="2" class="content">
24                  <p>好雨知时节，当春乃发生。</p>
25                  <p>随风潜入夜，润物细无声。</p>
26                  <p>野径云俱黑，江船火独明。</p>
27                  <p>晓看红湿处，花重锦官城。</p>
28              </td>
29              <td>
30                  <img src="images/dufu.jpg" width="170" height="243">
31              </td>
32          </tr>
```

```
33            <tr>
34                <td height="100" colspan="3" class="introduce">
35                    <p>简介：杜甫（712 年－770 年），字子美，自号少陵野老，世称“杜工部”“杜少陵”
36 等，汉族，河南府巩县（今河南省巩义市）人，唐代伟大的现实主义诗人，杜甫被世人尊为“诗圣”，其
37 诗被称为“诗史”。杜甫与李白合称“李杜”，为了跟另外两位诗人——李商隐与杜牧，即“小李杜”有
38 所区别，杜甫与李白又合称“大李杜”。</p>
39                </td>
40            </tr>
41        </table>
42 </body>
43 </html>
```

（5）在站点下新建 CSS 样式，保存为“scxs.css”，设置网页元素的样式，代码如下：

```
1  @charset "utf-8";
2  /* CSS Document */
3  .table_border{
4        border-top:1px dotted #663300;
5        border-right:1px dashed #663300;
6        border-bottom:1px solid #663300;
7        border-left:1px dashed #663300;}
8  .header_border{
9        border-bottom:1px dashed #ff6600;}
10 table ul li{
11       line-height:2em;
12       list-style-image:url(images/pic.GIF);
13       text-indent:2em;
14       font-size:18px;}
15 a:link {
16       color: #930;
17       text-decoration: none;}
18 a:visited {
19       color: #930;
20       text-decoration: none;}
21 a:hover {
22       font-style: italic;
23       color: #0F0;
24       text-decoration: underline;}
25 a:active {
26       color: #F0F;
27       text-decoration: none;}
28 .table_border1{
29       border:1px solid #999990;}
30 .title{
31       font-family:"方正姚体";
32       font-size: 28px;
33       font-weight: bold;
34       color: #663333;}
35 .author {
36       font-family: "隶书";
37       font-size: 24px;
38       color: #660000;
```

```
39          line-height: 1.5em;
40          border-bottom-width: 3px;
41          border-bottom-style: double;
42          border-bottom-color: #999900;}
43   table td.content p {
44          font-family: "幼圆";
45          font-size: 18px;
46          font-style: normal;
47          line-height: 1;
48          font-weight: lighter;
49          color: #663300;
50          letter-spacing: 0.2em;
51          text-indent: 3em;}
52   table td.introduce p {
53          font-family:"仿宋";
54          font-size: 15px;
55          line-height: 1.5em;
56          font-weight: lighter;
57          color: #333300;
58          text-indent: 2em;}
```

9.3.3 代码分析

下面对网页的样式代码进行分析。

第3～7行代码，设置表格的边框样式。

第8～9行代码，设置标题单元格的下边框样式。

第10～14行代码，使用后代选择器将无序列表中li的行高（line-height）设置为“2em”，列表图标样式（list-style-image）设置为图片“url(images/pic.GIF)”，文本缩进（text-indent）设置为“2em”，文字大小（font-size）设置为“18px”。

第15～17行代码，设置超链接元素的link属性。

第18～20行代码，设置超链接元素的visited属性。

第21～24行代码，设置超链接元素的hover属性。

第25～27行代码，设置超链接元素的active属性。

第28～29行代码，设置表格的边框属性。

第30～34行代码，设置“标题文本”的样式属性。

第35～42行代码，设置“作者文本”的样式属性。

第43～51行代码，设置“诗词内容文本”的样式属性。这里同时使用了后代选择器和交集选择器。

第52～58行代码，设置“作者介绍文本”的样式属性。这里同时使用了后代选择器和交集选择器。

9.4 课后实训

微课视频

9.4 课后实训

设计并制作“杭州西湖”网页，效果如图9-11所示。

杭州西湖
file:///E:/第4单元/tourism/index.html
杭州西湖

景点地址：浙江省杭州市西湖区西湖风景区
西湖古称"钱塘湖"，又名"西子湖"，古代诗人苏轼就对它评价道："欲把西湖比西子，淡妆浓抹总相宜。"西湖形态为近于等轴的多边形，湖面被孤山及苏堤、白堤两条人工堤分隔为5个子湖区，子湖区间由桥孔连通，各部分的湖水不能充分掺混，造成...[阅读全文]
景点类型：森林 洞穴 山脉 湖泊 寺庙 碑塔 亭台楼阁 演出
开放时间：各景区开放时间有所不同。
门票信息：杭州西湖部分景点票价：灵隐寺30元；飞来峰35元；岳庙25元；...写点评>
西湖景点推荐

南屏晚钟

杭州雷峰塔

苏堤春晓

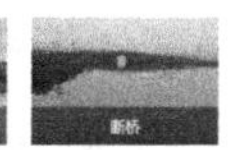
断桥

杭州灵隐寺

断桥残雪

吴山天风
浙江旅游景点：
杭州旅游景点 宁波旅游景点 温州旅游景点 嘉兴旅游景点 湖州旅游景点 绍兴旅游景点 金华旅游景点 衢州旅游景点 舟山旅游景点 台州旅游景点 丽水旅游景点

图 9-11　“杭州西湖”网页

第五单元

盒子模型

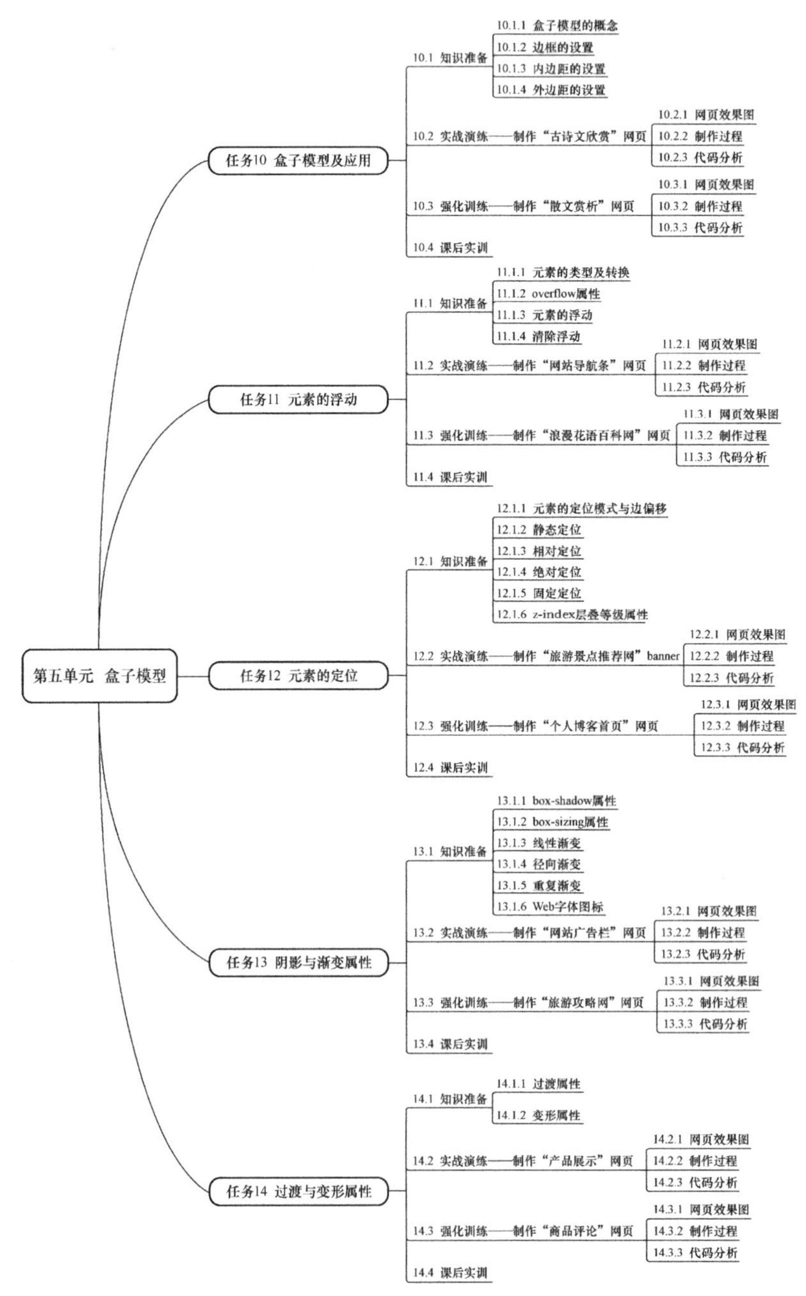

本章知识要点思维导图

网页布局是指将网页中的所有元素进行定位。在 CSS3 中，一般使用盒子模型对元素定位，从而淘汰了传统的表格布局的网页排版方法。盒子模型是 CSS3 的核心内容之一，HTML 页面中的每个元素可以被看作一个矩形盒子，占据一定的网页空间。一个 HTML 页面由很多这样的盒子组成，这些盒子之间会相互影响，因此需要从两方面理解和掌握盒子模型：第一，独立盒子的内部结构；第二，多个盒子的关系。

盒子模型通过<div>标签进行网页布局，可以很容易地控制网页中的每个元素，制作出丰富的网页布局效果。

【学习目标】

1. 掌握盒子模型及其属性。
2. 理解并掌握元素的浮动。
3. 掌握元素的定位方式。
4. 掌握使用 DIV+CSS 布局的方法。
5. 学会使用阴影和渐变属性。
6. 学会使用过渡与变形属性。

任务 10　盒子模型及应用

10.1　知识准备

微课视频

10.1　知识准备

10.1.1　盒子模型的概念

在网页布局过程中，为了合理地组织网页中的各元素，研究人员总结出一套完整有效的原则和规范，即盒子模型。

在盒子模型中，所有的网页元素都可以被看作一个盒子，它们在网页中占据一定的空间，在盒子内部可以放置内容，这些盒子相互影响。开发人员通过设置盒子内部的属性和盒子间的关系，从而实现整个网页的布局排版。盒子模型通过<div>…</div>标签进行网页布局。

在 CSS3 中，一个独立的盒子模型由 content（内容）、border（边框）、padding（内边距）和 margin（外边距）组成，如图 10-1 所示。

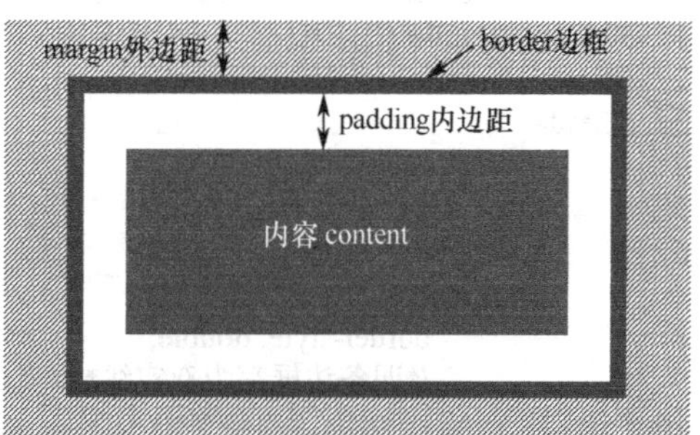

图 10-1　盒子模型

我们可以把盒子模型中的四部分转换为日常生活中的盒子，从而便于理解。content 就是盒子里装的东西，padding 就是为了保护盒子内的东西而添加的泡沫或其他抗震、防挤压的辅料，border 就是盒子本身，margin 则表示摆放盒子时不能将盒子全部堆放在一起，需要留一定的空隙。

content 通常指网页的内容，如文字、图片等，我们设置盒子的宽度（width）和高度（height），一般指的是 content 的宽度和高度；padding 是指 content 与 border 之间的距离，padding 是透明的；border 有粗细、样式、颜色属性；margin 是 border 到其他盒子的距离，也是透明的。border、padding 和 margin 在上、下、左、右四个方向都有对应的属性，可单独设定样式，如图 10-2 所示。

这里，我们介绍两个计算公式：

盒子的实际宽度=width+padding（左、右）+border（左、右）+margin（左、右）；

盒子的实际高度=height+padding（上、下）+border（上、下）+margin（上、下）；

如图 10-3 所示为盒子模型中的 border、padding、margin 之间的关系。

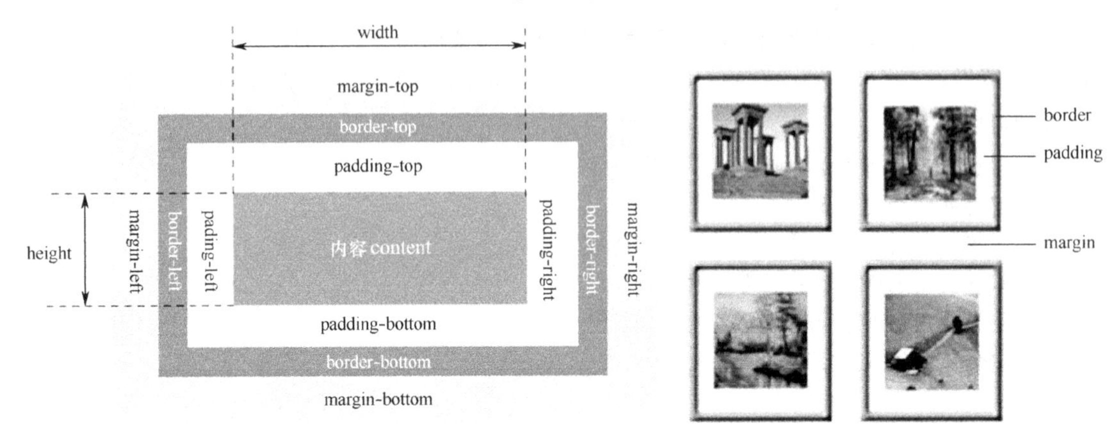

图 10-2　盒子属性的设置　　　　图 10-3　盒子模型中各元素的关系

10.1.2　边框的设置

盒子的边框属性主要包括边框的样式属性、边框的宽度属性、边框的颜色属性等。在 CSS3 中，还可以设置圆角边框效果。

1．边框样式（border-style）

边框样式通过 border-style 属性设置，具体格式如下：

border-style:上边框[右边框　下边框　左边框];

常见的边框样式有：solid（单实线）、dashed（虚线）、dotted（点线）、double（双实线）。

在设置边框时，可以针对四条边分别设置，也可以综合设置。在综合设置四条边的样式时，必须按照“上、右、下、左”的顺时针顺序设置，若省略部分边的设置，则采用值复制的原则，即设置一个值表示“四条边”，设置两个值表示“上、下/左、右”，设置三个值表示“上/左、右/下”，设置四个值表示“上/右/下/左”。该原则同时适用于盒子模型的其他属性。

【例 10-1】边框样式的设置，网页效果如图 10-4 所示。代码如下：

```
1   <!doctype html>
2   <html>
3   <head>
4       <meta charset="utf-8">
5       <title>边框样式的设置</title>
6       <style type="text/css">
7           #box1 {
8               border-style: double;
9               /*四条边框都为双实线*/
10          }
11          #box2 {
12              border-style: solid dashed;
13              /*上、下边框为单实线，左、右边框为虚线*/
14          }
```

```
15            #box3 {
16                border-style: solid dashed dotted;
17                /*上边框为单实线，左、右边框为虚线，下边框为点线*/
18            }
19        </style>
20    </head>
21    <body>
22        <div id="box1">设置四条边的边框样式为双实线</div>
23        <p></p>
24        <div id="box2">设置上、下边框样式为单实线，左、右边框样式为虚线</div>
25        <p></p>
26        <div id="box3">设置上边框样式为单实线，左、右边框样式为虚线，下边框样式为点线</div>
27    </body>
28    </html>
```

提示：除综合设置边框的样式外，还可以对四条边框的样式分别设置，对应的属性分别为border-top-style（上边框样式）、border-right-style（右边框样式）、border-bottom-style（下边框样式）、border-left-style（左边框样式）。

2．边框宽度（border-width）

边框宽度通过 border-width 属性设置，单位为像素（px），具体格式如下：

border- width:上边框[右边框　下边框　左边框];

在上述语法格式中，同样遵循值复制的原则，即设置一个值表示“四条边”，设置两个值表示“上、下/左、右”，设置三个值表示“上/左、右/下”，设置四个值表示“上/右/下/左”。

【例 10-2】边框宽度的设置，网页效果如图 10-5 所示。代码如下：

```
1     <!doctype html>
2     <html>
3     <head>
4         <meta charset="utf-8">
5         <title>边框宽度的设置</title>
6         <style type="text/css">
7             div {
8                 border-style: solid;
9                 /*设置边框样式为单实线*/
10            }
11            #box1 {
12                border-width: 1px;
13                /*四条边框的宽度都为 1 像素*/
14            }
15            #box2 {
16                border-width: 2px 1px;
17                /*上、下边框的宽度为 2 像素，左、右边框的宽度为 1 像素*/
18            }
19            #box3 {
20                border-width: 2px 3px 4px;
21                /*上边框的宽度为 2 像素，左、右边框的宽度为 3 像素，下边框的宽度为 4 像素*/
22            }
23        </style>
24    </head>
25    <body>
26        <div id="box1">设置四条边框的宽度为 1 像素，单实线</div>
27        <p></p>
28        <div id="box2">设置上、下边框的宽度为 2 像素，左、右边框的宽度为 1 像素，单实线</div>
```

```
29        <p></p>
30        <div id="box3">设置上边框的宽度为2像素，左、右边框的宽度为3像素，下边框的宽度为4像素，单实线</div>
31    </body>
32    </html>
```

图 10-4　边框样式的设置

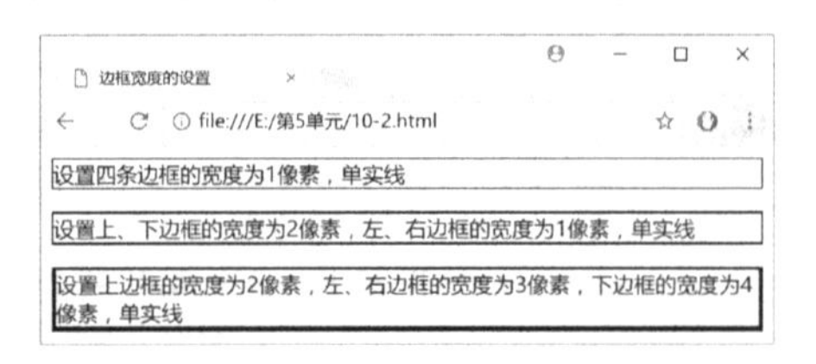

图 10-5　边框宽度的设置

提示：

①在设置边框宽度时，必须同时设置边框样式，否则样式的默认值为“none”，无论边框的宽度设置为多少，均无法显示该边框。

②除综合设置边框的宽度外，还可以对四条边框的宽度分别设置，对应的属性分别为border-top-width（上边框宽度）、border-right-width（右边框宽度）、border-bottom-width（下边框宽度）、border-left-width（左边框宽度）。

3．边框颜色（border-color）

边框颜色通过 border-color 属性设置，具体格式如下：

border-color:上边框[右边框　下边框　左边框];

颜色的属性值可以为预定义的颜色值、十六进制数值（#RRGGBB）或 RGB 代码（r，b，g）。

在上述语法格式中，同样遵循值复制的原则，即设置一个值表示“四条边”，设置两个值表示“上、下/左、右”，设置三个值表示“上/左、右/下”，设置四个值表示“上/右/下/左”。

【例 10-3】边框颜色的设置，网页效果如图 10-6 所示。代码如下：

```
1     <!doctype html>
2     <html>
3     <head>
4         <meta charset="utf-8">
5         <title>边框颜色的设置</title>
6         <style type="text/css">
7             div {
8                 border-style: solid;
9                 /*设置边框样式为单实线*/
10            }
11            #box1 {
12                border-color: #f00;
13                /*四条边框都为红色*/
14            }
15            #box2 {
16                border-color: #f00 #00f;
17                /*上、下边框为红色，左、右边框为蓝色*/
18            }
19            #box3 {
20                border-color: #f00 #00f #0f0;
21                /*上边框为红色，左、右边框为蓝色，下边框为绿色*/
22            }
23        </style>
24    </head>
25    <body>
```

```
26        <div id="box1">设置四条边的边框颜色为红色</div>
27        <p></p>
28        <div id="box2">设置上、下边框的颜色为红色，左、右边框的颜色为蓝色</div>
29        <p></p>
30        <div id="box3">设置上边框的颜色为红色，左、右边框的颜色为蓝色，下边框的颜色为绿色</div>
31  </body>
32  </html>
```

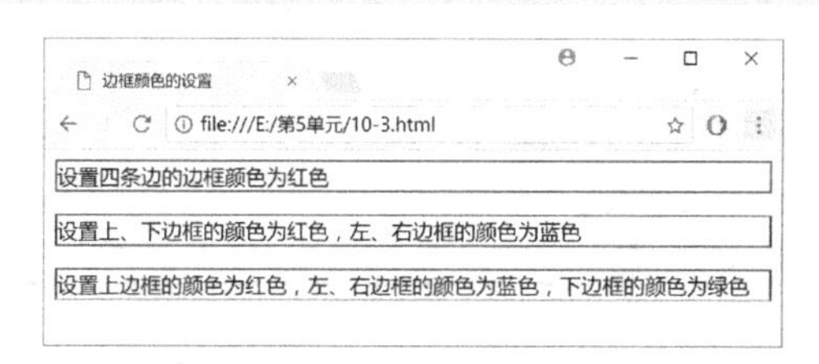

图 10-6　边框颜色的设置

提示：

①设置边框颜色时，必须同时设置边框样式，否则样式的默认值为“none”，无法显示颜色。

②除综合设置边框的颜色外，还可以对四条边框的颜色分别设置，对应的属性分别为 border-top-color（上边框颜色）、border-right-color（右边框颜色）、border-bottom-color（下边框颜色）、border-left-color（左边框颜色）。

4．边框的综合设置

虽然使用 border-style、border-width、border-color 可以设置边框的各种属性，但是代码比较烦琐，在实际工作中，我们通常使用边框的综合设置替代上述代码，格式如下：

```
border:宽度 样式 颜色;      /*设置四条边框的属性*/
```

在上述代码格式中，设置盒子模型四条边框为共同属性，其中，宽度、样式、颜色的顺序不分先后，样式为必须设置的项，宽度和颜色可根据需要设置属性值，也可省略，省略的属性将取默认值。

如果盒子模型的四条边框要分别设置为不同的属性，则可以使用单侧边框的综合属性 border-top、border-right、border-bottom、border-left 进行设置，格式如下：

```
div{border-top:1px solid #ff0 ;}      /*设置上边框的属性*/
```

【例 10-4】边框属性的综合设置，网页效果如图 10-7 所示。代码如下：

```
1   <!doctype html>
2   <html>
3   <head>
4       <meta charset="utf-8">
5       <title>边框属性的综合设置</title>
6       <style type="text/css">
7           #box1 {
8               border-top: 2px solid #f00;
9               /*设置四条边的不同属性*/
10              border-right: 3px double #F90;
11              border-bottom: 2px dotted #C0F;
12              border-left: 3px double #F90;
13          }
14          #box2 {
15              border: 3px solid #00f;
16              /*设置四条边的相同属性*/
17          }
18      </style>
```

```
19 </head>
20 <body>
21     <div id="box1">设置四条边的不同属性</div>
22     <p></p>
23     <div id="box2">设置四条边的相同属性</div>
24 </body>
25 </html>
```

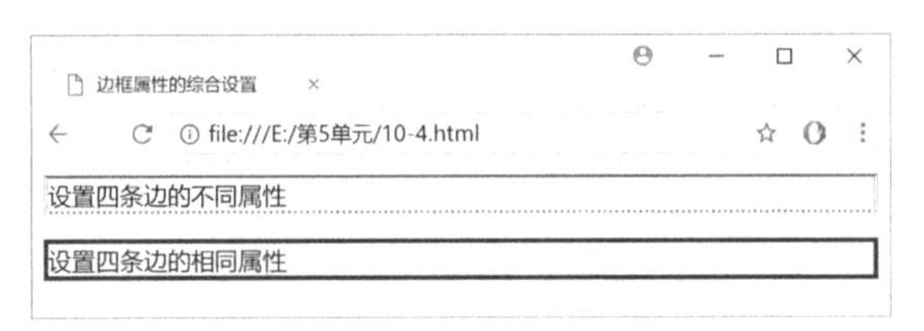

图 10-7　边框属性的综合设置

提示：诸如 border、border-left 等，能在一个属性中定义多种样式的属性被称为复合属性。使用复合属性不仅可以简化代码，还可以提高网页的执行效率。

5．圆角边框

盒子模型原本是矩形的，但在制作网页过程中，可以使用边框属性 border-radius 将矩形的方角设置为圆角，格式如下：

```
border-radius:参数 1/参数 2;
```

在上面的语法格式中，border-radius 的属性值包含两个参数，它们的取值可以为像素值，也可以是百分比。其中“参数 1”表示圆角的水平半径，“参数 2”表示圆角的垂直半径，两个参数之间用“/”隔开。

如果“参数 2”省略，则默认第二个参数值等于第一个参数值。例如：

```
border-radius:50px/30px;   /*四个圆角的水平半径为 50px，垂直半径为 30px*/
border-radius:50px;        /*四个圆角的水平半径为 50px，垂直半径为 50px*/
```

在 border-radius 属性中，同样遵循值复制的原则，即“参数 1/参数 2”均可设置 1～4 个参数值，用于表示四个圆角的半径。

（1）参数 1 和参数 2 设置一个参数值，表示四个圆角的半径。例如：

```
border-radius:50px/30px;                /*四个圆角的水平半径为 50px，垂直半径为 30px*/
```

（2）参数 1 和参数 2 设置两个参数值，则第一个参数值表示“左上”和“右下”圆角的半径，第二个参数值表示“右上”和“左下”圆角的半径。例如：

```
border-radius:50px 20px/30px 10px;      /*左上和右下圆角的水平半径为 50px，垂直半径为 30px*/
                                        /*右上和左下圆角的水平半径为 20px，垂直半径为 10px*/
```

（3）参数 1 和参数 2 设置三个参数值，则第一个参数值表示“左上”圆角的半径，第二个参数值表示“右上”和“左下”圆角的半径，第三个参数值表示“右下”圆角的半径。例如：

```
border-radius:50px 20px 40px/30px 10px 60px;/*左上圆角的水平半径为 50px，垂直半径为 30px*/
                                        /*右上和左下圆角的水平半径为 20px，垂直半径为 10px*/
                                        /*右下圆角的水平半径为 40px，垂直半径为 60px*/
```

（4）参数 1 和参数 2 设置四个参数值，则第一个参数值表示“左上”圆角的半径，第二个参数值表示“右上”圆角的半径，第三个参数值表示“右下”圆角的半径，第四个参数值表示“左下”圆角的半径。例如：

```
border-radius:50px 20px 40px 15px/30px 10px 60px 25px; /*左上圆角的水平半径为 50px，垂直半径为 30px*/
                                        /*右上圆角的水平半径为 20px，垂直半径为 10px*/
                                        /*右下圆角的水平半径为 40px，垂直半径为 60px*/
                                        /*左下圆角的水平半径为 15px，垂直半径为 25px*/
```

【例 10-5】圆角边框的设置，网页效果如图 10-8 所示。代码如下：

```
1  <!doctype html>
2  <html>
3  <head>
4      <meta charset="utf-8">
5      <title>圆角边框的设置</title>
6      <style type="text/css">
7          #box1 {
8              width: 300px;
9              height: 100px;
10             border: 3px solid #00f;
11             border-radius: 50px 20px 40px 15px/30px 10px 60px 25px;
12             /*左上圆角的水平半径为 50px，垂直半径为 30px*/
13             /*右上圆角的水平半径为 20px，垂直半径为 10px*/
14             /*右下圆角的水平半径为 40px，垂直半径为 60px*/
15             /*左下圆角的水平半径为 15px，垂直半径为 25px*/
16         }
17         #box2 {
18             width: 300px;
19             height: 100px;
20             border: 3px solid #00f;
21             border-radius: 50px;
22             /*四个圆角的水平半径为 50px，垂直半径为 50px*/
23         }
24     </style>
25 </head>
26 <body>
27     <div id="box1">设置圆角边框</div>
28     <p></p>
29     <div id="box2">设置圆角边框</div>
30 </body>
31 </html>
```

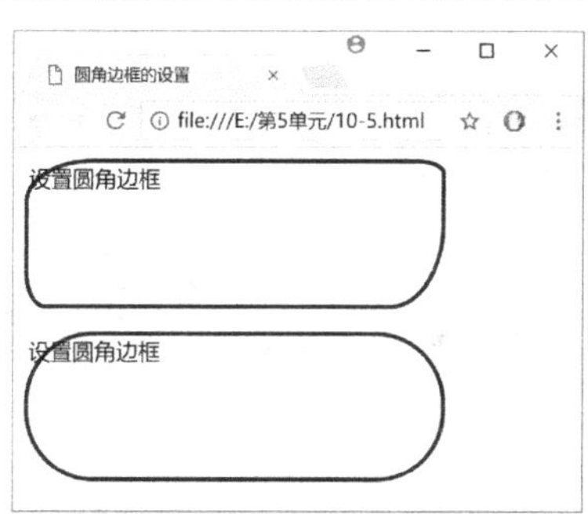

图 10-8　圆角边框的设置

提示：如果想设置圆形，则可以将盒子模型先设置为正方形，然后将 border-radius 的参数值设置为 50%，即 border-radius:50%，便可达到目的。

10.1.3　内边距的设置

内边距（padding）用于控制内容与边框之间的距离，它与 border 相似，也遵循值复制的原则，但 padding 只有一个宽度属性。

（1）设置一个属性值：表示上、右、下、左边框的 padding 值都是该值。

（2）设置两个属性值：第一个值表示上、下边框的 padding 值，第二个值表示左、右边框的 padding 值。

（3）设置三个属性值：第一个值表示上边框的 padding 值，第二个值表示左、右边框的 padding 值，第三个值表示下边框的 padding 值。

（4）设置四个属性值：第一个值表示上边框的 padding 值，第二个值表示右边框的 padding 值，第三个值表示下边框的 padding 值，第四个值表示左边框的 padding 值。

如果想单独设置某方向的 padding 值，则可以使用 padding-top、padding-right、padding-bottom、padding-left 属性进行设置。

【例 10-6】内边距的设置，网页效果如图 10-9 所示。代码如下：

```
1   <!doctype html>
2   <html>
3   <head>
4       <meta charset="utf-8">
5       <title>内边距的设置</title>
6       <style type="text/css">
7           #box {
8               width: 400px;
9               border: 5px solid red;
10              padding: 10px 40px 80px 120px;
11          }
12      </style>
13  </head>
14  <body>
15      <div id="box">
16          CSS 将 HTML 页面中的每个元素看成一个矩形盒子， 占据一定的页面空间。 一个 HTML 页
17  面由很多这样的盒子组成，这些盒子会相互影响，因此，需要从两方面理解和掌握盒子模型：第一，独
18  立盒子的内部结构；第二，多个盒子的关系。
19      </div>
20  </body>
21  </html>
```

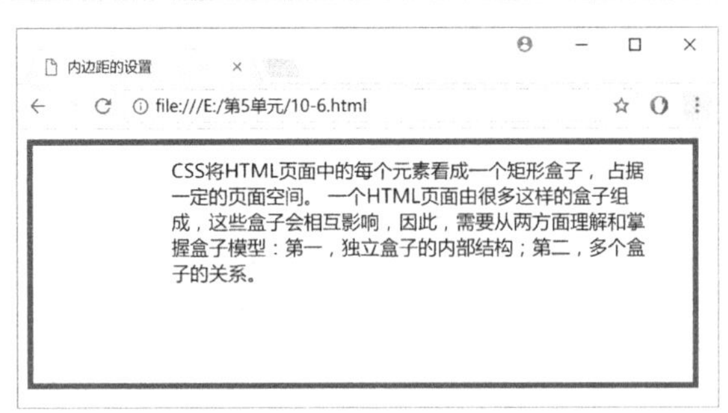

图 10-9　内边距的设置

提示：盒子可以通过 width 属性设置宽度，height 属性设置高度，但是，这仅用于设置盒子内容的宽度和高度，而非整个盒子的宽度和高度。如果不给盒子设定宽度和高度，则宽度默认为 100%，高度由盒子内容的高度决定。

10.1.4　外边距的设置

外边距（margin）用于控制盒子边框与其他元素的距离，它与 padding 一样，也遵循值复制的

原则，且只有一个宽度属性。

（1）设置一个属性值：表示上、右、下、左边框的 margin 值都是该值。

（2）设置两个属性值：第一个值表示上、下边框的 margin 值，第二个值表示左、右边框的 margin 值。

（3）设置三个属性值：第一个值表示上边框的 margin 值，第二个值表示左、右边框的 margin 值，第三个值表示下边框的 margin 值。

（4）设置四个属性值：第一个值表示上边框的 margin 值，第二个值表示右边框的 margin 值，第三个值表示下边框的 margin 值，第四个值表示左边框的 margin 值。

如果想单独设置某方向的 margin 值，则可以使用 margin-top、margin-right、margin-bottom、margin-left 属性进行设置。

【例 10-7】外边距的设置，网页效果如图 10-10 所示。代码如下：

```
1   <!doctype html>
2   <html>
3   <head>
4       <meta charset="utf-8">
5       <title>外边距的设置</title>
6       <style type="text/css">
7           * {
8               padding: 0px;
9               margin: 0px;
10          }
11          div {
12              width: 100px;
13              height: 60px;
14          }
15          #box1 {
16              background: #00F;
17              margin-bottom: 50px;
18          }
19          #box2 {
20              background: #F90;
21              margin-top: 30px;
22          }
23          #img1 {
24              margin-right: 100px;
25              margin-top: 50px;
26          }
27          #img2 {
28              margin-left: 50px;
29          }
30      </style>
31  </head>
32  <body>
33      <div id="box1"></div>
34      <div id="box2"></div>
35      <!--上、下外边距合并，左、右外边距累加-->
36      <img src="images/timg2.jpg" width="150" height="199" id="img1">
37      <img src="images/timg1.jpg" width="150" height="139" id="img2">
38  </body>
39  </html>
```

图 10-10　外边距的设置

提示：

①若存在上、下两个盒子，上面的盒子设置了下外边距，下面的盒子设置了上外边距，则两个盒子之间的距离取两个外边距的最大值。

②若存在左、右两个盒子，左边的盒子设置了右外边距，右边的盒子设置了左外边距，则两个盒子之间的距离取两个外边距的和。

10.2　实战演练——制作“古诗文欣赏”网页

微课视频

10.2　实战演练

10.2.1　网页效果图

设计并制作“古诗文欣赏”网页，效果如图 10-11 所示。

图 10-11　“古诗文欣赏”网页

10.2.2　制作过程

（1）在站点下新建 HTML 网页，保存为“10-8.html”，将网页的标题栏内容改为“古诗文欣赏”，编辑网页内容，代码如下：

```
1    <!doctype html>
2    <html>
3    <head>
```

```
4      <meta charset="utf-8">
5      <title>古诗文欣赏</title>
6  </head>
7  <body>
8      <h2>水调歌头·明月几时有</h2>
9      <p>年代：宋     作者：苏轼</p>
10     <div id="top">
11         <p>明月几时有，把酒问青天。</p>
12         <p>不知天上宫阙，今夕是何年？</p>
13         <p>我欲乘风归去，又恐琼楼玉宇，</p>
14         <p>高处不胜寒。</p>
15         <p>起舞弄清影，何似在人间！</p>
16     </div>
17     <div id="bottom">
18         <p>转朱阁，低绮户，照无眠。</p>
19         <p>不应有恨，何事长向别时圆？</p>
20         <p>人有悲欢离合，月有阴晴圆缺，</p>
21         <p>此事古难全。</p>
22         <p>但愿人长久，千里共婵娟。</p>
23     </div>
24 </body>
25 </html>
```

（2）设置网页元素的样式，代码如下：

```
1  <style type="text/css">
2      p,
3      h2 {
4          text-align: center;
5      }
6      h2 {
7          border-radius: 10px 30px;
8          border: #F60 solid 2px;
9          height: 50px;
10         width: 450px;
11         line-height: 50px;
12         margin: 0 auto;
13         background-color: #FF0;
14     }
15     #top {
16         width: 450px;
17         margin: 40px auto;
18         border-radius: 40px;
19         border: 4px double #F60;
20     }
21     #bottom {
22         width: 450px;
23         margin: 40px auto;
24         border-radius: 40px;
25         background-color: #69C;
26         border: #69C solid 2px;
27     }
28 </style>
```

10.2.3 代码分析

下面分析网页的样式代码。

第 2～5 行代码，将 p 元素和 h2 元素中的文本对齐方式设置为“居中对齐”。

第 6～14 行代码，设置盒子 h2 的属性。其中，“margin: 0 auto;”的作用是让盒子的左、右外边距自动调整，这样可以使盒子在页面里水平居中。同时，盒子的高度（height）和文本的行高（line-height）值相同，可以使文本在盒子内部垂直方向居中对齐。

第 15～20 行代码，将盒子 top 的宽度（width）设置为“450px”，上、下边框的外边距（margin）设置为“40px”，左、右边框的外边距设置为自动（auto），这样盒子可以在页面的水平方向居中对齐。边框的四个圆角的半径（border-radius）设置为“40px”，四条边的宽度设置为“4px”，样式设置为“double”，颜色设置为“#F60”。

第 21～27 行代码，设置盒子 bottom 的属性。

10.3 强化训练——制作“散文赏析”网页

微课视频

10.3 强化训练

10.3.1 网页效果图

设计并制作“散文赏析”网页，效果如图 10-12 所示。

10.3.2 制作过程

（1）分析“散文赏析”的网页布局，如图 10-13 所示。在站点下新建 HTML 网页，保存为“index.html”，将网页的标题栏内容改为“散文赏析”，编辑网页内容，代码如下：

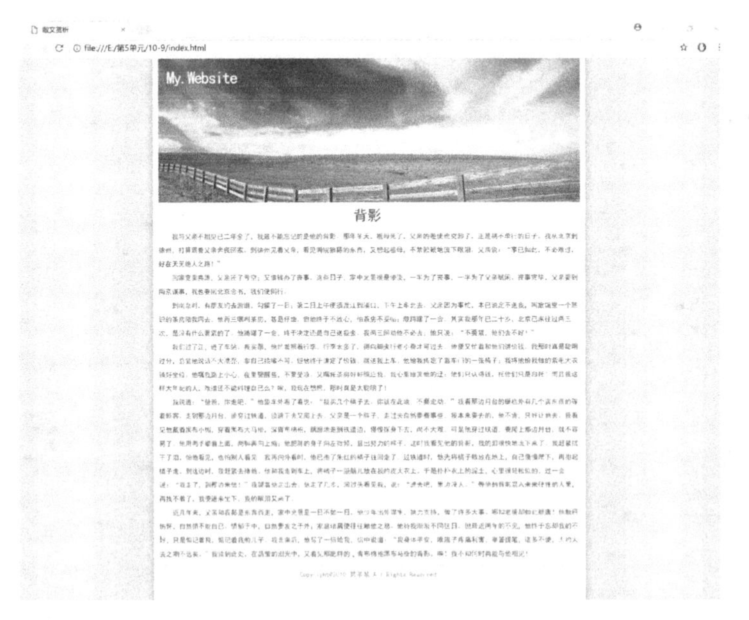

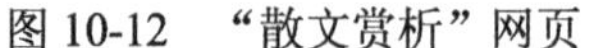

图 10-12 “散文赏析”网页

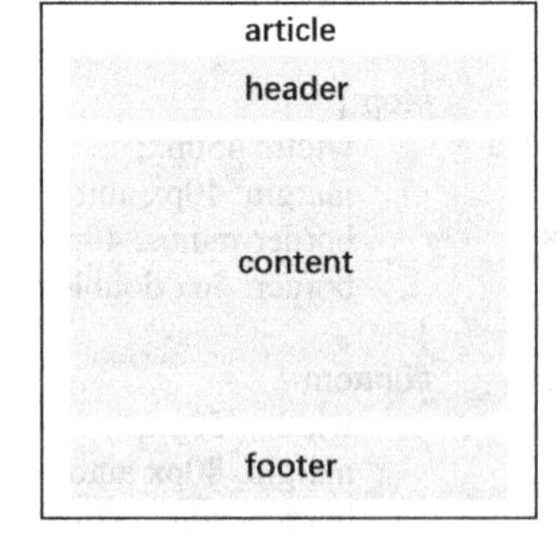

图 10-13 “散文赏析”的网页布局

```
1    <!doctype html>
2    <html>
3    <head>
4        <meta charset="utf-8">
5        <title>散文赏析</title>
6        <link href="style/div.css" rel="stylesheet" type="text/css" />
7    </head>
```

```
8   <body>
9       <div id="article">
10          <div id="header">
11              <h1>My.Website</h1>
12          </div>
13          <div id="content">
14              <h2>背影</h2>
15              <p>我与父亲不相见已二年余了，我最不能忘记的是他的背影。那年冬天，祖母死了，父
16  亲的差使也交卸了，正是祸不单行的日子。我从北京到徐州，打算跟着父亲奔丧回家。到徐州见着父亲，
17  看见满院狼藉的东西，又想起祖母，不禁簌簌地流下眼泪。父亲说："事已如此，不必难过，好在天无绝
18  人之路！" </p>
19              <p>回家变卖典质，父亲还了亏空；又借钱办了丧事。这些日子，家中光景很是惨淡，一
20  半为了丧事，一半为了父亲赋闲。丧事完毕，父亲要到南京谋事，我也要回北京念书，我们便同行。</p>
21              <p>到南京时，有朋友约去游逛，勾留了一日；第二日上午便须渡江到浦口，下午上车北去。
22  父亲因为事忙，本已说定不送我，叫旅馆里一个熟识的茶房陪我同去。他再三嘱咐茶房，甚是仔细。但他
23  终于不放心，怕茶房不妥帖；颇踌躇了一会。其实我那年已二十岁，北京已来往过两三次，是没有什么要
24  紧的了。他踌躇了一会，终于决定还是自己送我去。我两三回劝他不必去；他只说："不要紧，他们去不
25  好！" </p>
26              <p>我们过了江，进了车站。我买票，他忙着照看行李。行李太多了，得向脚夫行些小费
27  才可过去。他便又忙着和他们讲价钱。我那时真是聪明过分，总觉他说话不大漂亮，非自己插嘴不可。
28  但他终于讲定了价钱；就送我上车。他给我拣定了靠车门的一张椅子；我将他给我做的紫毛大衣铺好坐
29  位。他嘱我路上小心，夜里警醒些，不要受凉。又嘱托茶房好好照应我。我心里暗笑他的迂；他们只认
30  得钱，托他们只是白托！而且我这样大年纪的人，难道还不能料理自己么？唉，我现在想想，那时真是
31  太聪明了！ </p>
32              <p>我说道："爸爸，你走吧。"他望车外看了看说："我买几个橘子去。你就在此地，不要
33  走动。"我看那边月台的栅栏外有几个卖东西的等着顾客。走到那边月台，须穿过铁道，须跳下去又爬上
34  去。父亲是一个胖子，走过去自然要费事些。我本来要去的，他不肯，只好让他去。我看见他戴着黑布
35  小帽，穿着黑布大马褂，深青布棉袍，蹒跚地走到铁道边，慢慢探身下去，尚不大难。可是他穿过铁道，
36  要爬上那边月台，就不容易了。他用两手攀着上面，两脚再向上缩；他肥胖的身子向左微倾，显出努力
37  的样子。这时我看见他的背影，我的泪很快地流下来了。我赶紧拭干了泪，怕他看见，也怕别人看见。
38  我再向外看时，他已抱了朱红的橘子往回走了。过铁道时，他先将橘子散放在地上，自己慢慢爬下，再
39  抱起橘子走。到这边时，我赶紧去搀他。他和我走到车上，将橘子一股脑儿放在我的皮大衣上。于是扑
40  扑衣上的泥土，心里很轻松似的，过一会说："我走了，到那边来信！"我望着他走出去。他走了几步，
41  回过头看见我，说："进去吧，里边没人。"等他的背影混入来来往往的人里，再找不着了，我便进来坐
42  下，我的眼泪又来了。</p>
43              <p>近几年来，父亲和我都是东奔西走，家中光景是一日不如一日。他少年出外谋生，独
44  力支持，做了许多大事。哪知老境却如此颓唐！他触目伤怀，自然情不能自已。情郁于中，自然要发之
45  于外；家庭琐屑便往往触他之怒。他待我渐渐不同往日。但最近两年的不见，他终于忘却我的不好，只
46  是惦记着我，惦记着我的儿子。我北来后，他写了一信给我，信中说道："我身体平安，唯膀子疼痛利害，
47  举箸提笔，诸多不便，大约大去之期不远矣。"我读到此处，在晶莹的泪光中，又看见那肥胖的、青布棉
48  袍黑布马褂的背影。唉！我不知何时再能与他相见！ </p>
49          </div>
50          <div id="footer">Copyright@2010  某某某  All Rights Reserved</div>
51      </div>
52  </body>
53  </html>
```

（2）在站点下新建"style"文件夹，新建 css 样式文件，命名为"div.css"，保存在"style"文件夹中。设置网页元素的样式，代码如下：

```
1   @charset "utf-8";
2   /* CSS Document */
3   *{
4       margin:0px;
```

```
5       padding:0px;
6       border:0px;}
7   body{
8       font-family: "黑体";
9       font-size: 12px;
10      color: #3a3a3a;
11      background: url(../images/bg.gif) repeat center;}
12  #article {
13      width: 760px;
14      margin: 0px auto;}
15  #header {
16      background-image: url(../images/header.jpg);
17      height: 250px;}
18  #header h1 {
19      font-size: 30px;
20      font-weight: 400;
21      color:#FFF;
22      padding-top: 15px;
23      padding-left: 15px;
24      letter-spacing: -2px;}
25  #content h2 {
26      font-size: 25px;
27      text-align: center;
28      font-weight: 100;
29      padding-top: 8px;
30      padding-bottom: 10px;}
31  #content p {
32      line-height: 2em;
33      text-indent: 2em;}
34  #footer {
35      border-top: 1px solid #dadada;
36      font-size: 12px;
37      color: gray;
38      text-align: center;
39      padding-top: 8px;
40      padding-bottom: 40px;
41      margin-top: 8px;}
```

10.3.3 代码分析

下面分析网页的样式代码。

第 3～6 行代码，全局 reset，将网页中所有元素的外边距、内边距、边框都设置为“0px”。

第 7～11 行代码，设置 body 元素中的全局属性。其中，“background: url(../images/bg.gif) repeat center;”用于将网页背景图片设置为重复居中显示。

第 12～14 行代码，设置盒子 article 的宽度并水平居中。

第 15～17 行代码，设置盒子 header 的背景图片和高度。

第 18～24 行代码，设置 header 中标题 h1 的文本属性。其中，将上内边距（padding-top）设置为“15px”，左内边距（padding-left）设置为“15px”，字符间距（letter-spacing）设置为“-2px”。

第 25～30 行代码，设置 content 中标题 h2 的文本属性。其中，将上内边距（padding-top）设置为“8px”，下内边距（padding-bottom）设置为“10px”。

第 31～33 行代码，设置 content 中段落 p 的文本属性。其中，将行高（line-height）设置为“2em”，文本缩进（text-indent）设置为“2em”。

第 34～41 行代码，设置盒子 footer 的属性，即分别对上边框（border-top），上内边距（padding-top），下内边距（padding-bottom），上外边距（margin-top）进行设置。

微课视频

10.4　课后实训

10.4　课后实训

设计并制作“动物名片”网页，效果如图 10-14 所示。当鼠标指针移动到名片上时，出现如图 10-15 所示的边框效果（边框颜色加深）。

图 10-14　“动物名片”网页

图 10-15　鼠标指针移动到名片上时，边框颜色加深

任务 11　元素的浮动

11.1　知识准备

微课视频

11.1　知识准备

11.1.1　元素的类型及转换

在 HTML 中，元素可以分为三类，即行内（inline）元素、块（block）元素和行内块（inline-block）元素。

1. 行内元素

行内元素的特点：行内元素不会独占一行，它的宽度和高度由其内容决定，且不支持盒子模型。一般不能设置行内元素的宽度、高度、对齐等属性。

常见的行内元素标签有<span>、<a>、<strong>、<em>、<i>、<u>、<s>、<del>、<ins>等。

2. 块元素

块元素的特点：每个块元素都会独占一行或多行，支持盒子模型，可以设置块元素的宽度、高度、对齐等属性。块元素常被用于网页布局。

常见的块元素标签有<div>、<h1>～<h6>、<p>、<ul>、<ol>、<li>、<header>、<section>、<article>、<footer>等。

3．行内块元素

行内块元素综合了行内元素和块元素的特性，但各有取舍。开发者可以对行内块元素设置宽度、高度和对齐属性，但是该元素不会独占一行。支持部分盒子模型。

常见的行内块元素标签有<img>、<input>等。

4．元素类型的转换

如果希望行内元素具有块元素的某些特性，如可以设置宽度和高度；或者希望块元素具有行内元素的某些特性，如不独占一行，则可以使用 display 属性对元素的类型进行转换，其语法规则为：

选择器{display:属性;}

属性有四个值，分别如下。

- inline：将元素转换成行内元素。
- block：将元素转换成块元素。
- inline-block：将元素转换成行内块元素。
- none：将元素隐藏，不占据页面空间。

【例 11-1】元素类型的转换，网页效果如图 11-1 所示。代码如下：

```
1   <!doctype html>
2   <html>
3   <head>
4       <meta charset="utf-8">
5       <title>元素类型的转换</title>
6       <style type="text/css">
7           a {
8               border: 1px solid #00f;
9               display: block;
10              /*行内元素转换成块元素*/
11              width: 500px;
12              height: 50px;
13          }
14          p {
15              border: 1px solid #00f;
16              display: inline;
17              /*块元素转换成行内元素*/
18              width: 500px;
19              height: 50px;
20          }
21      </style>
22  </head>
23  <body>
24      <a href="#">行内元素转换成块元素</a>
25      <a href="#">行内元素转换成块元素</a>
26      <a href="#">行内元素转换成块元素</a>
27      <p>块元素转换成行内元素</p>
28      <p>块元素转换成行内元素</p>
29      <p>块元素转换成行内元素</p>
30  </body>
31  </html>
```

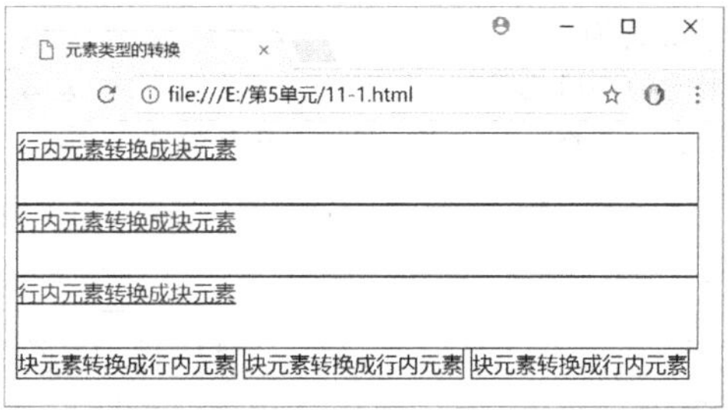

图 11-1　元素类型的转换

提示：行内元素转换成块元素后，便可设置其宽度和高度；块元素转换成行内元素后，无法设置其宽度和高度。

11.1.2　overflow 属性

在盒子模型中，当盒子中的内容超出盒子的大小时，就会产生溢出现象。我们可以对超出的内容使用 overflow 属性进行设置，其语法规则为：

选择器{overflow:属性;}

属性有四个值，分别如下。

- visible：默认值，内容显示在盒子框外。
- hidden：将超出的内容隐藏。
- scroll：始终出现滚动条。
- auto：根据实际情况进行调整，如果没有超出就正常显示，否则会出现滚动条。

【例 11-2】overflow 属性，“overflow:visible”效果如图 11-2 所示。代码如下：

```
1   <!doctype html>
2   <html>
3   <head>
4       <meta charset="utf-8">
5       <title>overflow 属性</title>
6       <style type="text/css">
7           #news {
8               width: 300px;
9               height: 200px;
10              border: #F00 2px solid;
11              overflow: visible;              /*溢出，默认值*/
12          }
13      </style>
14  </head>
15  <body>
16      <div id="news">
17          <p>在盒子模型中，当盒子中的内容超出盒子的大小时，就会产生溢出现象。我们可以对超出的
18  内容使用 overflow 属性进行设置，该属性有四个值，分别如下。</p>
19          <p>Visible：默认值，内容显示在盒子框外。</p>
20          <p>Hidden：将超出的内容隐藏。</p>
21          <p>Scroll：始终出现滚动条。</p>
22          <p>Auto：根据实际情况进行调整，如果没有超出就正常显示，否则会出现滚动条。</p>
23      </div>
24  </body>
25  </html>
```

在图 11-2 中，溢出的内容显示在框外。

若将本例代码的第 11 行修改为：

overflow:hidden;　　/*溢出内容不可见*/

则页面效果如图 11-3 所示。在图 11-3 中，溢出的内容不显示。

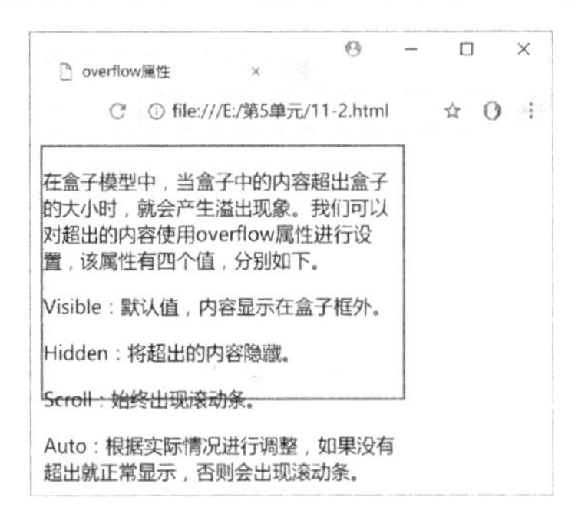

图 11-2 “overflow: visible”效果

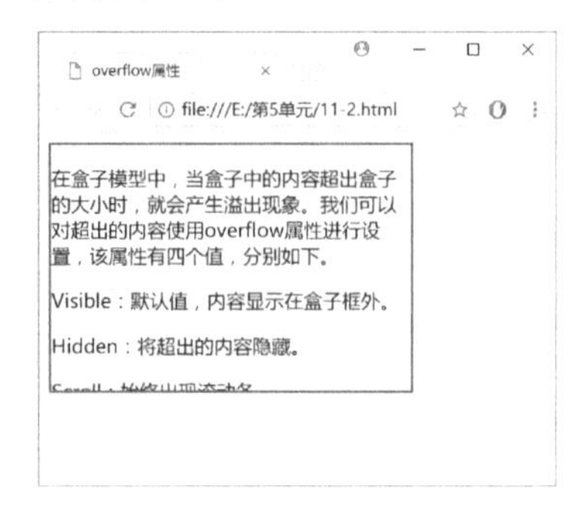

图 11-3 “overflow: hidden”效果

如果将本例代码的第 11 行修改为：

overflow:scroll;　/*始终出现滚动条*/

则页面效果如图 11-4 所示。在图 11-4 中，出现滚动条，且拖动滚动条可以查看溢出的内容。

如果将本例代码的第 11 行修改为：

overflow:auto;　　/*根据需要出现滚动条*/

则页面效果如图 11-5 所示。在图 11-5 中，根据需要出现滚动条。

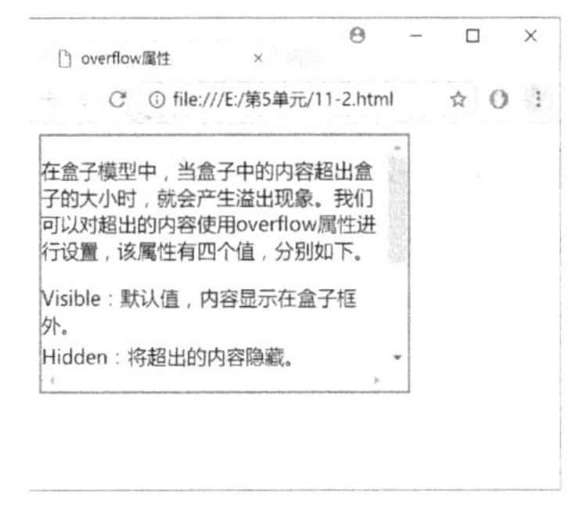

图 11-4 “overflow: scroll”效果

图 11-5 “overflow: auto”效果

11.1.3 元素的浮动

在 HTML 中，一般使用块元素定义网页布局和网页结构，但是，由于块元素都独占一行或多行，网页的元素会默认以文档流的模式从上到下依次排列，不能完全满足网页布局的需要。为了使网页的布局和结构更加丰富、自由、合理，CSS 样式可以对元素设置浮动属性，使网页元素脱离原有文档流，改变普通文档流的排列方式，使块元素在同一行中排列，让网页布局操作更加方便。

元素的浮动是通过设置元素的 float 属性实现的，浮动的元素将会脱离原有文档流的控制进行移动，移动的方向由 float 属性的值确定。其语法格式为：

选择器{float:属性;}

如果属性值为“none”，则为默认值，表示元素不浮动。

如果属性值为“left”（左浮动），则元素的移动目标是网页的左上角，它的运动轨迹如下：浮动元素从所在的行开始，自右向左移动，当到达本行的左侧时，移至上一行继续自右向左移动，直到网页的左上角（但该元素未必能到达左上角，还受制于其他元素的特性），运动轨迹如图 11-6 所示。

如果属性值为“right”（右浮动），则元素的移动目标是网页的右上角，它的运动轨迹如下：浮动元素从所在的行开始，从左向右移动，当到达本行的右侧时，移至上一行继续自左向右移动，直到网页的右上角（但其未必能到达右上角，还受制于其他元素的特性），运动轨迹如图 11-7 所示。

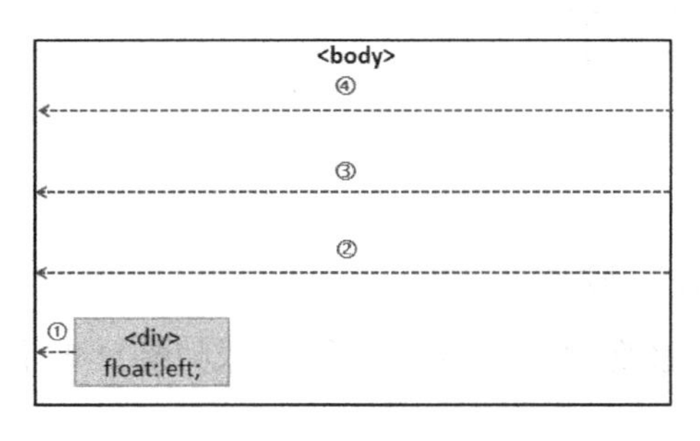

图 11-6　左浮动元素的运动轨迹

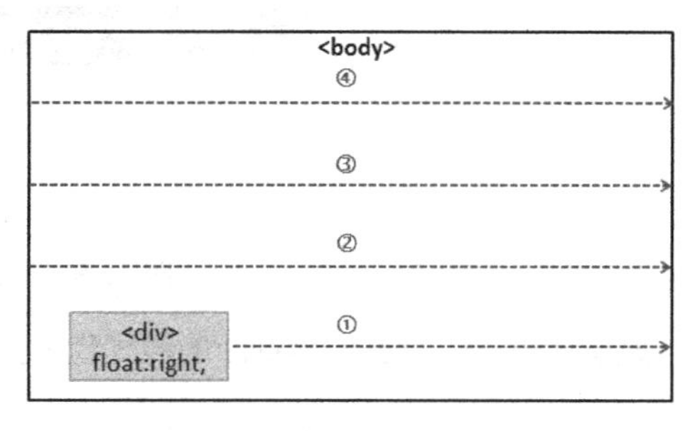

图 11-7　右浮动元素的运动轨迹

注意：设置了浮动属性的元素，会遵循以下四条原则。

- 有浮动属性的元素肯定会移动，但未必会改变原来的位置。
- 有浮动属性的元素会脱离原有文档流。
- 如果上一行没有浮动元素，那么下一行的浮动元素是无法移上去的。
- 非浮动元素会忽略它前面的浮动元素，取代其前面浮动元素的位置。

【例 11-3】元素的浮动，同时设置左浮动效果如图 11-8 所示。代码如下：

```
1    <!doctype html>
2    <html>
3    <head>
4        <meta charset="utf-8">
5        <title>元素的浮动</title>
6        <style type="text/css">
7            * {
8                margin: 0px;
9                padding: 0px;
10           }
11           div {
12               width: 150px;
13               height: 50px;
14           }
15           #box1 {
16               background-color: red;
17               float: left;
18           }
19           #box2 {
20               background-color: blue;
21               float: left;
22           }
23           #box3 {
24               background-color: green;
25               float: left;
26           }
27       </style>
28   </head>
29   <body>
30       <div id="box1">box1</div>
```

```
31          <div id="box2">box2</div>
32          <div id="box3">box3</div>
33    </body>
34    </html>
```

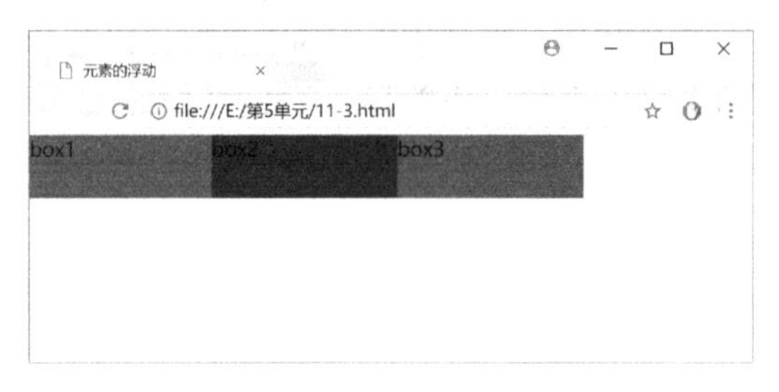

图 11-8　同时设置左浮动效果

如果将#box1、#box2、#box3 的样式代码按照如下修改，则同时设置右浮动效果如图 11-9 所示。

```
#box1 {
        background-color: red;
        float: right;
    }
    #box2 {
        background-color: blue;
        float: right;
    }
    #box3 {
        background-color: green;
        float: right;
    }
```

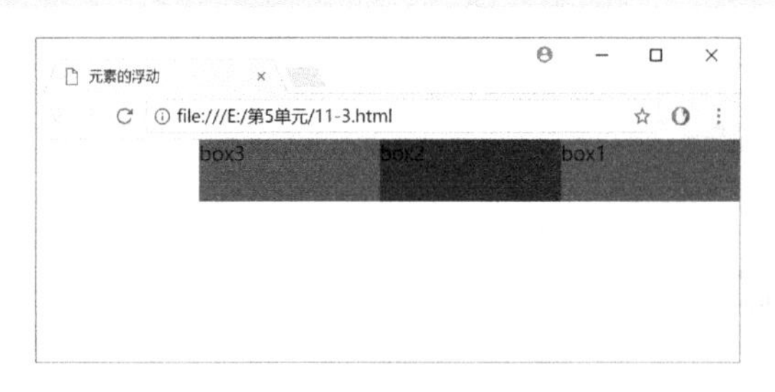

图 11-9　同时设置右浮动效果

提示：代码是由上往下执行的，因此 box1 的代码先被执行，它先右浮动到网页的右侧；而 box3 的代码最后被执行，显示在网页的左侧。

如果将#box1、#box2、#box3 的样式代码按照如下修改，则 box1 设置为左浮动效果如图 11-10 所示。

```
    #box1 {
        background-color: red;
        float: left;
    }
    #box2 {
        background-color: blue;
        width: 250px;
        height: 150px;
    }
    #box3 {
        background-color: green;
    }
```

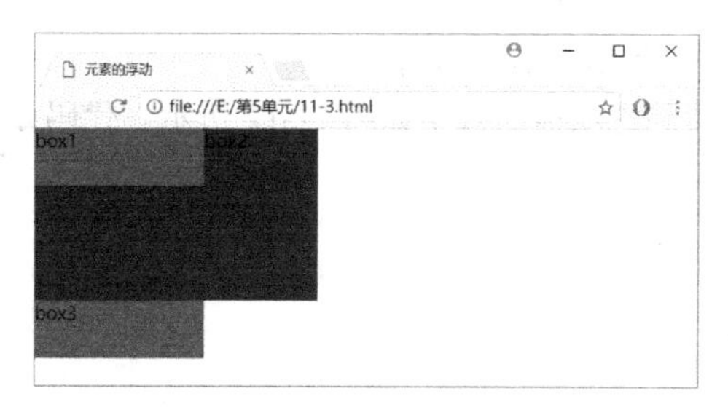

图 11-10　box1 设置为左浮动效果

提示：box1 设置为左浮动，但由于 box1 已在网页的左上角，所以它的位置并未发生改变。box2 重新调整了大小，但未设置浮动属性，由于非浮动元素会忽略它前面的浮动元素，并取代其前面的浮动元素的位置，故 box2 置于 box1 的下方显示。box3 未设置浮动属性，故紧挨着 box2，并在 box2 下方显示。

如果将#box1、#box2、#box3 的样式代码按照如下修改，则 box2、box3 设置为左浮动效果如图 11-11 所示。

```
#box1 {
    background-color: red;
}
#box2 {
    background-color: blue;
    float: left;
}
#box3 {
    background-color: green;
    float: left;
}
```

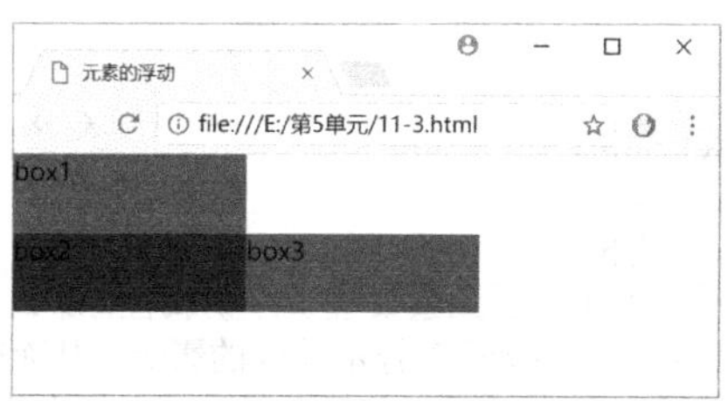

图 11-11　box2、box3 设置为左浮动效果

提示：box1 未设置浮动属性，所以它的位置不变。box2 设置为左浮动，而它的上一行（box1）为非浮动元素，因此 box2 并不能移至上一行。box3 设置为左浮动，而它的上一行（box2）为浮动元素，因此 box3 可以移至上一行，与 box2 同行显示。

11.1.4　清除浮动

如果网页元素设置了浮动属性，那么该元素就会脱离文档流，不再占据原来的位置，与其相邻的其他固定元素也会受其浮动属性的影响，从而产生位置上的变化。为了避免浮动元素对其他元素产生的影响，就需要清除浮动。清除浮动使用 CSS 样式中的 clear 属性，其语法格式为：

```
选择器{clear:属性;}
```

属性有三个值，分别如下。

- left：清除左浮动的影响。
- right：清除右浮动的影响。

- both：同时清除左、右两侧浮动的影响。

【例 11-4】清除浮动，清除浮动前的效果如图 11-12 所示。代码如下：

```
1   <!doctype html>
2   <html>
3   <head>
4       <meta charset="utf-8">
5       <title>清除浮动</title>
6       <style type="text/css">
7           .father {
8               background-color: #c0c0c0;
9               border: 1px dashed #666;
10          }
11          .box1,.box2,.box3 {
12              line-height: 40px;
13              background-color: #9F6;
14              margin: 15px;
15              height: 40px;
16              padding: 0px 10px;
17              border: 1px solid #999;
18              float: left;
19          }
20          p {
21              background-color: #CCF;
22              border: 1px dashed #C0F;
23              margin: 15px;
24              padding-top: 0px 10px;
25          }
26      </style>
27  </head>
28  <body>
29      <div class="father">
30          <div class="box1">box1</div>
31          <div class="box2">box2</div>
32          <div class="box3">box3</div>
33          <p>为什么要清除浮动？如果网页元素设置了浮动属性，那么该元素就会脱离文档流，不再占据
34  原来的位置，与其相邻的其他固定元素也会受其浮动属性的影响，从而产生位置上的变化。为了避免浮动
35  元素对其他元素产生的影响，就需要清除浮动。如何清除浮动？可以设置 clear 属性，即 clear:left 清除左
36  浮动的影响，clear:right 清除右浮动的影响，clear:both 同时清除左、右两侧浮动的影响。</p>
37      </div>
38  </body>
39  </html>
```

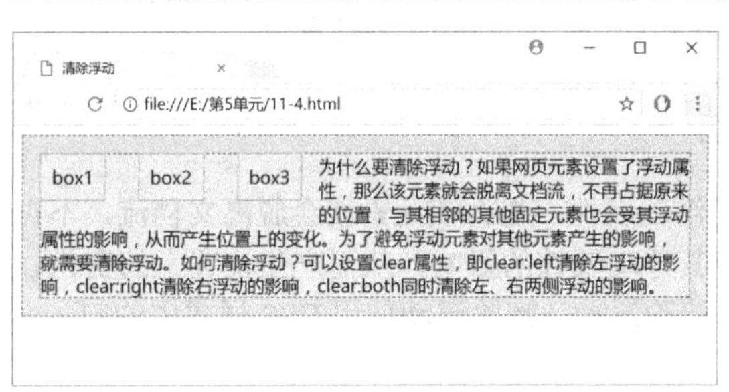

图 11-12　清除浮动前的效果

在本例中，第 18 行代码“float: left;”将 box1、box2、box3 设置为左浮动，p 元素为固定元

素，受相邻浮动元素的影响，其位置发生了变化，如图 11-12 所示。为了避免这种影响，按照如下代码更改 p 元素的样式：

```
p {
    background-color: #CCF;
    border: 1px dashed #C0F;
    margin: 15px;
    padding-top: 0px 10px;
    clear: left;        /*清除左浮动*/
}
```

清除浮动后的效果如图 11-13 所示。从图中可以看出，p 元素不再受相邻元素左浮动的影响，而是按照元素自身的默认排列方式，排列在 box1、box2、box3 的下方，且独占一行。

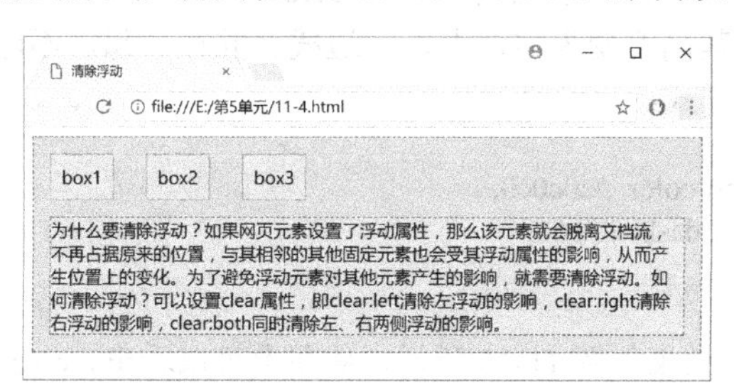

图 11-13 清除浮动后的效果

注意：在设置清除浮动时，clear 属性只能清除相邻浮动元素产生的影响，而遇到特殊浮动的影响，需要采用其他方法进行处理。

【例 11-5】清除特殊浮动，清除特殊浮动前的效果如图 11-14 所示。代码如下：

```
1   <!doctype html>
2   <html>
3   <head>
4       <meta charset="utf-8">
5       <title>清除特殊浮动</title>
6       <style type="text/css">
7           .father {
8               background-color: #c0c0c0;
9               border: 1px dashed #666;
10          }
11          .box1,.box2,.box3 {
12              line-height: 40px;
13              background-color: #9F6;
14              margin: 15px;
15              height: 40px;
16              padding: 0px 10px;
17              border: 1px solid #999;
18              float: left;
19          }
20      </style>
21  </head>
22  <body>
23      <div class="father">
24          <div class="box1">box1</div>
25          <div class="box2">box2</div>
26          <div class="box3">box3</div>
27      </div>
28  </body>
29  </html>
```

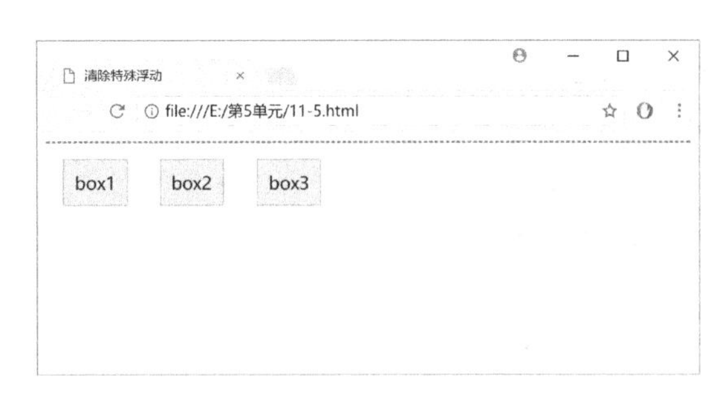

图 11-14 清除特殊浮动前的效果

从图 11-14 中可以看出，由于子元素 box1、box2、box3 设置为左浮动，而父元素（father）受到子元素浮动的影响，其高度变为零，上、下边线合并在一起，不能自适应子元素的高度。按照如下代码修改父元素的样式。

```
.father {
    background-color: #c0c0c0;
    border: 1px dashed #666;
    clear:left;
}
```

设置“clear:left”后的效果如图 11-15 所示，从图中可以看出，clear 属性并不能清除浮动子元素对父元素产生的影响，这就需要通过其他方法清除浮动。

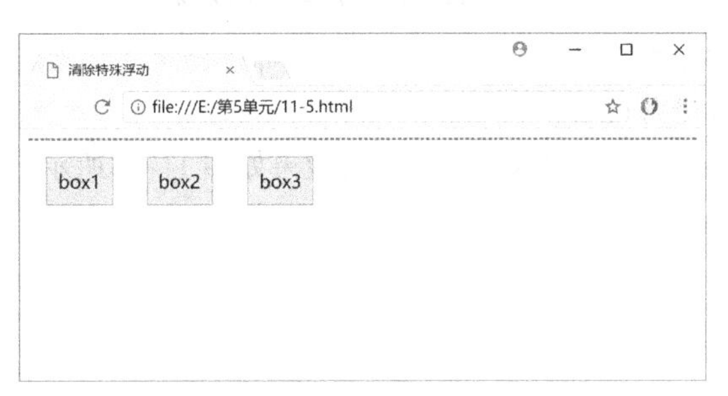

图 11-15 设置“clear:left”后的效果

1．使用空标记清除浮动

由于 clear 属性只能清除左、右位置的浮动影响，不能清除嵌套关系的浮动影响，我们可以添加一个空标记，这个空标记可以是任意块元素，如<div>、<p>等，利用该空标记与浮动元素构造左、右位置关系，通过设置空标记的浮动属性，从而消除浮动影响。

【例 11-6】使用空标记清除浮动，网页效果如图 11-16 所示。代码如下：

```
1   <!doctype html>
2   <html>
3   <head>
4       <meta charset="utf-8">
5       <title>使用空标记清除浮动</title>
6       <style type="text/css">
7           .father {
8               background-color: #c0c0c0;
9               border: 1px dashed #666;
10          }
11          .box1,.box2,.box3 {
12              line-height: 40px;
13              background-color: #9F6;
14              margin: 15px;
```

```
15              height: 40px;
16              padding: 0px 10px;
17              border: 1px solid #999;
18              float: left;
19          }
20          .box4 {
21              clear: left;
22          }
23      </style>
24  </head>
25  <body>
26      <div class="father">
27          <div class="box1">box1</div>
28          <div class="box2">box2</div>
29          <div class="box3">box3</div>
30          <div class="box4"></div>
31      </div>
32  </body>
33  </html>
```

从图 11-16 中可以看出，父元素不再受子元素浮动的影响，可以自适应子元素的高度。

在本例中，第 30 行代码构造了一个空标记 box4，该标记无实际内容，在网页中不显示。第 20～22 行代码将空标记 box4 的样式设置为“clear: left”，由于 box4 与 box1、box2、box3 为相邻关系，因此可以清除 box1、box2、box3 的左浮动影响。但是，使用空标记清除浮动的方法，增加了代码的结构复杂性。

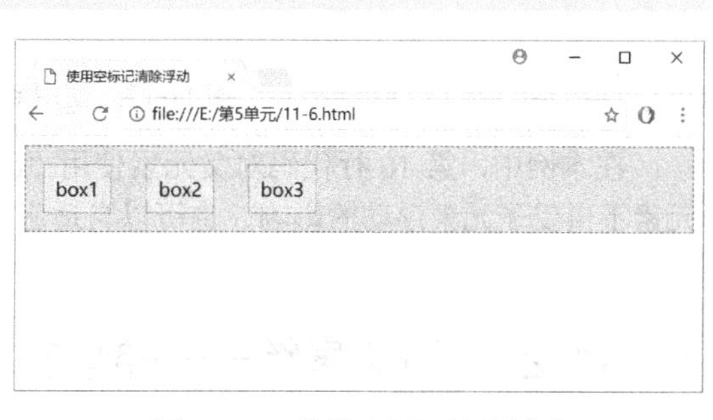

图 11-16　使用空标记清除浮动

2. 使用 overflow 属性清除浮动

对父元素使用“overflow:hidden”属性，可以清除嵌套关系的浮动影响。

【例 11-7】使用 overflow 属性清除浮动，网页效果如图 11-17 所示。代码如下：

```
1   <!doctype html>
2   <html>
3   <head>
4       <meta charset="utf-8">
5       <title>使用 overflow 属性清除浮动</title>
6       <style type="text/css">
7           .father {
8               background-color: #c0c0c0;
9               border: 1px dashed #666;
10              overflow: hidden;
11          }
12          .box1,.box2,.box3 {
13              line-height: 40px;
14              background-color: #9F6;
15              margin: 15px;
16              height: 40px;
17              padding: 0px 10px;
18              border: 1px solid #999;
19              float: left;
20          }
21      </style>
```

```
22 </head>
23 <body>
24     <div class="father">
25         <div class="box1">box1</div>
26         <div class="box2">box2</div>
27         <div class="box3">box3</div>
28     </div>
29 </body>
30 </html>
```

图 11-17 使用 overflow 属性清除浮动

在本例中，第 10 行代码对父元素使用“overflow:hidden”属性，从图 11-17 中可以看出，父元素不再受子元素浮动的影响，也可以自适应子元素的高度。

11.2 实战演练——制作“网站导航条”网页

微课视频

11.2 实战演练

11.2.1 网页效果图

设计并制作“网站导航条”网页，效果如图 11-18 所示。当鼠标指针移至菜单选项时，选项的背景颜色会发生变化，效果如图 11-19 所示。

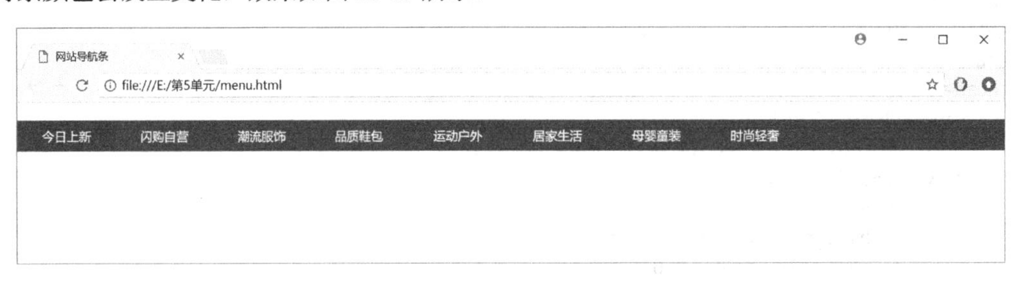

图 11-18 “网站导航条”网页

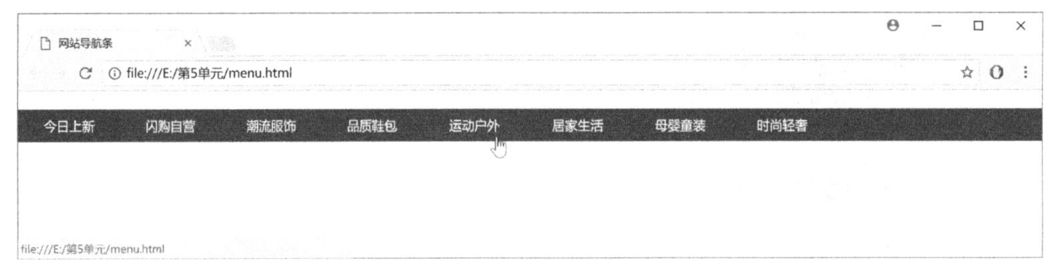

图 11-19 鼠标指针移至菜单选项时的效果

11.2.2　制作过程

（1）在站点下新建 HTML 网页，保存为“menu.html”，将网页的标题栏内容改为“网站导航条”，编辑网页内容，代码如下：

```
1  <!doctype html>
2  <html>
3  <head>
4      <meta charset="utf-8">
5      <title>网站导航条</title>
6  </head>
7  <body>
8      <div id="menu">
9          <a href="" class="index">今日上新</a>
10         <a href="">闪购自营</a>
11         <a href="">潮流服饰</a>
12         <a href="">品质鞋包</a>
13         <a href="">运动户外</a>
14         <a href="">居家生活</a>
15         <a href="">母婴童装</a>
16         <a href="">时尚轻奢</a>
17     </div>
18 </body>
19 </html>
```

（2）设置网页元素的样式，代码如下：

```
1  <style type="text/css">
2          * {
3              margin: 0px;
4              padding: 0px;
5          }
6          #menu {
7              width: 100%;
8              height: 35px;
9              margin: 20px auto;
10             background: #cb111b;
11         }
12         #menu a {
13             font-size: 14px;
14             font-family: "microsoft yahei";
15             color: #FFF;
16             width: 113px;
17             height: 35px;
18             display: block;
19             float: left;
20             font-weight: 400;
21             text-align: center;
22             line-height: 35px;
23             text-decoration: none;
24         }
25         #menu a:hover {
26             background: #F00;
27         }
28         #menu a.index {
29             background: #b31610;
30         }
31     </style>
```

11.2.3 代码分析

下面分析网页的样式代码。

第2～5行代码，全局reset，设置网页中所有元素的默认margin值为“0px”，padding值为“0px”。

第6～11行代码，设置导航条所在的div盒子宽度（width）为“100%”，高度（height）为“35px”；外边距（margin）的上、下为“20px”，左、右为“auto”，这样可以使盒子在页面的水平方向居中对齐；导航条的默认背景颜色（background）为“#cb111b”。

第12～24行代码，设置导航条中a元素的属性。由于a元素是行内元素，不能设置其宽度和高度，因此使用“display:block;”将a元素转换成块元素，这样便能显示并设置宽度和高度。转换成块元素后，所有超链接内容独占一行，因此再使用“float:left;”设置所有超链接左浮动，最终得到既能一行排列又能设置宽度和高度的效果。同时，设置每个文本的行高值（line-height）与元素的高度值（height）相同，这样可以使文本在竖直方向居中显示。

第25～27行代码，设置鼠标指针移至超链接时，更改链接选项的背景颜色。

第28～30行代码，设置默认选中项“今日上新”的背景颜色。

提示：在本例中，如果将第18～19行代码“display:block;float:left;”替换成“display:inline-block;”，依然可以得到相同的网页效果。“inline-block”是行内块元素，它综合了行内元素和块元素的特性，既可以对其设置宽度、高度以及对齐属性，又不会独占一行。

11.3 强化训练——制作“浪漫花语百科网”网页

微课视频

11.3 强化训练

11.3.1 网页效果图

设计并制作“浪漫花语百科网”网页，效果如图11-20所示。

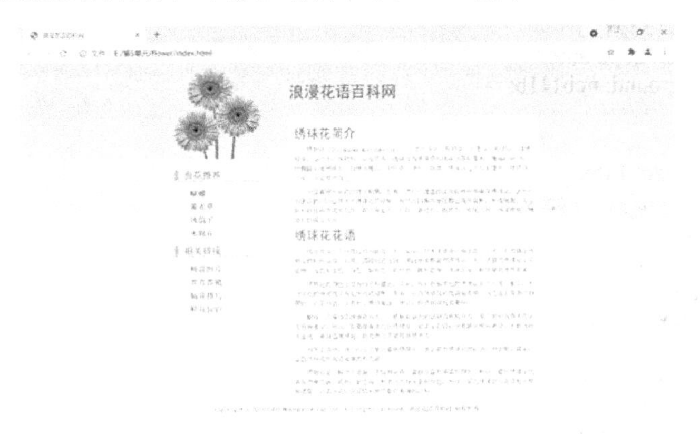

图11-20 “浪漫花语百科网”网页

11.3.2 制作过程

（1）分析“浪漫花语百科网”的网页布局，如图11-21所示。在站点下新建HTML网页，保存为“index.html”，将网页的标题栏内容改为“浪漫花语百科网”，编辑网页内容，代码如下：

```
1    <!doctype html>
2    <html>
```

```
3   <head>
4       <meta charset="utf-8">
5       <title>浪漫花语百科网</title>
6       <link href="style/css.css" rel="stylesheet" type="text/css" />
7   </head>
8   <body>
9       <div id="article">
10          <div id="aside">
11              <div id="asidecontent">
12                  <h3>百花推荐</h3>
13                  <ul>
14                      <li>
15                          <a href="#">蝴蝶兰</a>
16                      </li>
17                      <li>
18                          <a href="#">薰衣草</a>
19                      </li>
20                      <li>
21                          <a href="#">风信子</a>
22                      </li>
23                      <li>
24                          <a href="#">木棉花</a>
25                      </li>
26                  </ul>
27                  <h3>相关链接</h3>
28                  <ul>
29                      <li>
30                          <a href="#">鲜花图片</a>
31                      </li>
32                      <li>
33                          <a href="#">花卉养殖</a>
34                      </li>
35                      <li>
36                          <a href="#">插花技巧</a>
37                      </li>
38                      <li>
39                          <a href="#">鲜花知识</a>
40                      </li>
41                  </ul>
42              </div>
43          </div>
44          <div id="main">
45              <div id="header">
46                  <h1>浪漫花语百科网</h1>
47              </div>
48              <div id="maincontent">
49                  <h2>绣球花简介</h2>
50                  <p>绣球花（Hydrangea Macrophylla），又名八仙花、紫阳花、七变花、粉团花、洋绣
51  球等，原产于中国四川一带及日本。绣球花为虎耳草科绣球属落叶灌木，株高0.5—1米，叶椭圆形或倒卵
52  形，边缘具钝齿，伞房花序顶生，球状。绣球花几乎为无性花，所谓的“花”只是萼片而已。
53                  </p>
54                  <p>中国栽培八仙花的时间较早，在明、清时代建造的江南园林中都栽有绣球花。20
55  世纪初建设的公园也离不开绣球花的培植。现代公园和风景区都已成片栽种，形成景观。人工培育的绣
56  球花花大色艳，花色有蓝色、白色、紫红色、粉红色、桃红色等。绣球花是一种常见的观赏花木。</p>
57                  <h2>绣球花花语</h2>
58                  <p>绣球花原产于中国四川一带及日本。如今，日本主要盛产绣球花。其实，中国栽培
```

```
59 绣球花的时间较早，在明、清时代建造的江南园林中都栽有绣球花。人工培育的绣球花花大色艳，花色
60 有蓝色、白色、紫红色、粉红色、桃红色等。绣球花是一种常见的观赏花木。</p>
61                     <p>绣球花的颜色主要为白色和蓝色，此外，粉红色和紫色的绣球花也非常多。那么，
62 不同颜色的绣球花又有怎样的花语呢？首先，白色绣球花的花语是希望。白色是非常圣洁的颜色，它是
63 纯洁、天真和光明的象征，所以白色绣球花代表希望。</p>
64                     <p>据说，喜爱白色绣球花的人，一般具有强大的忍耐力和包容力，他们能够为别
65 人带去光明和希望。所以，如果你喜欢白色绣球花，就表示你的心中充满光明和希望，不妨为他人
66 也送一束白色绣球花，将光明与希望传给更多人。</p>
67                     <p>日常生活中,我们经常会见到蓝色绣球花,那么蓝色绣球花的花语是什么呢？其实，
68 蓝色绣球花的花语是浪漫和美满。</p>
69                     <p>绣球花是一种非常浪漫、多情的花卉，蓝色是富有感情的颜色，所以，蓝色绣球花
70 代表浪漫和美满。此外，紫色是一种表达美好寓意的颜色，所以，紫色绣球花的花语是永恒和团聚，它
71 表示我们的爱情和亲情都有美满的结局。</p>
72                 </div>
73             </div>
74             <div id="footer">Copyright © 2018-2020 Huayubaike.Com Inc. All rights reserved. 浪漫花语百科
75 网 版权所有</div>
76         </div>
77 </body>
78 </html>
```

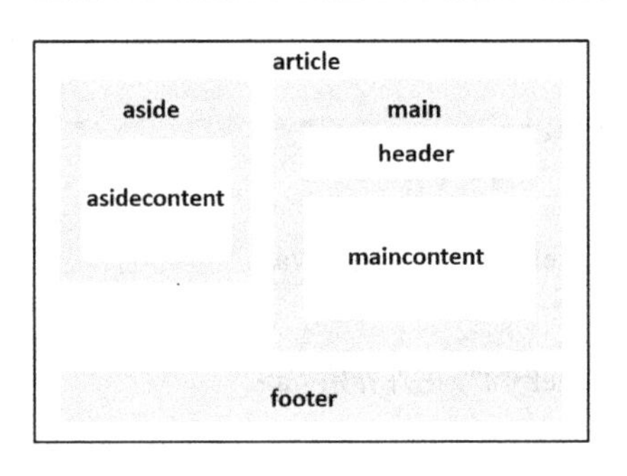

图 11-21 “浪漫花语百科网”的网页布局

（2）在站点下新建“style”文件夹，新建 css 样式文件，命名为“css.css”，保存在“style”文件夹中。设置网页元素的样式，代码如下：

```
1  @charset "utf-8";
2  /* CSS Document */
3  *{
4          margin:0px;
5          padding:0px;
6          border:0px;
7  }
8  body{
9          margin-top:10px;
10         font-family: "宋体";
11         font-size: 12px;
12         background-image: url(../images/bg.gif);
13         background-repeat: repeat-x;
14         background-color: #FFF;
15 }
16 #article {
17         width: 750px;
18         margin: 0px auto;
19         }
```

```
20 #aside {
21         background-image: url(../images/flower.png);
22         background-repeat: no-repeat;
23         background-position: top;
24         width: 254px;
25         padding-top: 173px;
26         float: left;
27 }
28 #asidecontent {
29         background-color: #FFF;
30         background-image: url(../images/sidebg.gif);
31         background-repeat: no-repeat;
32         background-position: top;
33         padding: 10px 40px;
34         }
35 #asidecontent h3 {
36         font-family: "黑体";
37         font-size: 18px;
38         line-height: 20px;
39         font-weight: normal;
40         color: #666;
41         margin-top: 10px;
42         margin-bottom: 10px;
43         padding-left:10px;
44         border-bottom:2px #6cf solid;
45         border-left:8px #6cf solid;
46 }
47 #asidecontent ul {
48         margin-left: 30px;
49         list-style-type: none;
50 }
51 #asidecontent ul li {
52         font-size:15px;
53         line-height: 1.7em;
54         font-weight: bold;
55         display: block;
56 }
57 #asidecontent ul li a {
58         color: #1b5790;
59         text-decoration: none;
60 }
61 #asidecontent ul li a:hover {
62         color: #e85d64;
63 }
64 #main {
65         width: 488px;
66         float: right;
67 }
68 #header {
69         text-align:left;
70         height: 92px;
71 }
72 #header h1 {
73         font-family: "黑体";
74         font-size: 30px;
75         line-height: 30px;
76         font-weight: normal;
```

```
77          color: #1B5790;
78          padding: 30px 0px 0px;
79  }
80  #maincontent {
81          background-image: url(../images/mainbg.gif);
82          background-position: top;
83          background-repeat: no-repeat;
84          background-color: #FFF;
85          text-align: left;
86          padding: 20px 10px 10px 10px;
87  }
88  #maincontent h2 {
89          font-family: "黑体";
90          font-size: 24px;
91          line-height: 24px;
92          font-weight: normal;
93          color: #F00;
94          margin-bottom: 10px;
95  }
96  #maincontent p {
97          line-height: 1.5em;
98          text-indent: 2em;
99          margin-bottom: 8px;
100 }
101 #footer {
102         clear: both;
103         text-align: center;
104         font-size: 11px;
105         margin: 20px 10px;
106 }
```

11.3.3 代码分析

下面分析网页的样式代码。

第 3～7 行代码，全局 reset，设置网页中所有元素的外边距、内边距、边框都为“0px”。

第 8～15 行代码，设置 body 元素中的全局属性。其中，“background-repeat: repeat-x;”表示网页背景图片为水平重复显示。

第 16～19 行代码，设置盒子 article 的宽度并使其水平居中。

第 20～27 行代码，设置盒子 aside 的属性。其中，“background-repeat:no-repeat;”表示其背景图片不重复，“background-position: top;”表示背景图片在顶部显示，“float:left;”表示左浮动。

第 28～34 行代码，设置盒子 asidecontent 的属性。

第 35～46 行代码，设置盒子 asidecontent 中标题 h3 的文本属性。其中，设置左边框为“8px”，下边框为“2px”。

第 47～50 行代码，设置盒子 asidecontent 中无序列表 ul 的属性。

第 51～56 行代码，设置盒子 asidecontent 中无序列表项 li 的属性。

第 57～60 行代码，设置盒子 asidecontent 中无序列表项内超链接的属性。

第 61～63 行代码，设置盒子 asidecontent 中无序列表项内超链接的 hover 属性。

第 64～67 行代码，设置盒子 main 的宽度和右浮动属性。

第 68～71 行代码，设置盒子 header 的文本对齐方式和高度。

第 72～79 行代码，设置盒子 header 中标题 h1 的文本属性。

第 80～87 行代码，设置盒子 maincontent 的属性。

第 88～95 行代码，设置盒子 maincontent 中标题 h2 的文本属性。

第 96～100 行代码，设置盒子 maincontent 中段落 p 的属性。其中，“text-indent:2em;” 表示每段开头空两格，“margin-bottom: 8px;” 表示段落与段落之间的距离为 8 像素。

第 101～106 行代码，设置盒子 footer 的属性。其中，“clear:both;” 表示清除相邻元素的左右浮动，使盒子 footer 不受其他浮动元素的影响，依旧按照原有文档流的位置进行排列。

11.4　课后实训

微课视频

11.4　课后实训

设计并制作学院网站，效果如图 11-22 所示，当鼠标指针移至网站导航条时，效果如图 11-23 所示。网页布局可参考图 11-24。

图 11-22　学院网站

图 11-23　鼠标指针移至网站导航条时的效果

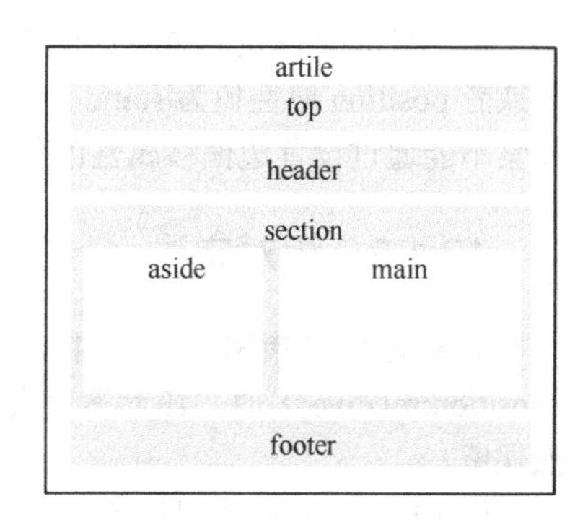

图 11-24　学院网站网页布局

任务 12　元素的定位

12.1　知识准备

12.1　知识准备

12.1.1　元素的定位模式与边偏移

在网页布局中，尽管利用浮动属性可以设计许多网页结构，但却无法精确定位元素的位置。在 CSS 中，我们可以通过元素的定位属性定义一个元素的准确位置。元素的位置由定位模式和边偏移两个属性确定。

1. 定位模式

网页元素的定位方式有四种：静态定位（static）、相对定位（relative）、绝对定位（absolute）和固定定位（fixed）。定位模式通过 position 属性定义，默认值为 static，其语法规则为：

选择器{position:属性;}

属性有四个值，分别如下。

- static：静态定位，默认值，无法通过偏移属性改变元素的位置。
- relative：相对定位，相对于其在原文档流的位置进行定位。
- absolute：绝对定位，相对于其上一个已经定位的父元素进行定位。
- fixed：固定定位，相对于浏览器窗口进行定位。

2. 边偏移

定位模式仅指明了网页元素的定位方式，并不能确定网页元素的准确位置。通过边偏移属性（left、right、top、bottom）可以精确定义元素的位置，具体含义如下。

- left：左侧偏移量，定义元素相对于其父元素左边线的距离。
- right：右侧偏移量，定义元素相对于其父元素右边线的距离。
- top：顶部偏移量，定义元素相对于其父元素上边线的距离。
- bottom：底部偏移量，定义元素相对于其父元素下边线的距离。

12.1.2　静态定位

静态定位是网页元素默认的定位方式，元素按照标准流进行布局。所有没有设置 position 属性或者 position 属性值为 static 的元素，都是以静态定位的方式进行布局的。在静态定位状态下，元素不能通过设置边偏移属性的值改变元素的位置。

12.1.3　相对定位

相对定位是指网页元素相对于自己在原文档流的位置进行定位，当元素设置为相对定位（position:relative;）时，该元素就会相对于自身的默认位置进行偏移，但是它在文档流中的位置仍然保留。

【例 12-1】元素的相对定位，元素相对定位前的效果如图 12-1 所示。代码如下：

```
1    <!doctype html>
```

```
2	<html>
3	<head>
4		<meta charset="utf-8">
5		<title>元素的相对定位</title>
6		<style type="text/css">
7			body {
8				margin: 0px;
9				padding: 0px;
10				font-size: 18px;
11				font-weight: bold;
12			}
13			.father {
14				margin: 10px auto;
15				width: 300px;
16				height: 300px;
17				padding: 10px;
18				background-color: #c0c0c0;
19				border: 1px dashed #666;
20			}
21			.box1,.box2,.box3 {
22				width: 100px;
23				height: 50px;
24				line-height: 50px;
25				text-align: center;
26				background-color: #9F6;
27				margin: 15px 0px;
28				border: 1px solid #999;
29			}
30		</style>
31	</head>
32	<body>
33		<div class="father">
34			<div class="box1">box1</div>
35			<div class="box2">box2</div>
36			<div class="box3">box3</div>
37		</div>
38	</body>
39	</html>
```

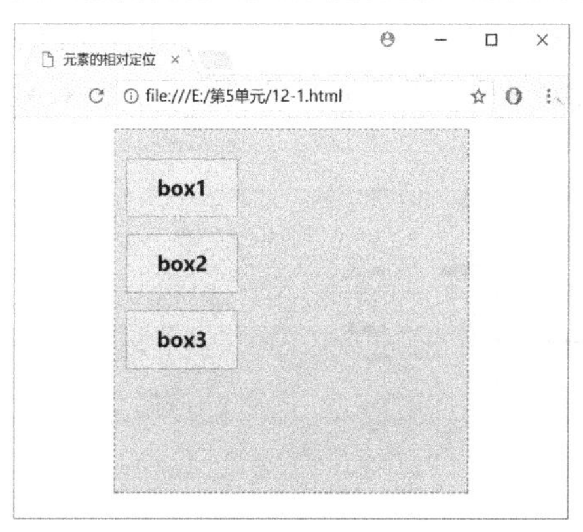

图 12-1　元素相对定位前的效果

在本例中，元素 box1、box2、box3 均默认为静态定位，其排列效果如图 12-1 所示。现设置

box2 为相对定位，添加如下样式代码：

```
.box2 {
    position: relative;        /*相对定位*/
    left: 150px;               /*距离原位置左边线 150px*/
    top: 100px;                /*距离原位置顶部边线 100px*/
}
```

元素相对定位后的效果如图 12-2 所示。从图中可以看出，box2 设置为相对定位后，是相对于自身的原位置进行偏移的，而它在文档流中的位置仍然保留。

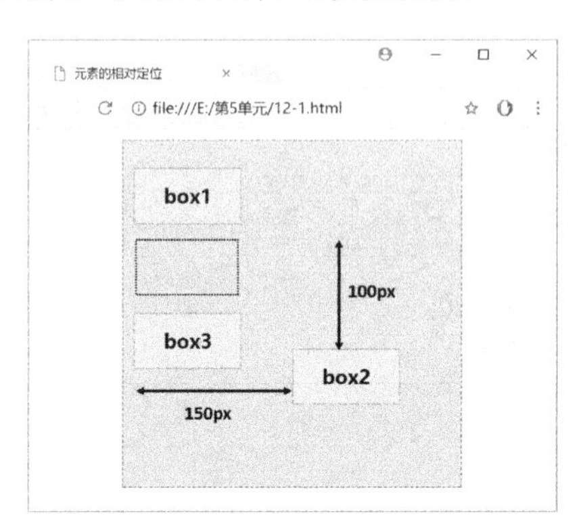

图 12-2 元素相对定位后的效果

12.1.4 绝对定位

绝对定位是指元素相对于自己距离最近的、已经定位（可以为相对定位、绝对定位或固定定位）的父元素进行定位，若所有父元素都没有定位，则依据根元素 body（浏览器窗口）进行定位。当元素设置为绝对定位（position: absolute;）时，该元素就会相对于其父元素或 body 根元素进行偏移，脱离文档流，它在文档流中的位置将被其他元素占据。

在例 12-1 中，设置 box2 为绝对定位，按照如下所示修改样式代码：

```
.box2 {
    position: absolute;        /*绝对定位*/
    left: 150px;               /*距离父元素左边线 150px*/
    top: 100px;                /*距离父元素顶部边线 100px*/
}
```

元素绝对定位后的效果如图 12-3 所示。从图中可以看出，box2 设置为绝对定位后，由于其父元素没有设置定位，因此 box2 相对于根元素 body 的位置发生了偏移，且原来的位置也被 box3 占据。

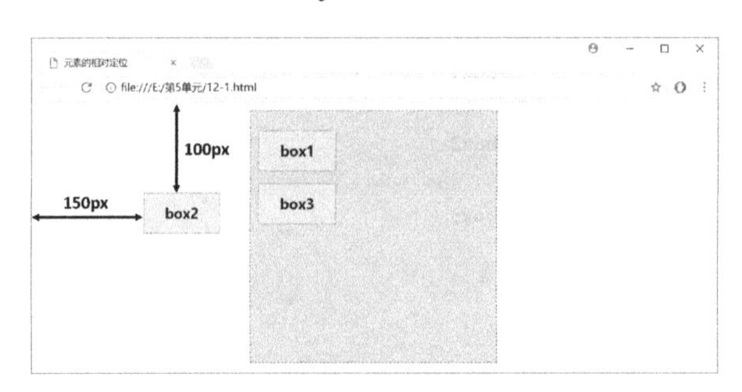

图 12-3 元素绝对定位后的效果

当更改浏览器窗口大小时，使用这种定位方式确定的 box2 位置，相对于其他网页元素的位置都会发生改变，这给浏览者带来不良的用户体验。因此，在实际工作中，开发者会将子元素设置为相对于已定位的父元素进行偏移。这样，无论浏览器窗口如何改变，子元素都能跟随父元素同时改变。那么，子元素需要绝对定位，而父元素又不需要定位，怎么办呢？

我们可以将父元素设置为相对定位，但是不设置边偏移。这样，既满足了父元素定位的条件，又不改变父元素的位置，而子元素就能设置为绝对定位，相对于父元素进行偏移。这就是常用的“子绝父相”原则。

【例 12-2】元素的绝对定位，网页效果如图 12-4 所示。代码如下：

```
1   <!doctype html>
2   <html>
3   <head>
4       <meta charset="utf-8">
5       <title>元素的绝对定位</title>
6       <style type="text/css">
7           body {
8               margin: 0px;
9               padding: 0px;
10              font-size: 18px;
11              font-weight: bold;
12          }
13          .father {
14              margin: 10px auto;
15              width: 300px;
16              height: 300px;
17              padding: 10px;
18              background-color: #c0c0c0;
19              border: 1px dashed #666;
20              position: relative;
21          }
22          .box1,.box2,.box3 {
23              width: 100px;
24              height: 50px;
25              line-height: 50px;
26              text-align: center;
27              background-color: #9F6;
28              margin: 15px 0px;
29              border: 1px solid #999;
30          }
31          .box2 {
32              position: absolute;
33              /*绝对定位*/
34              left: 150px;
35              /*距离父元素左边线 150px*/
36              top: 100px;
37              /*距离父元素顶部边线 100px*/
38          }
39      </style>
40  </head>
41  <body>
42      <div class="father">
43          <div class="box1">box1</div>
44          <div class="box2">box2</div>
45          <div class="box3">box3</div>
46      </div>
47  </body>
48  </html>
```

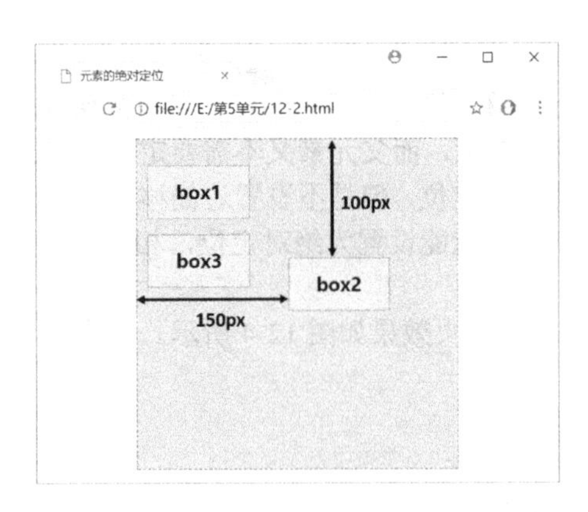

图 12-4 按照“子绝父相”原则对元素进行绝对定位

在本例中，设置父元素为相对定位，子元素 box2 为绝对定位，则 box2 相对于父元素的位置发生了偏移，原来的位置也被 box3 占据，且无论浏览器窗口大小如何改变，父元素和子元素的位置都同时改变。

提示：

①如果元素设置为相对定位，不设置边偏移，则元素的位置不会发生改变。

②在定义边偏移时，如果同时定义 left 和 right 属性，则以 left 的值为准；如果同时定义 top 和 bottom 属性，则以 top 的值为准。

12.1.5 固定定位

固定定位是相对于浏览器窗口进行定位的，它是绝对定位的一种特殊形式。当元素设置为固定定位（position:fixed）时，就会脱离原来的文档流进行定位，原有的位置将被其他元素占据。而且，无论浏览器窗口大小如何改变，浏览器滚动条如何拖动，固定定位的元素都将显示在浏览器的固定位置。

12.1.6 z-index 层叠等级属性

当网页中的元素设置定位后，可能会出现元素叠加的情况，如图 12-5 所示。为了定义叠加元素的堆叠顺序，CSS 使用 z-index 层叠等级属性进行定义，取值范围包括正整数、0、负整数，默认值为 0。取值越大，定位元素的位置就越靠上。

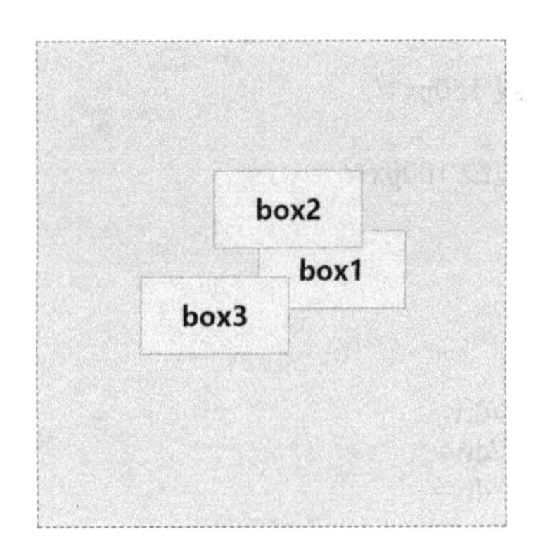

图 12-5 元素叠加现象

12.2　实战演练——制作“旅游景点推荐网”banner

12.2.1　网页效果图

12.2　实战演练

设计并制作“旅游景点推荐网”banner，效果如图 12-6 所示。当鼠标指针移至每个导航选项时，超链接的样式将会发生变化，效果如图 12-7 所示。

图 12-6　“旅游景点推荐网”banner

图 12-7　鼠标指针移至每个导航选项时超链接的样式

12.2.2　制作过程

（1）分析“旅游景点推荐网”banner 的网页布局，如图 12-8 所示。在站点下新建 HTML 网页，保存为“index.html”，将网页的标题栏内容改为“旅游景点推荐网”，编辑网页内容，代码如下：

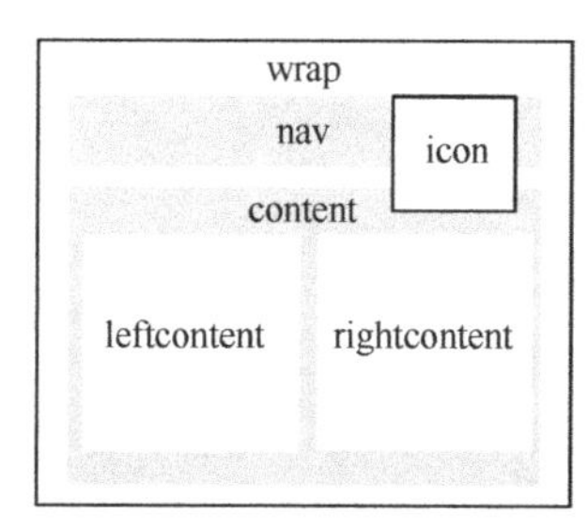

图 12-8　“旅游景点推荐网”banner 网页布局

```
1   <!doctype html>
2   <html>
3   <head>
```

```
4        <meta charset="utf-8">
5        <title>旅游景点推荐网</title>
6        <link href="style/div.css" rel="stylesheet" type="text/css">
7    </head>
8    <body>
9        <div class="wrap">
10           <div class="nav">
11               <ul>
12                   <li><a href="#">景点介绍</a></li>
13                   <li><a href="#">自然环境</a></li>
14                   <li><a href="#">旅游指南</a></li>
15                   <li><a href="#">住宿酒店</a></li>
16                   <li><a href="#">联系我们</a></li>
17               </ul>
18               <div class="icon">
19                   <img src="images/icon.png">
20               </div>
21           </div>
22           <div class="content">
23               <div class="leftcontent">
24               </div>
25               <div class="rightcontent">
26                   <h3>马尔代夫景点</h3>
27                   <p>马尔代夫位于南亚，是世界上最大的珊瑚岛国。由1200余个小珊瑚岛屿组成，从
28   空中鸟瞰就像一串珍珠撒在印度洋上，是亚洲最小的国家。</p>
29                   <p>马尔代夫位于赤道附近，具有明显的热带雨林气候特征，大部分地区属热带季风气
30   候，南部为热带雨林气候，终年炎热、潮湿、多雨，无四季之分。</p>
31                   <p>马尔代夫拥有丰富的海洋资源，有各种热带鱼、海龟、珊瑚、贝壳之类的海
32   产品。</p>
33               </div>
34           </div>
35       </div>
36   </body>
37   </html>
```

（2）在站点下新建“style”文件夹，新建 css 样式文件，命名为“div.css”，保存在“style”文件夹中。设置网页元素的样式，代码如下：

```
1    @charset "utf-8";
2    /* CSS Document */
3    *{
4        margin: 0px;
5        padding: 0px;
6        border: 0px;}
7    .wrap{
8        width:1190px;
9        height:300px;
10       margin:0px auto;}
11   .nav{
12       height:60px;
13       width:100%;
14       position:relative;}
15   .nav ul li{
16       list-style-type:none;
17       display:inline-block;
18       width:120px;
19       line-height:60px;
20       text-align:center;}
```

```
21 .nav ul li a{
22 	color:#999;
23 	text-decoration:none;
24 	font-size:18px;}
25 .nav ul li a:hover{
26 	color:#F90;
27 	text-decoration:underline;}
28 .nav .icon{
29 	position:absolute;
30 	top:-5px;
31 	right:28%;}
32 .leftcontent{
33 	width:890px;
34 	height:300px;
35 	background:url(images/medf.jpg);
36 	float:left;}
37 .rightcontent{
38 	width:276px;
39 	height:298px;
40 	float:left;
41 	margin-left:20px;
42 	border:1px solid #CCC;}
43 .rightcontent h3{
44 	height: 44px;
45 	line-height: 36px;
46 	font-size: 18px;
47 	color: #fff;
48 	margin-top: 10px;
49 	margin-left: -6px;
50 	padding-left: 19px;
51 	background:url(images/titleBg-fH.png) left top no-repeat;
52 	font-weight:normal;}
53 .rightcontent p{
54 	font-size: 14px;
55 	color: #666;
56 	line-height: 18px;
57 	padding: 8px;
58 	text-align: justify;}
```

12.2.3 代码分析

下面分析网页的样式代码。

第 2～6 行代码，全局 reset，设置网页中所有元素的外边距、内边距、边框都为“0px”。

第 7～10 行代码，设置盒子 wrap 的宽度和高度，并设置水平方向居中对齐。

第 11～14 行代码，设置导航栏的高度和宽度，定位模式（position）为相对定位（relative）。

第 15～20 行代码，设置导航栏中每个无序列表项的样式。由于 li 元素为行内元素，无法设置宽度和高度，因此，通过“display:inline-block;”将其转换为行内块元素，再设置宽度属性和对齐属性。

第 21～24 行代码，设置导航栏中的超链接样式。

第 25～27 行代码，设置鼠标指针移至导航栏时超链接的样式。

第 28～31 行代码，设置盒子 icon 为绝对定位，它相对于父元素（nav）的顶部偏移量为“-5px”，右侧偏移量为“28%”。

第 32～36 行代码，设置盒子 leftcontent 的宽度、高度和背景图像，并定义为左浮动。

第 37～42 行代码，设置盒子 rightcontent 的宽度、高度、左外边距、边框属性，并定义为左浮动。

第 43～52 行代码，设置盒子 rightcontent 中 h3 标题的属性。其中，左外边距（margin-left）设置为“-6px”，表示让背景图片向左边框左侧移出 6 像素。左内边距（padding-left）设置为“19px”，表示 h3 标题内的文本距离左侧边框线为 19 像素。“font-weight:normal;”表示文本的加粗样式为正常，即不加粗。

第 53～58 行代码，设置盒子 rightcontent 中段落文本 p 的属性，其中“text-align: justify;”表示段落文本两端对齐。

12.3 强化训练——制作“个人博客首页”网页

微课视频

12.3 强化训练

12.3.1 网页效果图

设计并制作“个人博客首页”，效果如图 12-9 所示。

图 12-9 “个人博客首页”网页

12.3.2 制作过程

（1）分析“个人博客首页”网页布局，如图 12-10 所示。在站点下新建 HTML 网页，保存为“index.html”，将网页的标题栏内容改为“个人博客首页”，编辑网页内容，代码如下：

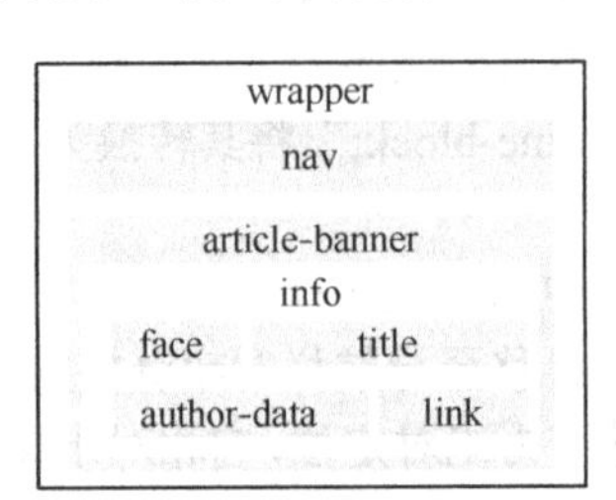

图 12-10 “个人博客首页”网页布局

```
1   <!doctype html>
2   <html>
3   <head>
4       <meta charset="utf-8">
5       <title>个人博客首页</title>
6       <link href="style/div.css" rel="stylesheet" type="text/css">
7   </head>
8   <body>
9       <div class="wrapper">
10          <div class="nav">
11              <ul>
12                  <li><a href="#"><img src="images/blog.png"></a></li>
13                  <li><a href="#" class="index">博客首页</a></li>
14                  <li><a href="#">博文目录</a></li>
15                  <li><a href="#">精选图片</a></li>
16                  <li><a href="#">好友互动</a></li>
17                  <li><a href="#">关于我</a></li>
18              </ul>
19          </div>
20          <div class="article-banner">
21              <div class="info">
22                  <p class="face"><a href="#"><img src="images/touxiang.jpg"></a></p>
23                  <h2 class="title">诗与远方过于遥远，不如在有风景的城市，做一次旅行者。</h2>
24                  <div class="author-data">
25                      <span><a href="#">小傻公主</a></span> |
26                      <span>2018-12-5 15:30</span> |
27                      <span>浏览 2250</span>
28                  </div>
29                  <div class="link">
30                      <span><a href="#">收藏</a></span> |
31                      <span><a href="#">分享</a></span>
32                  </div>
33              </div>
34          </div>
35      </div>
36  </body>
37  </html>
```

（2）在站点下新建“style”文件夹，新建 css 样式文件，命名为“div.css”，保存在“style”文件夹中。设置网页元素的样式，代码如下：

```
1   @charset "utf-8";
2   /* CSS Document */
3   *{
4       margin:0px;
5       padding:0px;}
6   .wrapper{
7       height:580px;
8       background:url(../images/bg.jpg) repeat-x #fff;
9       padding-top:56px;
10      margin-top:70px;}
11  .nav{
12      position:fixed;
13      top:10px;
14      left:34px;
15      height:70px;
```

```
16         width:100%;
17         z-index:1000;}
18  .nav ul li{
19         list-style-type:none;
20         display:inline-block;
21         width:120px;
22         line-height:70px;
23         text-align:center;}
24  .nav ul li a{
25         color:#999;
26         text-decoration:none;
27         font-size:18px;}
28  .nav ul li a:hover{
29         color:#F90;
30         text-decoration:underline;}
31  .nav ul li a.index{
32         color:#F90;}
33  .wrapper .article-banner{
34         position:relative;
35         width:1190px;
36         height:390px;
37         background:url(../images/pic.jpg) no-repeat;
38         border:1px solid #CCC;
39         padding-top:25px;
40         padding-bottom:40px;
41         margin:0 auto;}
42  .wrapper .article-banner .info{
43         position:absolute;
44         width:1100px;
45         left:0px;
46         bottom:60px;
47         height:50px;
48         padding:30px 0 0 60px;
49         color:#fff;}
50  .wrapper .article-banner .info .face{
51         float:left;
52         width:80px;
53         height:80px;
54         border-radius:50%;
55         overflow:hidden;}
56  .wrapper .article-banner .info .face img{
57         width:80px;
58         height:80px;}
59  .wrapper .article-banner .info .title{
60         margin-left:100px;
61         margin-top:4px;}
62  .wrapper .article-banner .info .author-data{
63         position: absolute;
64         left:140px;
65         bottom:-32px;
66         font-size:12px;
67         color: #999;
68         float:left;}
69  .wrapper .article-banner .info span{
70         display:inline-block;
```

```
71        margin-left:10px;
72        margin-right:10px;}
73  .wrapper .article-banner .info .author-data a{
74        color:#09F;
75        text-decoration:none;}
76  .wrapper .article-banner .info .author-data a:hover{
77        color:#09F;
78        text-decoration:underline;}
79  .wrapper .article-banner .info .link{
80        position: absolute;
81        float:right;
82        right: -1px;
83        bottom:-32px;
84        font-size:12px;
85        color: #999;}
86  .wrapper .article-banner .info .link a{
87        color:#999;
88        text-decoration:none;}
89  .wrapper .article-banner .info .link a:hover{
90        color:#F90;
91        text-decoration:underline;}
```

12.3.3　代码分析

下面分析网页的样式代码。

第 3～5 行代码，全局 reset，设置网页中所有元素的外边距、内边距都为“0px”。

第 6～10 行代码，设置盒子 wrapper 的高度、背景图像、上内边距和上外边距。其中，“background”为复合属性，既设置了背景图像，又设置了背景颜色。

第 11～17 行代码，设置盒子 nav 的属性。其中，定位模式（position）设置为固定定位（fixed），表示 nav 中的内容都固定在浏览器的某个位置，该位置距离浏览器窗口的顶部偏移量为“10px”，左侧偏移量为“34px”，无论浏览器滚动条如何移动，该位置都不会改变，此外，层叠等级属性“z-index”为“1000”，位于网页的最上方。

第 18～23 行代码，设置导航栏 nav 中每个无序列表项的样式。由于 li 元素为行内元素，无法设置宽度和高度，因此通过“display:inline-block;”将其转换为行内块元素，再设置宽度属性和对齐属性。

第 24～27 行代码，设置导航栏中的超链接的样式。

第 28～30 行代码，设置鼠标指针移至导航栏时超链接的样式。

第 31～32 行代码，设置导航栏中“博客首页”超链接的样式。

第 33～41 行代码，设置盒子 article-banner 的属性。其中，定位模式（position）设置为相对定位（relative）。

第 42～49 行代码，设置盒子 info 的属性。其中，设置定位模式（position）为绝对定位（absolute），其相对于父元素（article-banner）的左侧偏移量为“0px”，底部偏移量为“60px”。

第 50～55 行代码用于设置头像 face 的属性。将其设置为左浮动，圆角边框属性值为“50%”（正圆），溢出（overflow）属性值为隐藏（hidden）。

第 56～58 行代码，设置头像 face 中的图片大小。

第 59～61 行代码，设置标题 title 的左外边距和上外边距，这样，标题 title 的位置刚好在头像 face 的右侧。

第 62～68 行代码，设置作者信息 author-data 的属性。其中，设置定位模式（position）为绝对定位（absolute），其相对于父元素（info）的左侧偏移量为“140px”，底部偏移量为“-32px”，且为左浮动。

第 69～72 行代码，设置 info 中所有 span 元素为行内块元素，且左、右外边距都为“10px”。

第 73～75 行代码，设置作者信息 author-data 中超链接的样式。

第 76～78 行代码，设置作者信息 author-data 中，鼠标指针移至超链接时的超链接样式。

第 79～85 行代码，设置链接 link 的属性。其中，设置定位模式(position)为绝对定位(absolute)，其相对于父元素（info）的右侧偏移量为“-1px”，底部偏移量为“-32px”，且为右浮动。

第 86～88 行代码，设置链接 link 中超链接的样式。

第 89～91 行代码，设置链接 link 中，鼠标指针移至超链接时的超链接样式。

微课视频

12.4 课后实训

12.4 课后实训

设计“新闻列表”网页，如图 12-11 所示。

图 12-11 “新闻列表”网页

任务 13 阴影与渐变属性

13.1 知识准备

微课视频

13.1 知识准备

13.1.1 box-shadow 属性

在 CSS3 中，使用 box-shadow 属性可以为盒子模型添加阴影效果，其语法规则为：

```
box-shadow:像素值 1 像素值 2 像素值 3 像素值 4 颜色值 阴影类型;
```

box-shadow 属性的参数含义见表 13-1。

表 13-1　box-shadow 属性的参数含义

参数值	说明
像素值 1	必须。阴影的水平偏移量。正值阴影在右，负值阴影在左
像素值 2	必须。阴影的垂直偏移量。正值阴影在下，负值阴影在上
像素值 3	可选。阴影的模糊半径。只能为正值。值越大，阴影越模糊
像素值 4	可选。阴影的扩展半径。正值阴影扩大，负值阴影缩小
颜色值	可选。阴影的颜色
阴影类型	可选。外阴影 (outset) 或内阴影 (inset)

【例 13-1】box-shadow 属性，网页效果如图 13-1 所示。代码如下：

```
1   <!doctype html>
2   <html>
3   <head>
4       <meta charset="utf-8">
5       <title>box-shadow 属性</title>
6       <style type="text/css">
7           div {
8               width: 200px;
9               height: 200px;
10              margin: 10px auto;
11              border: 1px solid #000;
12          }
13          #box {
14              box-shadow: 5px 5px 10px 2px #999;
15              /*水平阴影位置，垂直阴影位置，阴影模糊半径，阴影扩展半径，阴影的颜色;*/
16          }
17      </style>
18  </head>
19  <body>
20      <div id="box"></div>
21  </body>
22  </html>
```

box-shadow 属性可以定义多重阴影效果，将上述第 14 行代码按照如下所示修改，效果如图 13-2 所示。

```
box-shadow:5px 5px 10px 2px #999,5px 5px 10px 2px #999 inset;
```

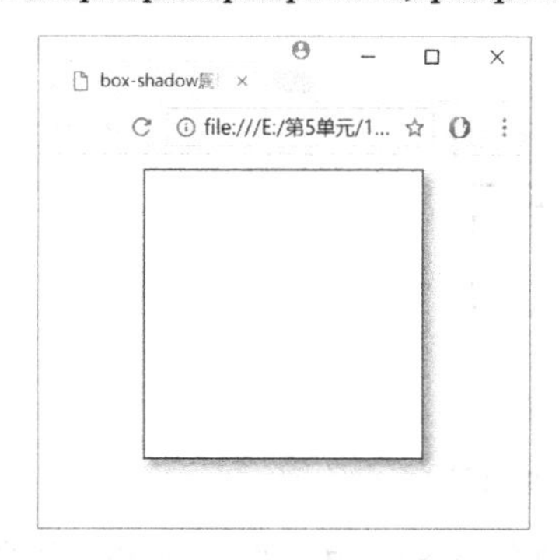

图 13-1　box-shadow 属性

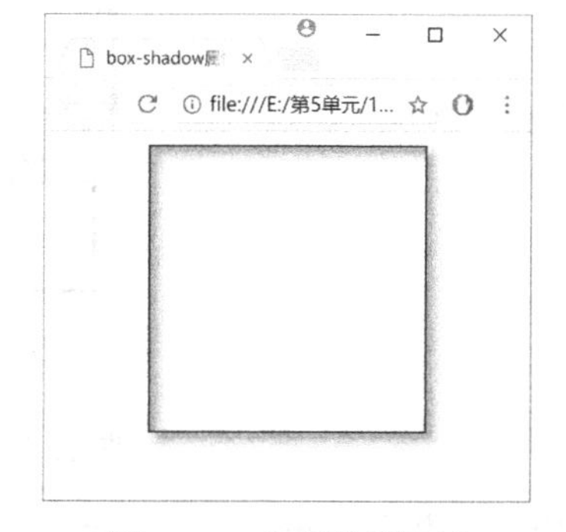

图 13-2　多重阴影效果

13.1.2　box-sizing 属性

在 W3C 标准中，定义盒模型的宽度（width）或高度（height），仅表示盒子模型中内容的宽度或高度。而在实际应用中，当一个盒子的总宽度或总高度确定后，若想设置盒子的边框或者内边距，就需要修改盒子的宽度或高度，才能保持盒子的总宽度或总高度不变。

box-sizing 属性用于定义盒子的宽度（width）或高度（height）是否包含元素的边框和内边距，它有两个属性值，含义如下。

- content-box：定义盒子的宽度（width）或高度（height）时，不包含元素的边框和内边距。
- border-box：定义盒子的宽度（width）或高度（height）时，包含元素的边框和内边距。

【例 13-2】box-sizing 属性，网页效果如图 13-3 所示。代码如下：

```
1  <!doctype html>
2  <html>
3  <head>
4      <meta charset="utf-8">
5      <title>box-sizing 属性</title>
6      <style type="text/css">
7          div {
8              width: 230px;
9              height: 80px;
10             margin: 10px auto;
11             border: 4px solid #000;
12             padding: 10px;
13         }
14         #box1 {
15             box-sizing: content-box;
16         }
17         #box2 {
18             box-sizing: border-box;
19         }
20     </style>
21 </head>
22 <body>
23     <div id="box1">box1:content-box</div>
24     <div id="box2">box2:border-box</div>
25 </body>
26 </html>
```

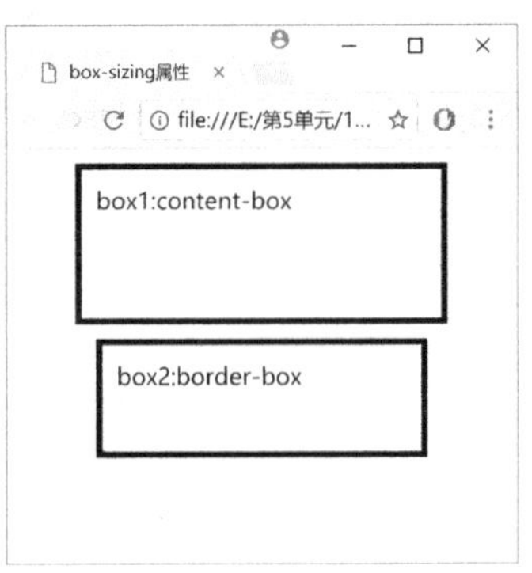

图 13-3 box-sizing 属性

在本例中，设置了“box-sizing: content-box;”属性的 box1，其宽度（width）和高度（height）没有包含边框（border）和内边距（padding），设置了“box-sizing: border-box;”属性的 box2，其宽度（width）和高度（height）包含了边框（border）和内边距（padding），所以 box1 的宽度和高度都比 box2 大。

13.1.3　线性渐变

过去，若想实现网页元素的背景渐变效果，则需要设置背景图片。而 CSS3 中新增了背景颜色的渐变属性，渐变属性包含线性渐变和径向渐变。

在线性渐变中，起始颜色会沿着一条直线按顺序过渡到结束颜色，其语法规则为：

```
background-image:linear-gradient(渐变角度, 颜色值 1 起始位置, 颜色值 2 起始位置,…, 颜色值 n 起始位置);
```

- 渐变角度：表示渐变的角度，角度的取值范围是 0～360deg。渐变角度通过关键词确定渐变的方向，默认值为 to top（从下到上，相当于 0deg），也可取值 to left（从右到左，相当于 270deg）、 to right（从左到右，相当于 90deg）、to bottom（从上到下，相当于 180deg）等。
- 起始位置：用于设置颜色边界，颜色值为边界的颜色，起始位置为该边界的位置，起始位置的值为像素值或百分比，若百分比小于 0 或大于 100%，则表示该边界位于可视区域外。两个颜色值的起始位置之间的区域为颜色过渡区。

【例 13-3】线性渐变，网页效果如图 13-4 所示。代码如下：

```
1  <!doctype html>
2  <html>
3  <head>
4      <meta charset="utf-8">
5      <title>线性渐变</title>
6      <style type="text/css">
7          div {
8              width: 200px;
9              height: 200px;
10             margin: 10px auto;
11             border: 1px solid #000;
12             background-image: linear-gradient(to right, #F00, #0F0);
13         }
14     </style>
15 </head>
16 <body>
17     <div></div>
18 </body>
19 </html>
```

在本例中，没有设置颜色的起始位置，则默认颜色值 1 的起始位置为 0，颜色值 2 的起始位置为 100%。如果按照如下所示修改第 12 行代码，则线性渐变效果如图 13-5 所示。

```
background-image:linear-gradient(90deg,#F00,#0F0 50%,#00F 80%);
```

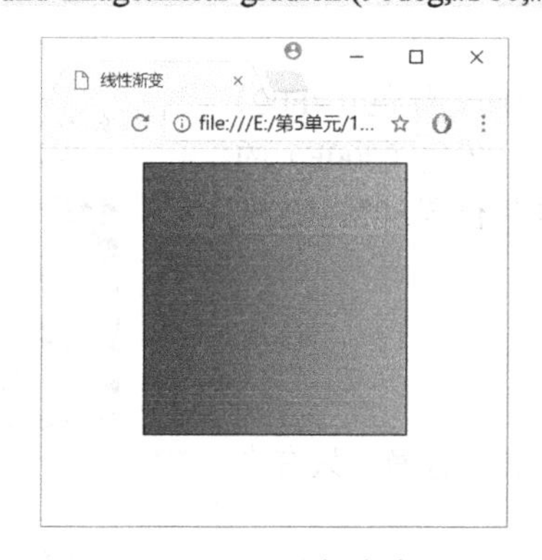

图 13-4　线性渐变

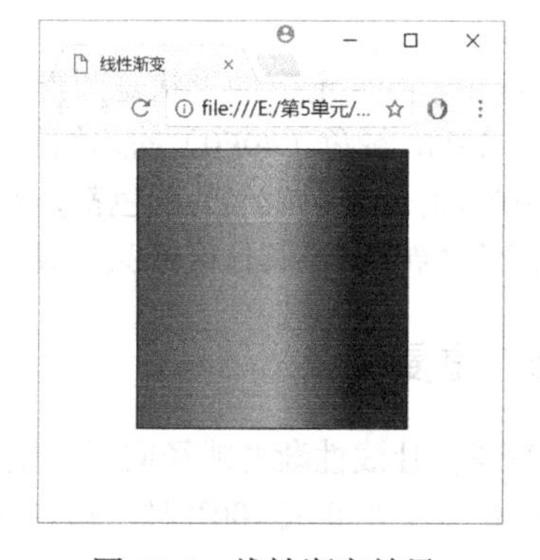

图 13-5　线性渐变效果

在图 13-5 中，渐变角度是 90deg，即从左到右。红色（#F00）的起始位置是 0，绿色（#0F0）的起始位置是 50%，蓝色（#00F）的起始位置是 80%，而位置 80%~100%的颜色都是蓝色（#00F），其他区间为过渡颜色。

13.1.4 径向渐变

在径向渐变中，起始颜色会从一个中心点开始，按照椭圆形或圆形进行扩张渐变。其语法规则为：

background-image:radial-gradient (渐变形状 圆心位置,颜色值 1 起始位置,颜色值 2 起始位置,…,颜色值 *n* 起始位置);

- 渐变形状：定义径向渐变的形状，取值可以是定义水平和垂直半径的像素值或百分比，例如，“20px 30px”表示一个水平半径为 20px，垂直半径为 30px 的椭圆形；取值也可以是相应的关键词，如 circle（圆形）和 ellipse（椭圆形）。
- 圆心位置：定义元素渐变的中心位置，“at center”用于设置中间为径向渐变的圆心位置；“at left/right”用于设置左边/右边为径向渐变的圆心横坐标值；“at top/bottom”用于设置顶部/底部为径向渐变的圆心纵坐标值；“at 像素值/百分比”用于定义径向渐变的圆心水平和垂直坐标。
- 起始位置：用于设置颜色边界，颜色值为边界的颜色，起始位置为该边界的位置，起始位置的值为像素值或百分比，若百分比小于 0 或大于 100%，则表示该边界位于可视区域外。两个颜色值的起始位置之间的区域为颜色过渡区。

【例 13-4】径向渐变，网页效果如图 13-6 所示。代码如下：

```
1   <!doctype html>
2   <html>
3   <head>
4       <meta charset="utf-8">
5       <title>径向渐变</title>
6       <style type="text/css">
7           div {
8               width: 200px;
9               height: 200px;
10              margin: 10px auto;
11              border: 1px solid #000;
12              background-image:radial-gradient(circle at center,#F00 20%,#0F0 60%,#00F 80%);
13          }
14      </style>
15  </head>
16  <body>
17      <div></div>
18  </body>
19  </html>
```

在图 13-6 中，径向渐变的形状是圆形，圆心在中间。红色（#F00）的起始位置是 20%，绿色（#0F0）的起始位置是 60%，蓝色（#00F）的起始位置是 80%，而位置 0~20%的颜色都是红色（#F00），位置 80%~100%的颜色都是蓝色（#00F），其他区间为过渡颜色。

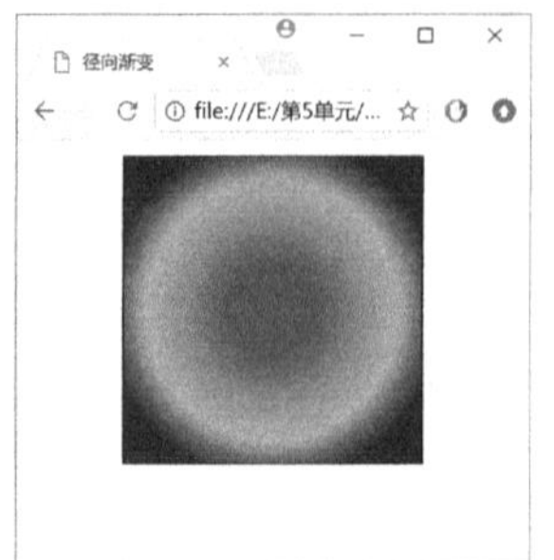

图 13-6 径向渐变

13.1.5 重复渐变

重复渐变是指让线性渐变或径向渐变重复执行。需要注意，只有当首尾两颜色的位置不在 0 或 100%时，重复渐变才生效。

1. 重复线性渐变

重复线性渐变的语法格式如下：

background-image:repeating-linear-gradient(渐变角度,颜色值 1 起始位置,颜色值 2 起始位置,…,颜色值 *n* 起始位置);

【例 13-5】重复线性渐变，网页效果如图 13-7 所示。代码如下：

```
1   <!doctype html>
2   <html>
3   <head>
4       <meta charset="utf-8">
5       <title>重复线性渐变</title>
6       <style type="text/css">
7           div {
8               width: 200px;
9               height: 200px;
10              margin: 10px auto;
11              border: 1px solid #000;
12              background-image:repeating-linear-gradient(90deg,#F00,#0F0 20%,#00F 35%);
13          }
14      </style>
15  </head>
16  <body>
17      <div></div>
18  </body>
19  </html>
```

如图 13-7 所示，重复线性渐变的次数：100÷35≈2.86 次。

2. 重复径向渐变

重复径向渐变的语法格式如下：

background-image:repeating- radial-gradient (渐变形状 圆心位置,颜色值 1 起始位置,颜色值 2 起始位置,…,颜色值 *n* 起始位置);

【例 13-6】重复径向渐变，网页效果如图 13-8 所示。代码如下：

```
1   <!doctype html>
2   <html>
3   <head>
4       <meta charset="utf-8">
5       <title>重复径向渐变</title>
6       <style type="text/css">
7           div {
8               width: 200px;
9               height: 200px;
10              margin: 10px auto;
11              border: 1px solid #000;
12              background-image:repeating-radial-gradient(circle at 50% 50%,#F00,#0F0 15%,#00F 25%);
13          }
14      </style>
15  </head>
16  <body>
17      <div></div>
18  </body>
19  </html>
```

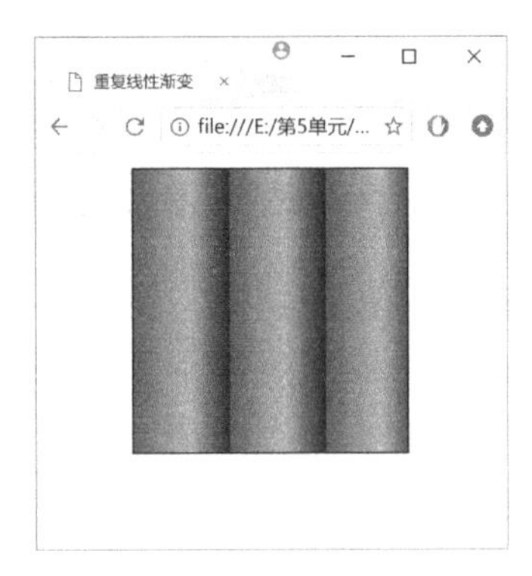

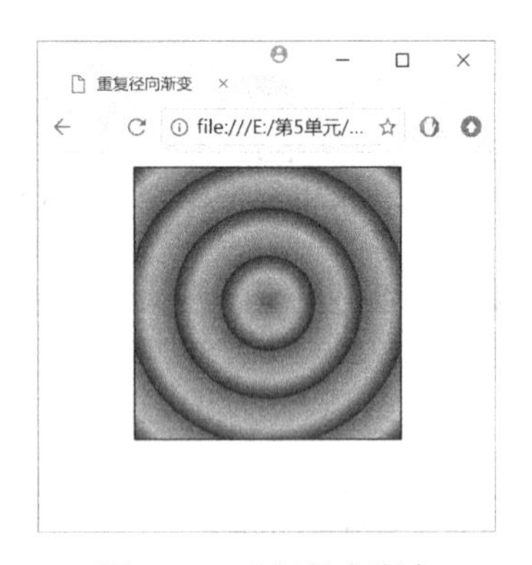

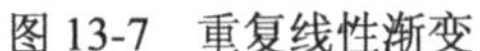

图 13-7 重复线性渐变　　　　图 13-8 重复径向渐变

如图 13-8 所示，重复径向渐变的次数：100÷25=4 次。

13.1.6 Web 字体图标

在网页设计过程中，图标会被经常用到。通常情况下，制作图标都需要使用图片。然而，大量使用图片会使网页变得非常庞大，加大服务器的负担，影响网页的浏览和下载速度。而且，由于图片的格式一般是位图，在高分辨率的屏幕上会失真，显得模糊。因此，在实际的网页设计工作中，我们通常使用 Web 字体图标替代图片图标，因为字体是矢量的，它可以避免在高分辨率屏幕显示时出现失真情况，而且字体图标小，下载速度快。

Font Awesome 就是一个免费的开源图标工具，使用方法如下。

第一步：下载 Font Awesome 软件并解压，目录如图 13-9 所示。在文件夹目录中，我们只用到 css 和 fonts 两个文件夹。css 文件夹包含使用 Web 字体图标时所需的样式文件，fonts 文件夹用于存放所有字体文件。

第二步：将字体文件夹 fonts 和 css 样式文件“font-awesome.min.css”复制并粘贴到站点目录下，如图 13-10 所示。需要注意，“font-awesome.min.css”文件必须放在 css 文件夹中。

图 13-9 文件夹目录

图 13-10 复制并粘贴文件

第三步：使用 Web 字体图标。在网页中通过链接引入“font-awesome.min.css”文件，使用<i>标签定义字体图标，并通过 class 属性定义不同的字体，如“<i class=' fa fa-apple'></i>”。每个图标都有相应的 class，可以在 Font Awesome 的官方网站查看。

【例 13-7】Web 字体图标，网页效果如图 13-11 所示。代码如下：

```
1    <!doctype html>
```

```
2   <html>
3   <head>
4       <meta charset="utf-8">
5       <title>web 字体图标</title>
6       <link href="css/font-awesome.min.css" rel="stylesheet" type="text/css">
7       <style type="text/css">
8           .fa-apple {
9               font-size: 3em;
10              color: #F00;
11          }
12      </style>
13  </head>
14  <body>
15      <i class="fa fa-apple"></i>
16  </body>
17  </html>
```

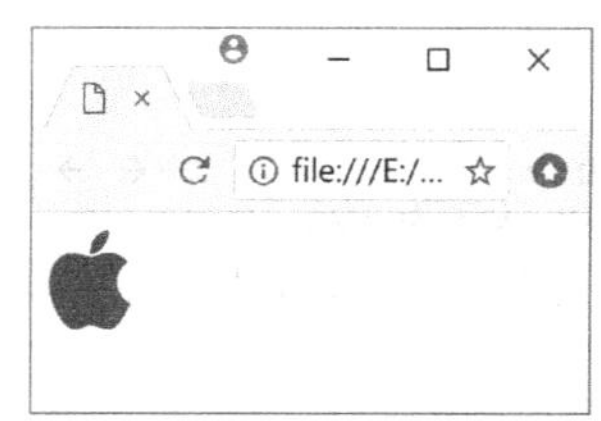

图 13-11　Web 字体图标

13.2　实战演练——制作“网站广告栏”网页

微课视频

13.2　实战演练

13.2.1　网页效果图

设计并制作“网站广告栏”网页，效果如图 13-12 所示。

图 13-12　“网站广告栏”网页

13.2.2　制作过程

（1）分析“网站广告栏”的网页布局，如图 13-13 所示。在站点下新建 HTML 网页，保存为“index.html”，将网页的标题栏内容改为“网站广告栏的制作”，编辑网页内容，代码如下：

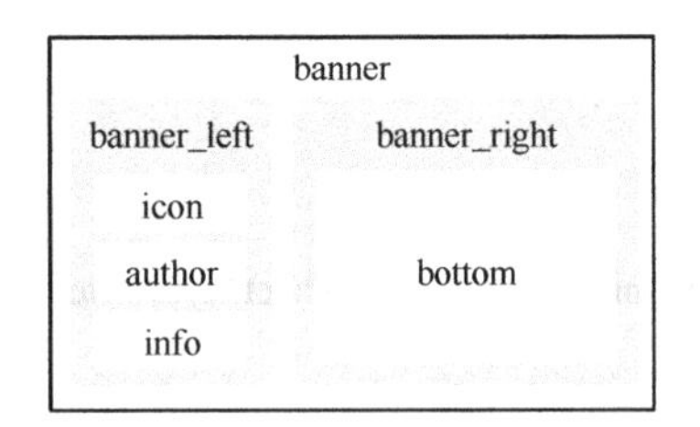

图 13-13 “网站广告栏”的网页布局

```
1   <!doctype html>
2   <html>
3   <head>
4       <meta charset="utf-8">
5       <title>网站广告栏的制作</title>
6       <link href="style/div.css" rel="stylesheet" type="text/css">
7   </head>
8   <body>
9       <div class="banner">
10          <div class="banner_left">
11              <div class="icon"></div>
12              <p class="author">温州  木木夕</p>
13              <p class="info">“千年的瓯越文化，温州人你读懂了吗？”</p>
14          </div>
15          <div class="banner_right">
16              <div class="bottom">
17                  <p>瓯越文明沿着历史的涓涓细流浸润着温州城，滋养着一代代瓯越儿女</p>
18              </div>
19          </div>
20      </div>
21  </body>
22  </html>
```

（2）在站点下新建“style”文件夹，新建 css 样式文件，命名为“div.css”，保存在“style”文件夹中。设置网页元素的样式，代码如下：

```
1   @charset "utf-8";
2   /* CSS Document */
3   *{
4       padding:0px;
5       margin:0px;
6       border:0px;}
7   .banner{
8       width:1190px;
9       height:300px;
10      margin:50px auto;}
11  .banner .banner_left{
12      width:248px;
13      height:100%;
14      background-image:repeating-linear-gradient(120deg,#751e0b 1%,#8c3524 2%);
15      padding:30px;
16      float:left;
17      position:relative;}
18  .banner .banner_left .icon{
19      width:125px;
20      height:125px;
21      border:4px solid #FFF;
22      border-radius:50%;
```

```
23        background-image:url(../images/head.jpg);
24        overflow:hidden;
25        margin:0 auto;
26        box-shadow:#000 0px 1px 3px 1px;}
27  .banner .banner_left .author{
28        color:#FBFBFB;
29        font-family:"微软雅黑";
30        font-size:18px;
31        line-height:3em;
32        text-align:center;
33        text-shadow:#333 1px 2px 3px;}
34  .banner .banner_left .info{
35        color: #FBFBFB;
36        font-family: "微软雅黑";
37        font-size: 18px;
38        line-height: 1.5em;
39        text-align: center;
40        font-style: italic;
41        text-shadow:#333 1px 2px 3px;}
42  .banner .banner_left:after{
43        content:'';
44        position:absolute;
45        top:20%;
46        right:-20px;
47        border-top:20px solid transparent;
48        border-bottom:20px solid transparent;
49        border-left:20px solid #751e0b;
50        z-index:1000;}
51  .banner .banner_right{
52        height:100%;
53        width:822px;
54        padding:30px;
55        background-image:url(../images/fengjing.jpg);
56        float:left;
57        position:relative;}
58  .banner .banner_right .bottom{
59        position:absolute;
60        left:0px;
61        bottom:0px;
62        width:100%;
63        height:50px;
64        color:#fff;
65        background-image:-webkit-linear-gradient(top,rgba(0,0,0,0),rgba(0,0,0,0.6));}
66  .banner .banner_right .bottom p{
67        padding: 12px 0 0 30px;
68        font-size: 1.5em;
69        font-family:"方正姚体";
70        font-weight: bold;}
```

13.2.3 代码分析

下面分析网页的样式代码。

第3～6行代码，全局reset，设置网页中所有元素的默认margin值为“0px”，padding值为“0px”，border值为“0px”。

第7～10行代码，设置广告栏banner的宽度和高度，并设置水平方向居中对齐。

第11～17行代码，设置广告栏左侧部分的宽度和高度，背景为重复线性渐变（repeating-linear-gradient），内边距为“30px”，左浮动，定位模式（position）为相对定位（relative）。

第 18～26 行代码，设置广告栏左侧头像的样式。其中，“border-radius:50%;”表示显示样式为圆形，“overflow:hidden;”表示背景图片的溢出属性为隐藏，“box-shadow:#000 0px 1px 3px 1px;”表示阴影颜色为黑色（#000），水平阴影偏移量为“0px”，垂直阴影偏移量为“1px”，阴影模糊半径为“3px”，阴影扩展半径为“1px”。

第 27～33 行代码，设置广告栏左侧作者文本的样式。其中，文本阴影样式为“text-shadow:#333 1px 2px 3px;”，可以为文本添加阴影效果。“text-shadow”属性与“box-shadow”属性的使用方法相似，其基本语法格式为“box-shadow:阴影颜色 水平阴影偏移量 垂直阴影偏移量 阴影模糊半径 阴影扩展半径;”。

第 34～41 行代码，设置广告栏左侧信息文本的样式，同样也添加了文本阴影效果。

第 42～50 行代码，利用伪元素“after”在“banner_left”后面插入内容，构造三角形。插入的内容为空（content:''），定位方式相对于父元素（banner_left）为绝对定位，上偏移量为“20%”，右偏移量为“-20%”，上边框、下边框和左边框均为“20px”，上边框和下边框为透明（transparent），构成的三角形为左边框的颜色“#751e0b”。另外，层叠等级属性“z-index”为“1000”。

第 51～57 行代码，设置广告栏右侧的高度、宽度、内边距、背景图像、左浮动，定位模式（position）为相对定位（relative）。

第 58～65 行代码，设置广告栏右侧底部区域的样式。其中，定位模式（position）为绝对定位（absolute），左偏移量为“0px”，下偏移量为“0px”，背景为线性渐变。其中，“rgba(R,G,B,A)”中的第一个参数 R 表示红色，第二个参数 G 表示绿色，第三个参数 B 表示蓝色，第四个参数 A 表示透明度（Alpha），取值范围是 0（完全不透明）～1（完全透明）之间的数值。

第 66～70 行代码，设置广告栏右侧底部区域的段落文本样式。

13.3 强化训练——制作“旅游攻略网”网页

微课视频

13.3 强化训练

13.3.1 网页效果图

设计并制作“旅游攻略网”网页，效果如图 13-14 所示。当鼠标指针移至导航栏时，超链接的样式如图 13-15 所示。当鼠标指针移至内容块时出现阴影效果，如图 13-16 所示。

图 13-14 “旅游攻略网”网页

图 13-15　鼠标指针移至导航栏时的超链接样式

图 13-16　鼠标指针移至内容块时的效果

13.3.2　制作过程

（1）分析“旅游攻略网”的网页布局，如图 13-17 所示。在站点下新建 HTML 网页，保存为“index.html”。

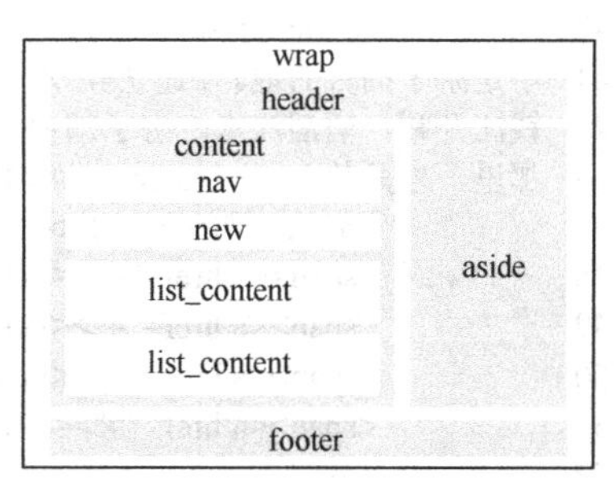

图 13-17　“旅游攻略网”的网页布局

（2）将 Web 字体图标素材文件夹“fonts”复制到站点的根目录下，并在站点的根目录下新建文件夹“style”，将 Web 字体图标所需的样式文件“font-awesome.min.css”复制到“style”文件夹中。

（3）将网页的标题栏内容改为“旅游攻略网”，编辑网页内容，代码如下：

```
1   <!doctype html>
2   <html>
3   <head>
4   <meta charset="utf-8">
5   <title>旅游攻略网</title>
6   <link href="style/div.css" rel="stylesheet" type="text/css">
7   <link href="style/font-awesome.min.css" rel="stylesheet" type="text/css">
8   </head>
9   <body>
10  <div class="wrap">
11    <div class="header">
12    <img src="images/logo.png" width="189" height="66"></div>
13    <div class="content">
14      <nav>
15        <ul>
16          <li class="index"><a href="#">全部</a></li>
17          <li><a href="#">北京</a></li>
18          <li><a href="#">上海</a></li>
19          <li><a href="#">成都</a></li>
20          <li><a href="#">杭州</a></li>
21          <li><a href="#">三亚</a></li>
22          <li><a href="#">青岛</a></li>
23          <li><a href="#">广州</a></li>
```

```
24              <li><a href="#">厦门</a></li>
25              <li><a href="#">西安</a></li>
26          </ul>
27        </nav>
28        <p class="new">
29        <span class="index"><a href="#">最新发表</a></span>
30        <span><a href="#">最新排行</a></span>
31        </p>
32        <!--第一模块 start-->
33        <div class="list_content">
34            <div class="content_left">
35                <img src="images/shuiitngjie.jpg"   width="370px" height="230px"/>
36            </div>
37            <div class="content_right">
38              <div class="info">
39                <div class="touxiang"><img src="images/xsgz.jpg" width="50" height="50"></div>
40                <h3><a href="#">衢州水亭街，一座城市的乡愁</a></h3>
41                <h5><a href="#">作者：小傻公主</a></h5>
42              </div>
43              <p class="summary">小船经过古老的京杭大运河，就可以从京城来到杭州，然而杭州再美，却
44 不是游子的目的地。山一程，水一程，游子没有留恋西湖的美景，在钱塘江上了另一艘船。
45 钱江开阔，滔滔江水，游子却要逆流而上，去那遥远的钱江源头。
46 那里，才是故乡……<a href="#">[详情]</a></p>
47              <p class="icon_link">
48              <span><a href="#"><i class="fa fa-heart"></i>收藏</a></span>
49              <span><a href="#"><i class="fa fa-share"></i>分享</a></span>
50              <span><a href="#"><i class="fa fa-thumbs-up"></i>点赞</a></span>
51              <span><a href="#"><i class="fa fa-comment"></i>评论</a></span>
52              </p>
53        </div>
54        </div>
55      <!--第一模块 end-->
56      <!--第二模块 start-->
57        <div class="list_content">
58            <div class="content_left">
59                <img src="images/jianglangshan.jpg"   width="370px" height="230px"/>
60            </div>
61            <div class="content_right">
62              <div class="info">
63                <div class="touxiang"><img src="images/mmx.jpg" width="50" height="50"></div>
64                <h3><a href="#">江郎山：江山如此多娇</a></h3>
65                <h5><a href="#">作者：木木夕</a></h5>
66              </div>
67              <p class="summary">江郎山是江山境内的一座奇山，似三根石柱直插云霄。让你不得不相信大
68 自然的鬼斧神工。诗人辛弃疾在游览了江郎山后留下这样的诗句：三峰一一青如削，卓立千寻不可干；
69 正直相扶无倚傍，撑持天地与人看。国家重点风景名胜区——江郎山位于江山城南25公里之江郎乡……<a
70 href="#">[详情]</a></p>
71              <p class="icon_link">
72              <span><a href="#"><i class="fa fa-heart"></i>收藏</a></span>
73              <span><a href="#"><i class="fa fa-share"></i>分享</a></span>
74              <span><a href="#"><i class="fa fa-thumbs-up"></i>点赞</a></span>
75              <span><a href="#"><i class="fa fa-comment"></i>评论</a></span>
76              </p>
```

```
77              </div>
78          </div>
79      <!--第二模块 end-->
80      </div>
81      <div class="aside">
82      <h3>发现全球美好住所</h3>
83      <a href="#"><img src="images/qingmai.jpg"></a>
84      <a href="#"><img src="images/chengdu.jpg"></a>
85      <a href="#"><img src="images/xian.jpg"></a>
86      </div>
87      <div class="footer">
88      <p>浙江 温州 ©2018 lyglw2018.com 旅游攻略网版权所有</p>
89      </div>
90  </div>
91  </body>
92  </html>
```

（4）在站点下新建“style”文件夹，新建 css 样式文件，命名为“div.css”，保存在“style”文件夹中。设置网页元素的样式，代码如下：

```
1   @charset "utf-8";
2   /* CSS Document */
3   *{
4       padding:0px;
5       margin:0px;
6       border:0px;
7       box-sizing:border-box;}
8   .wrap{
9       width:1260px;
10      height:100%;
11      margin:20px auto;}
12  .header{
13      width:100%;
14      height:80px;
15      text-align:center;}
16  .content{
17      width:860px;
18      float:left;
19      margin-left:20px;}
20  .content nav{
21      width:100%;
22      border-bottom:2px solid #CCC;
23      padding-bottom:10px;}
24  .content nav ul li{
25      display:inline-block;
26      width:70px;
27      height:28px;
28      padding-top:30px;
29      padding-bottom:15px;
30      text-align:center;}
31  .content nav ul li a{
32      border-right:1px solid #CCC;
33      font-size:20px;
34      color:#000;
35      padding-right:15px;}
36  .content nav ul li.index a{
```

```
37          color:#F60;}
38  .content nav ul li a:link{
39          text-decoration:none;}
40  .content nav ul li a:hover{
41          text-decoration:underline;
42          color:#F60;}
43  .content .new span{
44          display:inline-block;
45          width:83px;
46          height:28px;
47          text-align:center;
48          line-height:28px;
49          font-size:12px;
50          border:1px solid #ccc;
51          margin:20px 10px 0 0;}
52  .content .new span.index{
53          border:1px solid #F60;
54          color:#F60;}
55  .content .new span a{
56          text-decoration:none;
57          color:#666;}
58  .content .list_content{
59          width:860px;
60          height:232px;
61          border:1px solid #ccc;
62          margin:20px 0 40px;}
63  .content .list_content .content_left{
64          float:left;
65          width:370px;}
66  .content .list_content .content_right .info{
67          margin-top:20px;}
68  .content .list_content .content_right .info .touxiang{
69          width:50px;
70          height:50px;
71          border-radius:50%;
72          box-shadow:1px 1px 1px 1px #CCCCCC;
73          overflow:hidden;
74          float:left;
75          margin:0px 20px;}
76  .content .list_content .content_right .info h5{
77          margin-top:10px;}
78  .content .list_content .content_right .summary{
79          overflow:hidden;
80          padding:0 20px;
81          margin-top:30px;
82          text-align:justify;
83          font-size:13px;
84          line-height:1.5em;
85          color:#666;}
86  .content .list_content .content_right .info h3 a{
87          text-decoration:none;
88          color:#333;}
89  .content .list_content .content_right .info h3 a:hover,
```

```
90 .content .list_content .content_right .info h5 a:hover,
91 .content .list_content .content_right .summary a:hover{
92         text-decoration:underline;}
93 .content .list_content .content_right .info h5 a,
94 .content .list_content .content_right .summary a{
95         text-decoration:none;
96         color:#06F;
97         font-weight:normal;}
98 .content .list_content .content_right{
99         height:200px;
100        position:relative;}
101 .content .list_content .content_right .icon_link{
102        position:absolute;
103        right:10px;
104        bottom:10px;
105        font-size:12px;
106        letter-spacing:2px;}
107 .content .list_content .content_right .icon_link span{
108        display:inline-block;
109        width:50px;}
110 .content .list_content .content_right .icon_link span a{
111        text-decoration:none;
112        color:#666;}
113 .content .list_content .content_right .icon_link span a:hover{
114        color:#F60;}
115 .content .list_content:hover{
116        box-shadow:2px 4px 10px 1px #999;}
117 .aside{
118        float:left;
119        width:300px;
120        margin:45px 0 0 45px;
121        color:#333;}
122 .aside h3{
123        border-bottom:1px solid #CCC;
124        padding-bottom:5px;
125        font-weight:normal;}
126 .aside img{
127        margin:10px 0 0 0;}
128 .footer p{
129        clear:both;
130        height:80px;
131        border-top:1px solid #CCC;
132        color:#999;
133        text-align:center;
134        padding-top:20px;
135        font-size:12px;}
```

13.3.3　代码分析

（1）下面分析网页的内容代码。

第 6 行代码，引入网页的样式表文件。

第 7 行代码，引入 Web 字体图标的样式文件。

第 48～51 行代码，使用<i>…</i>标签定义 Web 字体图标，通过 class 属性设置不同的图标内容。

（2）下面分析网页的样式代码。

第 3～7 行代码，全局 reset，设置网页中所有元素的外边距、内边距，边框都为“0px”，盒子模型为“border-box”。

第 8～11 行代码，设置盒子 wrap 的宽度、高度，并设置为居中对齐。

第 12～15 行代码，设置盒子 header 的宽度、高度及文本对齐属性。

第 16～19 行代码，设置盒子 content 的宽度、左外边距，并设置为左浮动。

第 20～23 行代码，设置盒子 content 中导航栏 nav 的宽度、下边框样式和下内边距。

第 24～30 行代码，设置导航栏 nav 中无序列表项的样式，为了设置其宽度和高度，将列表项的显示方式转换为行内块（inline-block）。

第 31～35 行代码，设置导航栏 nav 中的超链接样式。

第 36～37 行代码，设置导航栏 nav 中应用了“index”类的超链接样式。

第 38～39 行代码，去除导航栏 nav 中的超链接的下画线。

第 40～42 行代码，设置导航栏 nav 中的超链接在鼠标指针悬停时的样式。

第 43～51 行代码，设置盒子 new 中 span 元素的样式。其中，为了设置行内元素 span 的宽度和高度，将其显示方式转换为行内块（inline-block）。为了让文本竖直方向居中对齐，将行高值（line-height）与 span 的高度值（height）设置为相同。

第 52～54 行代码，利用交集选择器“span.index”设置并应用了“index”类的 span 样式。

第 55～57 行代码，设置 span 中的超链接样式。

第 58～62 行代码，设置盒子 list_content 的属性。

第 63～65 行代码，设置盒子 list_content 中的盒子 content_left 的宽度和左浮动属性。

第 66～67 行代码，设置盒子 content_right 中 info 的上外边距。

第 68～75 行代码，设置盒子 info 中的“touxiang”样式。其中，“border-radius:50%;”表示显示样式为圆形，“overflow:hidden;”表示图片的溢出属性为隐藏，“box-shadow: 1px 1px 1px 1px #CCCCCC”表示水平阴影偏移量为“1px”，垂直阴影偏移量为“1px”，阴影模糊半径为“1px”，阴影扩展半径为“1px”，阴影颜色为“#CCCCCC”，浮动属性为左浮动。

第 76～77 行代码，设置 info 中 h5 标题文本的上外边距。

第 78～85 行代码，设置盒子 content_right 中的 summary 的样式。其中“text-align:justify;”表示文本两端对齐。

第 86～88 行代码，设置 h3 文本的超链接样式。

第 89～92 行代码，使用并集选择器，设置 h3 文本、h5 文本、summary 文本中超链接在鼠标指针悬停时的样式。

第 93～97 行代码，使用并集选择器设置 h5 文本、summary 文本的超链接样式。

第 98～100 行代码，设置盒子 content_right 的高度和定位模式。

第 101～106 行代码，设置盒子 content_right 中的 icon_link 的样式。其中，定位模式（position）为绝对定位（absolute），右偏移量为“10px”，下偏移量为“10px”，文字间距（letter-spacing）为“2px”。

第 107～109 行代码，设置 icon_link 中 span 元素的样式。先将其显示方式转换为行内块（inline-block），再设置宽度属性。

第 110～112 行代码，设置 icon_link 中 span 元素的超链接样式。

第 113～114 行代码，设置 icon_link 中 span 元素的超链接在鼠标指针悬停时的样式。

第 115～116 行代码，为盒子 list_content 添加鼠标指针悬停时的阴影样式。“box-shadow: 2px 4px 10px 1px #999;”表示水平阴影偏移量为“2px”，垂直阴影偏移量为“4px”，阴影模糊半径为“10px”，阴影扩展半径为“1px”，阴影颜色为“#999”。

第 117～121 行代码，设置盒子 aside 的属性。

第 122～125 行代码，设置盒子 aside 中 h3 的属性。其中，“font-weight:normal;”表示文本加粗属性为正常。

第 126～127 行代码，设置盒子 aside 中的图片外边距。

第 128～135 行代码，设置盒子 footer 中的段落文本样式。其中，“clear:both;”表示清除相邻浮动元素对其产生的影响。

微课视频

13.4 课后实训

13.4 课后实训

设计并制作“商城首页通道”网页，如图 13-18 所示。当鼠标指针移至列表项时，图标和文字变成白色效果如图 13-19 所示。（提示：用 Web 字体图标完成。）

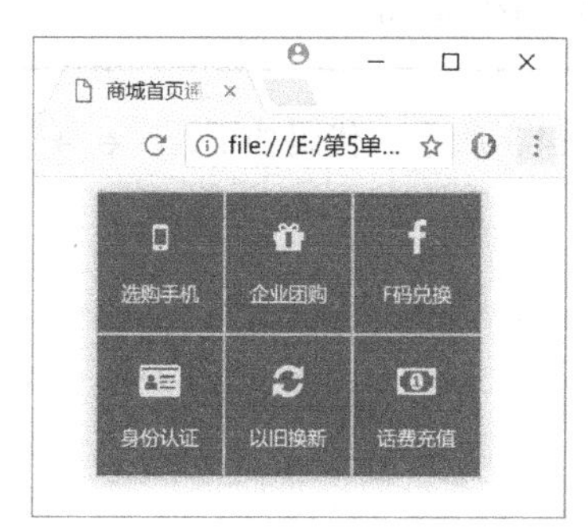

图 13-18 “商城首页通道”网页

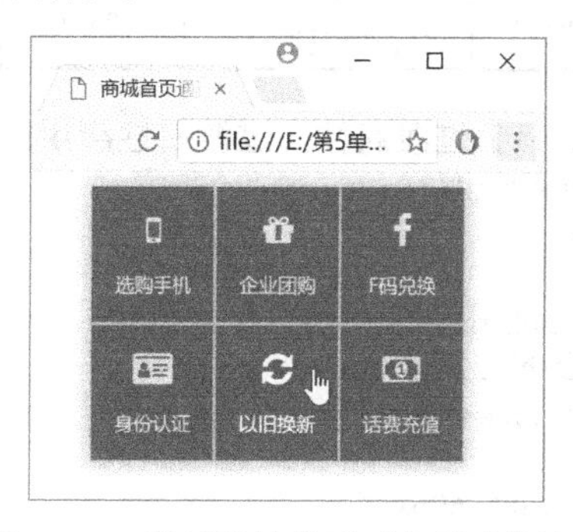

图 13-19 鼠标指针移至列表项时的效果

任务 14 过渡与变形属性

14.1 知识准备

微课视频

14.1 知识准备

14.1.1 过渡属性

CSS3 对动画特效制作提供了强大的支持，设计者可以为网页添加丰富的动画效果。

CSS3 的过渡（transition）属性是指通过平滑地改变一个元素的 CSS 值，使元素从一个样式逐渐过渡到另一个样式。要实现这样的效果，必须规定两项内容：第一，应用过渡效果的 CSS 属性名称；第二，过渡效果所用的时长。

使用 transition 定义过渡，其语法规则为：

```
transition:property duration timing-function delay;
```

transition 的四个子属性见表 14-1。

表 14-1　transition 的四个子属性

属　性	含　义	取　值	说　明
transition-property	指定应用过渡效果的 CSS 属性的名称	none	没有属性获得过渡效果
		all	默认值，所有属性都将获得过渡效果
		property	定义应用过渡效果的 CSS 属性名称列表，列表以逗号分隔
transition-duration	定义过渡效果需要花费的时间	time 值	规定完成过渡效果需要花费的时间（以秒或毫秒计算）。默认值是 0，意味着不会有效果
transition-timing-function	指定过渡效果的时间曲线	linear	规定以相同速度开始至结束的过渡效果（等于 cubic-bezier(0,0,1,1)）
		ease	规定慢速开始，然后变快，最后慢速结束的过渡效果（等于 cubic-bezier(0.25,0.1,0.25,1)）
		ease-in	规定以慢速开始的过渡效果（等于 cubic-bezier(0.42,0,1,1)）
		ease-out	规定以慢速结束的过渡效果（等于 cubic-bezier(0,0,0.58,1)）
		ease-in-out	规定以慢速开始和结束的过渡效果（等于 cubic-bezier(0.42,0,0.58,1)）
		cubic-bezier (n,n,n,n)	在 cubic-bezier 函数中定义自己的值。取值范围是 0~1 间的数值
transition-delay	定义过渡效果开始前的等待时间	time 值	指定秒或毫秒，默认值是 0

【例 14-1】过渡属性，过渡属性应用前的效果如图 14-1 所示。代码如下：

```
1   <!doctype html>
2   <html>
3   <head>
4     <meta charset="utf-8">
5     <title>过渡属性</title>
6     <style type="text/css">
7       .box {
8         width: 60px;
9         height: 60px;
10        border: 70px solid #0F0;
11        transition: 3s;   /*transition 写在初始状态的样式中*/
12      }
13      .box:hover {
14        border-radius: 50%;
15      }
16    </style>
17  </head>
18  <body>
19    <div class="box"></div>
20  </body>
21  </html>
```

在本例中，第 11 行代码“transition: 3s;”表示当鼠标指针悬停在盒子 box 上时，所有的样式属性将在 3 秒内从默认状态过渡到 hover 状态，即边框的圆角半径过渡到 50%（圆形），效果如图 14-2 所示。

如果在 hover 状态中添加如下样式代码：

```
.box:hover{
    border-radius:50%;
    border-color:#F00;    /*边框颜色为红色*/}
```

则当鼠标指针悬停在盒子 box 上时，圆角边框属性和边框颜色会同时在 3 秒内完成过渡变化，效果如图 14-3 所示。

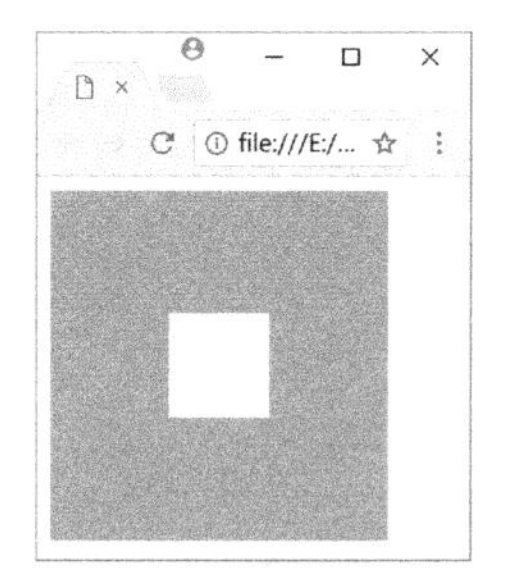

图 14-1　过渡属性应用前的效果

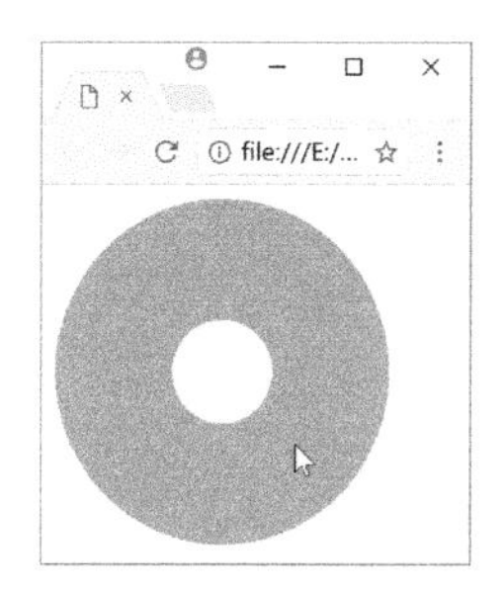

图 14-2　过渡属性应用后的效果

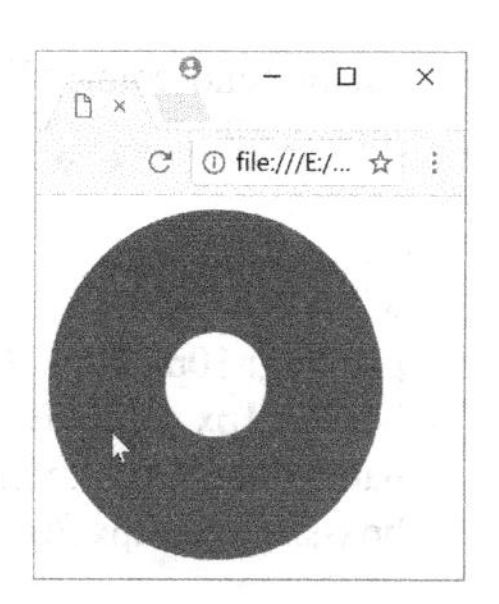

图 14-3　过渡属性应用后（图形为红色）的效果

14.1.2　变形属性

CSS3 的变形（transform）属性用于设置元素的旋转、缩放、移动或倾斜，且支持 2D 和 3D 转换，此处我们仅介绍 2D 转换。

使用 transform 定义变形，其语法规则为：

```
transform：none | transform-functions；
```

其中，none 是默认值，规定元素（适用于内联元素和块元素）不变形。transform-functions 规定变形函数或函数列表。

常用的 transform-functions 2D 转换函数见表 14-2。

表 14-2　常用的 transform-functions2D 转换函数

函　数　名	含　　义	参数说明
matrix(n,n,n,n,n,n)	使用六个值的矩阵	使用六个值表示变形
translate(x,y)	沿着 x 和 y 轴移动元素	在坐标轴中向左或向上移动时为负数，反之为正数
translateX(n)	沿着 x 轴移动元素	
translateY(n)	沿着 y 轴移动元素	
scale(x,y)	改变元素的宽度和高度	函数值表示缩放比例，取值范围包括正数、负数，可以取小数
scaleX(n)	改变元素的宽度	
scaleY(n)	改变元素的高度	
rotate(angle)	旋转元素	angle 规定旋转角度
skew(x-angle,y-angle)	沿着 x 和 y 轴倾斜元素	angle 规定倾斜角度
skewX(angle)	沿着 x 轴倾斜元素	
skewY(angle)	沿着 y 轴倾斜元素	

提示：元素变形时都以一个原点为基准，默认的原点即元素的中心位置。如果要改变元素的原点，语法格式为：

```
transform-origin: x-axis y-axis z-axis;
```

x-axis、y-axis、z-axis 三个属性值分别表示 x 轴、y 轴、z 轴的偏移量。

【例 14-2】变形属性，网页效果如图 14-4 所示。代码如下：

```
1  <!doctype html>
2  <html>
3  <head>
4    <meta charset="utf-8">
5    <title>变形属性</title>
6    <style type="text/css">
7      body {
8        margin: 30px;
```

```
9           background-color: #E9E9E9;
10          font-family: "微软雅黑";
11        }
12        div {
13          width: 294px;
14          padding: 10px 10px 20px 10px;
15          border: 1px solid #BFBFBF;
16          background-color: white;
17          box-shadow: 2px 2px 3px #aaaaaa;
18        }
19        .rotate_left {
20          float: left;
21          transform: rotate(7deg);        /*顺时针旋转 7° */
22        }
23        .rotate_right {
24          float: left;
25          transform: rotate(-8deg);       /*逆时针旋转 8° */
26        }
27      </style>
28    </head>
29    <body>
30      <div class="rotate_left">
31        <img src="images/ballade_dream.jpg" alt="郁金香" width="284" height="213" />
32        <p>上海鲜花港的郁金香，花名：Ballade Dream。</p>
33      </div>
34      <div class="rotate_right">
35        <img src="images/china_pavilion.jpg" alt="世博中国馆" width="284" height="213" />
36        <p>2010 年上海世博会，中国馆。</p>
37      </div>
38    </body>
39    </html>
```

图 14-4　变形属性

14.2　实战演练——制作“产品展示”网页

微课视频

14.2　实战演练

14.2.1　网页效果图

设计并制作“产品展示”网页，效果如图 14-5 所示。当鼠标指针悬停在产品模块上时，出现如图 14-6 所示的效果。

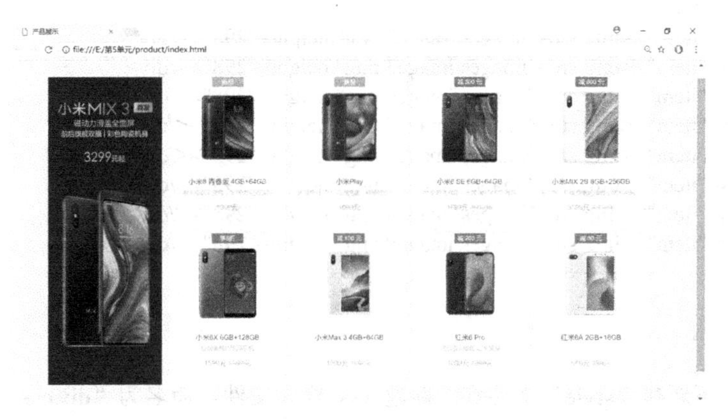

图 14-5　“产品展示”网页

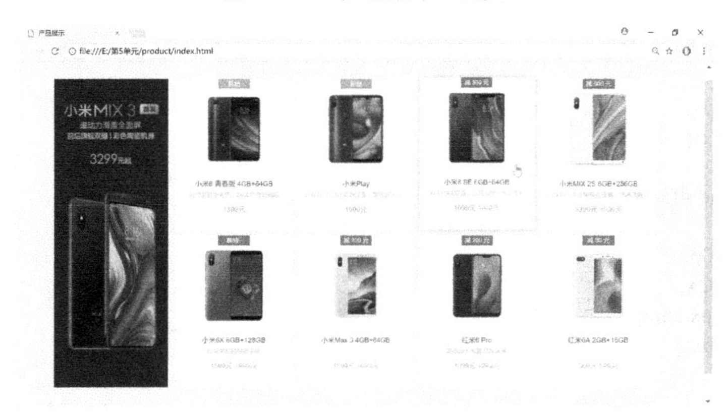

图 14-6　鼠标指针悬停在产品模块上时的效果

14.2.2　制作过程

（1）分析“产品展示”的网页布局，如图 14-7 所示。在站点下新建 HTML 网页，保存为“index.html”，将网页的标题栏内容改为“产品展示”，编辑网页内容，代码如下。

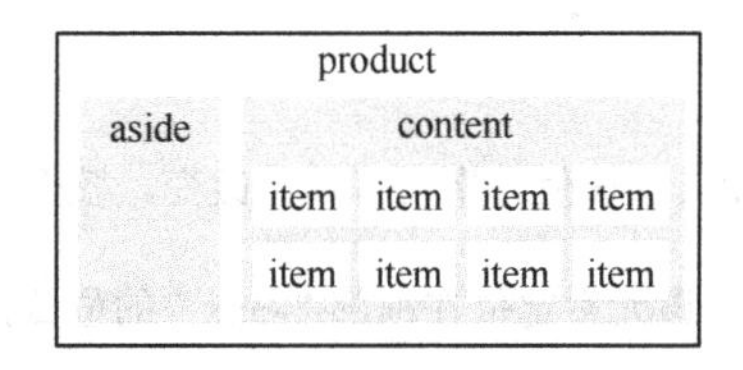

图 14-7　“产品展示”的网页布局

```
1    <!doctype html>
2    <html>
3    <head>
4    <meta charset="utf-8">
5    <title>产品展示</title>
6    <link href="style/div.css" rel="stylesheet" type="text/css">
7    </head>
8    <body>
9    <div class="product">
```

```
10      <div class="aside"><img src="images/image1.png"></div>
11      <div class="content">
12          <div class="item"><img src="images/image2.png" height="298"></div>
13          <div class="item"><img src="images/image3.png" height="298"></div>
14          <div class="item"><img src="images/image4.png" height="298"></div>
15          <div class="item"><img src="images/image5.png" height="298"></div>
16          <div class="item"><img src="images/image6.png" height="298"></div>
17          <div class="item"><img src="images/image7.png" height="298"></div>
18          <div class="item"><img src="images/image8.png" height="298"></div>
19          <div class="item"><img src="images/image9.png" height="298"></div>
20      </div>
21  </div>
22  </body>
23  </html>
```

（2）在站点下新建“style”文件夹，新建 css 样式文件，命名为“div.css”，保存在“style”文件夹中。设置网页元素的样式，代码如下：

```
1   @charset "utf-8";
2   /* CSS Document */
3   *{
4           padding:0px;
5           margin:0px;}
6   body{
7           background:#f5f5f5;}
8   .product{
9           width:1240px;
10          height:650px;
11          margin:50px auto;
12          padding:4px;}
13  .aside{
14          float:left;}
15  .content{
16          margin-left:248px;}    /*非浮动元素忽略浮动元素，并往上移*/
17  .content .item{
18          float:left;
19          background-color: #FFF;
20          margin-right:12px;
21          margin-bottom:8px;
22          position:relative;
23          top:0px;
24          transition: all .5s;
25  /*CSS3 新增动画属性：过渡，all（默认值）指所有属性改变，整个转换过程在 0.5 秒内完成。*/
26          }
27  /*当鼠标指针悬停在该元素上时，该元素定位在顶部“-3px”的位置，并且盒子阴影是模糊度为“15px”、
28  颜色值为“#999”的颜色*/
29  .content .item:hover {
30          top:-3px;
31          box-shadow: 0 0 15px #999;
32          cursor:pointer;}
```

14.2.3 代码分析

下面分析网页的样式代码。

第 13～14 行代码，设置盒子 aside 的浮动属性为左浮动。

第 15～16 行代码，设置盒子 content 的左外边距。由于 content 的相邻元素 aside 已经为左浮动，而 content 未设置浮动属性，则 content（非浮动元素）会忽略 aside（浮动元素），并向上移。

第 17～26 行代码，设置盒子 item 的定位方式为相对定位（relative），顶部位偏移为“0px”，过渡动画属性为“transition: all .5s”，其中 all（默认值）指所有属性发生改变，整个转换过程在 0.5 秒内完成。

第 29～32 行代码，设置当鼠标指针悬停在 item 元素上时，该元素定位在顶部“-3px”的位置，并且盒子阴影是模糊度为“15px”、颜色值为“#999”的颜色。

14.3 强化训练——制作“商品评论”网页

微课视频

14.3 强化训练

14.3.1 网页效果图

设计并制作“商品评论”网页，效果如图 14-8 所示。当鼠标指针悬停在商品模块上时，出现如图 14-9 所示的效果。

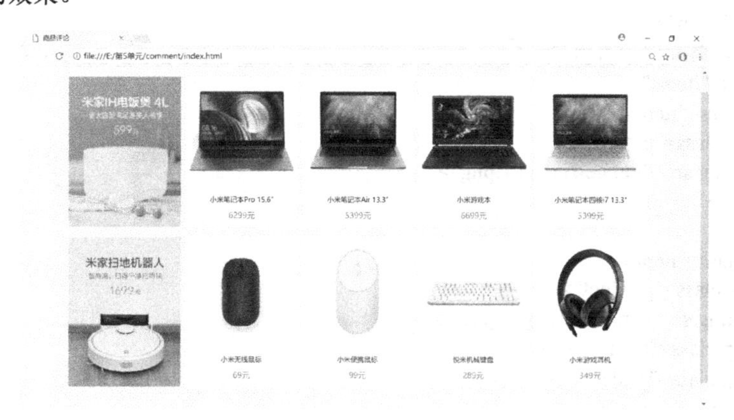

图 14-8　“商品评论”网页

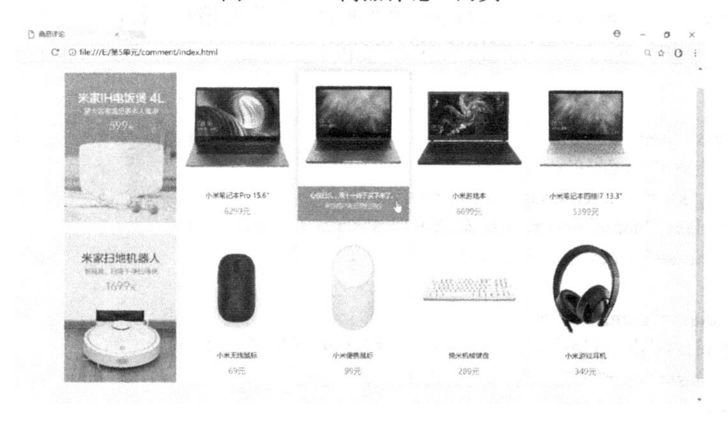

图 14-9　鼠标指针悬停在商品模块上时的效果

14.3.2 制作过程

（1）分析“商品评论”的网页布局，如图 14-10 所示。在站点下新建 HTML 网页，保存为

“index.html”，将网页的标题栏内容改为“商品评论”，编辑网页内容，代码如下：

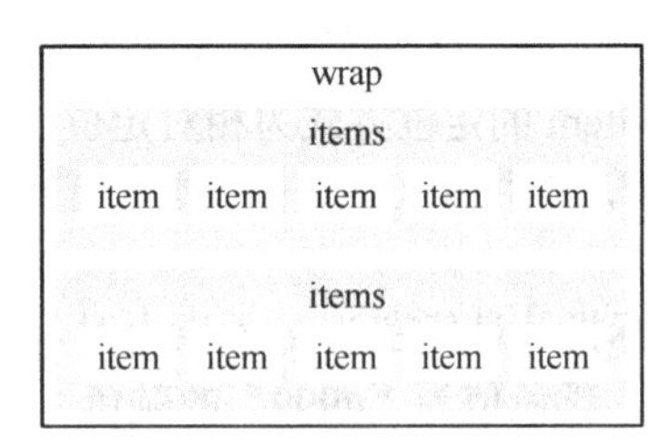

图 14-10 “商品评论”的网页布局

```
1   <!doctype html>
2   <html>
3   <head>
4     <meta charset="utf-8">
5     <title>商品评论</title>
6     <link href="style/div.css" rel="stylesheet" type="text/css">
7   </head>
8   <body>
9     <div class="wrap">
10      <!--第一排商品评论 start-->
11      <div class="items">
12        <div class="item">
13          <div class="p">
14            <img src="images/image1.png">
15          </div>
16        </div>
17        <div class="item">
18          <div class="product">
19            <img src="images/image3.png" alt="">
20            <p class="name">小米笔记本 Pro 15.6"</p>
21            <p class="price">6299 元</p>
22          </div>
23          <div class="comment">
24            <p class="detail">第八代英特尔酷睿处理器，无锁四核八线程，性能提升 40%。</p>
25            <p class="user">来自用户猪猪的评价</p>
26          </div>
27        </div>
28        <div class="item">
29          <div class="product">
30            <img src="images/image4.png" alt="">
31            <p class="name">小米笔记本 Air 13.3"</p>
32            <p class="price">5399 元</p>
33          </div>
34          <div class="comment">
35            <p class="detail">心仪已久，双十一终于买下来了。</p>
36            <p class="user">来自用户向日葵的评价</p>
37          </div>
38        </div>
39        <div class="item">
40          <div class="product">
41            <img src="images/image5.png" alt="">
42            <p class="name">小米游戏本</p>
43            <p class="price">6699 元</p>
```

```
44            </div>
45            <div class="comment">
46               <p class="detail">作为游戏竞技爱好者，怎能不入？</p>
47               <p class="user">来自用户游戏王子的评价</p>
48            </div>
49         </div>
50         <div class="item">
51            <div class="product">
52               <img src="images/image6.png" alt="">
53               <p class="name">小米笔记本四核 i7 13.3"</p>
54               <p class="price">5399 元</p>
55            </div>
56            <div class="comment">
57               <p class="detail">第八代四核处理器，不错！</p>
58               <p class="user">来自用户妞妞的评价</p>
59            </div>
60         </div>
61      </div>
62      <!--第一排商品评论 end-->
63      <!--第二排商品评论 start-->
64      <div class="items">
65         <div class="item">
66            <div class="p">
67               <img src="images/image2.png">
68            </div>
69         </div>
70         <div class="item">
71            <div class="product">
72               <img src="images/image7.png" alt="">
73               <p class="name">小米无线鼠标</p>
74               <p class="price">69 元</p>
75            </div>
76            <div class="comment">
77               <p class="detail">定位很精准哦，比想象中好用。</p>
78               <p class="user">来自用户女巫的评价</p>
79            </div>
80         </div>
81         <div class="item">
82            <div class="product">
83               <img src="images/image8.png" alt="">
84               <p class="name">小米便携鼠标</p>
85               <p class="price">99 元</p>
86            </div>
87            <div class="comment">
88               <p class="detail">轻薄便携，材质手感不错，推荐！</p>
89               <p class="user">来自用户小丫的评价</p>
90            </div>
91         </div>
92         <div class="item">
93            <div class="product">
94               <img src="images/image9.png" alt="">
95               <p class="name">悦米机械键盘</p>
96               <p class="price">289 元</p>
97            </div>
```

```
98              <div class="comment">
99                  <p class="detail">简约百搭，超爱。</p>
100                 <p class="user">来自用户渔翁的评价</p>
101             </div>
102         </div>
103         <div class="item">
104             <div class="product">
105                 <img src="images/image10.png" alt="">
106                 <p class="name">小米游戏耳机</p>
107                 <p class="price">349 元</p>
108             </div>
109             <div class="comment">
110                 <p class="detail">耳机立体声效果不错，值得推荐！</p>
111                 <p class="user">来自用户木目心的评价</p>
112             </div>
113         </div>
114     </div>
115     <!--第二排商品评论 end-->
116   </div>
117 </body>
118 </html>
```

（2）在站点下新建“style”文件夹，新建 css 样式文件，命名为“div.css”，保存在“style”文件夹中。设置网页元素的样式，代码如下：

```
1    @charset "utf-8";
2    /* CSS Document */
3    *{
4          padding:0px;
5          margin:0px;}
6    body{
7          background:#f5f5f5;}
8    .wrap{
9          width:1200px;
10         height:650px;
11         margin:50px auto;
12         padding:4px;}
13   .items{
14         width:100%;
15         height:320px;}
16   .item{
17         float:left;
18         width:230px;
19         height:300px;
20         text-align:center;/*文字水平居中*/
21         margin-right:10px;
22         margin-top:2px;
23         background-color:#FFF;
24         position:relative;
25         top:0px;
26         overflow:hidden;
27         transition: all .5s;
28   /*CSS3 新增动画属性：过渡，all（默认值）指所有属性改变，整个转换过程在 0.5 秒内完成。*/
29         }
30   .item .comment{
31         position:absolute;/*绝对定位*/
```

```
32          bottom:-100px;
33          width:100%;/*其宽度是父元素宽度的 100%*/
34          height:70px;
35          background-color:#F60;
36          transition:all .5s;}
37  .item .product .name{
38          font-size:14px;
39          line-height:3em;}
40  .item .product .price{
41          color:#FF3113;}
42  .item .comment .detail{
43          margin-top:10px;
44          color:#FFF;
45          font-size:12px;}
46  .item .comment .user{
47          margin-top:5px;
48          font-size:12px;
49          color:#F9D8AA;}
50  /*当鼠标指针悬停在该元素上时，该元素定位在顶部“-3px”的位置，并且盒子阴影是模糊度为“15px”、
51  颜色值为“#999”的颜色*/
52  .item:hover{
53          top:-3px;
54          box-shadow:0 0 15px #999;
55          cursor:pointer;}
56  /*当鼠标指针悬停在类名为 item 的元素上时，子元素 comment 的底部与父元素 item 的底部对齐*/
57  .item:hover .comment{
58          bottom:0px;}
```

14.3.3　代码分析

下面分析网页的样式代码。

第 24～25 行代码，设置盒子 item 的定位方式为相对定位（relative），顶部位偏移为“0px”。

第 26 行代码，设置溢出内容（overflow）为隐藏（hidden）。

第 27 行代码，设置过渡动画属性为“transition: all .5s”，其中 all（默认值）指所有属性发生改变，整个转换过程在 0.5 秒内完成。

第 31～32 行代码，设置 comment 为绝对定位（absolute），其相对于父元素 item 的底部边偏移为“-100px”。

第 36 行代码，设置动画属性为“transition:all .5s”。

第 52～55 行代码，设置当鼠标指针悬停在 item 元素上时，该元素定位在顶部“-3px”的位置，并且盒子阴影是模糊度为“15px”、颜色值为“#999”的颜色。

第 57～58 行代码，设置当鼠标指针悬停在类名为 item 的元素上时，子元素 comment 的底部与父元素 item 的底部对齐。

14.4　课后实训

微课视频

14.4　课后实训

设计并制作“绿色植物”网页，如图 14-11 所示。当鼠标指针移至绿色植物的名称上时，出现如图 14-12 所示的效果。当鼠标指针移至图片上时，出现如图 14-13 所示的放大效果。

图 14-11 “绿色植物”网页

图 14-12 鼠标指针移至绿色植物的名称上时的效果

图 14-13 鼠标指针移至图片上时的放大效果

第六单元

HTML5 表单的应用

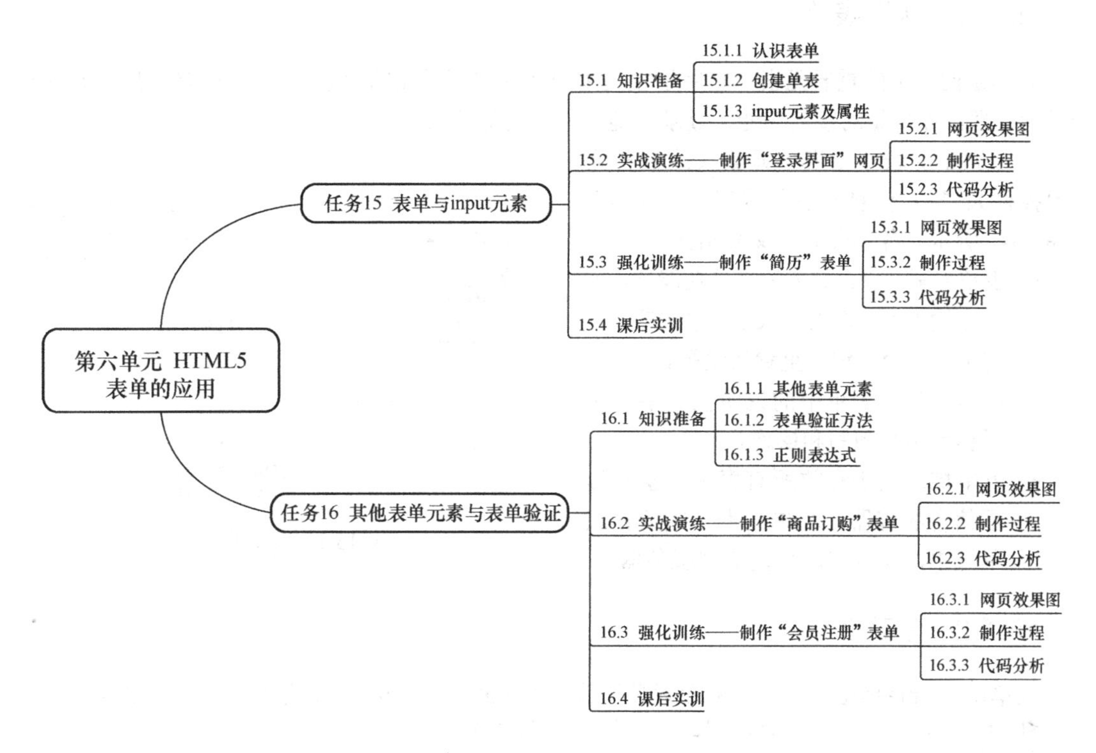

本章知识要点思维导图

网页除能给用户展示内容外，还应该允许用户与其产生交互行为，如搜索功能、注册页面、用户登录等，这些都是用户与网页之间进行交互的重要方式，上述功能需要通过表单实现。

在 HTML5 出现之前，使用表单都伴随着较繁杂的 JavaScript 代码，给初学者带来极大的学习困难，也给网页设计工作带来一定的负担，而通过 HTML5 的相关技术就能解决复杂的表单校验。

【学习目标】

1. 理解表单的属性和作用。
2. 熟悉常用的表单元素。
3. 掌握表单样式。
4. 理解表单验证方法。

任务 15　表单与 input 元素

15.1　知识准备

15.1　知识准备

15.1.1　认识表单

表单是网页中的重要元素，它用于收集用户在客户端提交的信息，并将这些信息发送给服务器进行处理，如常见的搜索功能、登录功能、注册功能等。

一个完整的表单由表单元素（或被称为表单控件）、提示信息和表单域三部分组成，如图 15-1 所示。各部分的含义分别如下。

- 表单元素：包含具体的表单功能项，如文本输入框、密码输入框、单选钮、复选框、提交按钮、重置按钮等。
- 提示信息：表单中的说明性文字，用于提示用户填写和操作。
- 表单域：用于存放所有表单元素和提示信息的容器，表单元素必须放在表单域中，才能将信息提交到服务器。

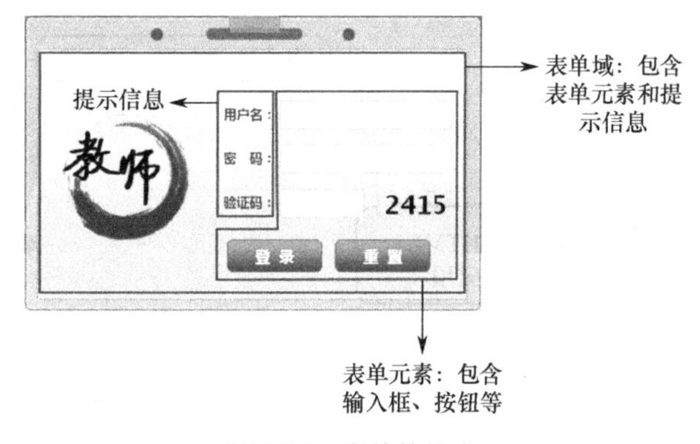

图 15-1　表单的组成

15.1.2　创建表单

表单用<form>标签定义，表单元素必须放在<form>…</form>标签内才有效，语法格式如下：

```
<form action="url 地址" method="提交方式" name="表单名称">
各种表单元素
</form>
```

其中，各项属性的含义如下。

- action 属性：表单中的数据要提交到服务器进行处理，action 属性就指明了接收表单数据的服务器程序的 URL 地址。
- method 属性：设置表单数据的提交方式，其值为 get（默认值）或 post。如果采用 get 方式，则提交的表单数据将显示在浏览器的地址栏中，保密性差，且有数据量的限制。如果采用 post 方式，则表单数据传递的保密性较好，并无数据量的限制。
- name 属性：定义表单的名称。
- autocomplete 属性：HTML5 中新增的表单属性，用于控制表单自动完成功能的开启和关闭。autocomplete 属性为“on”时，开启表单自动完成功能，即用户在表单中输入的内容会被记录下来，当再次输入内容时，历史记录会显示在下拉列表中，实现表单自动完成功能；autocomplete 属性为“off”时，关闭表单自动完成功能。
- novalidate 属性：该属性规定当提交表单时不对其进行验证。

15.1.3　input 元素及属性

input 元素是表单中最常用的元素，它可以定义单行文本输入框、密码输入框、单选钮、复选框、提交按钮、重置按钮等，基本语法格式为：

<input type="控件类型" >

type 属性是 input 元素中最基本的属性，它可以定义不同类型的表单元素。同时，input 元素还有其他属性，见表 15-1。

表 15-1　input 元素的相关属性

属　性	属 性 值	含 义 说 明
type	text	单行文本输入框
	password	密码输入框
	radio	单选钮
	checkbox	复选框
	button	普通按钮
	submit	提交按钮
	reset	重置按钮
	image	图像形式的提交按钮
	hidden	隐藏域
	file	文件域
	email	Email 地址的输入域
	url	URL 地址的输入域
	number	数值的输入域
	range	一定范围内数值的输入域
	Date pickers（date,month,week,time,datetime, datetime-local）	日期和时间的输入类型
	search	搜索域
	color	颜色输入类型
	tel	电话号码输入类型
name	用户自定义	控件的名称
value	用户自定义	input 控件中的默认文本值
size	正整数	input 控件在页面中的显示宽度
readonly	readonly	控件内容为只读（不能编辑修改）
disabled	disabled	第一次加载页面时禁用该控件（显示为灰色）
checked	checked	定义选择控件默认被选中的项
maxlength	正整数	控件允许输入的最多字符数
autocomplete	on/off	设定是否自动完成表单字段内容
autofocus	autofocus	指定页面加载后是否自动获取焦点
form	form 元素的 id	设定字段隶属于哪个或多个表单
list	datalist 元素的 id	指定字段的候选数据值列表
multiple	multiple	指定输入框是否可以选择多个值
min、max 和 step	数值	规定输入框所允许的最小值、最大值和间隔
pattern	字符串	验证输入的内容是否与定义的正则表达式匹配
placeholder	字符串	为 input 类型的输入框提供用户提示
required	required	规定输入框填写的内容不能为空

15.2 实战演练——制作“登录界面”网页

15.2.1 网页效果图

设计并制作网站的“登录界面”网页，效果如图 15-2 所示。当鼠标指针移至按钮上时，鼠标指针的图案和按钮的背景颜色会发生变化，如图 15-3 所示。

图 15-2 “登录界面”网页

图 15-3 鼠标指针移至按钮上时的效果

15.2.2 制作过程

（1）分析“登录界面”的网页布局，如图 15-4 所示。在站点下新建 HTML 网页，保存为“index.html”，将网页的标题栏内容改为“登录界面”，编辑网页内容，代码如下：

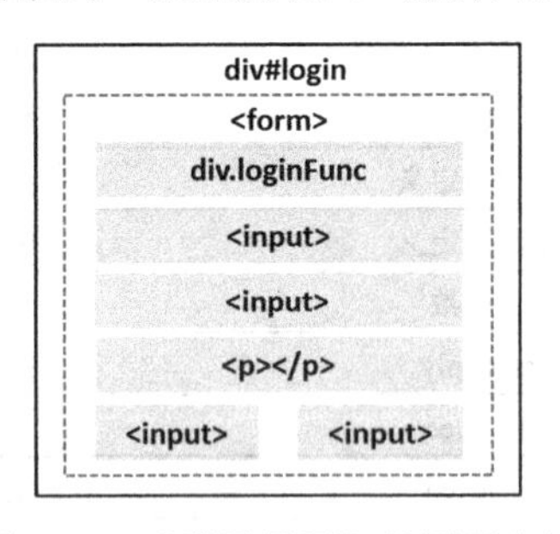

图 15-4 “登录界面”的网页布局

```
1   <!doctype html>
2   <html>
3   <head>
4       <meta charset="utf-8">
5       <title>登录界面</title>
6       <link href="style/div.css" rel="stylesheet" type="text/css">
7   </head>
8   <body>
9       <div id="login">
10          <form name="loginform" method="post" action="#">
11              <div class="loginFunc">
```

```
12                  <span class="loginFuncApp">二维码登录</span>
13                  <span class="loginFuncNormal">邮箱账号登录</span>
14              </div>
15              <input type="text" placeholder="邮箱账号或手机号" class="identity">
16              <input type="password" placeholder="密码" class="password">
17              <p class="info">
18                  <input type="checkbox" class="checkbox">
19                  <span>十天内免登录</span>
20                  <span class="help">
21                      <a href="#">忘记密码？</a>
22                  </span>
23              </p>
24              <input type="submit" value="登　录" class="submit">
25              <input type="button" value="注　册" class="button">
26          </form>
27      </div>
28  </body>
29  </html>
```

（2）在站点下新建“style”文件夹，新建 css 样式文件，命名为“div.css”，保存在“style”文件夹中。设置网页元素的样式，代码如下：

```
1   @charset "utf-8";
2   /* CSS Document */
3   *{
4       padding:0px;
5       margin:0px;
6       border:0px;}
7   body{
8       font-family:"微软雅黑";}
9   input:focus{
10      outline:none;}
11  #login{
12      width:450px;
13      height:380px;
14      border:1px solid #999;
15      box-shadow:0px 0px 5px 2px #CCCCCC;
16      border-radius:10px;
17      margin:40px auto;}
18  #login .loginFunc{
19      height:48px;
20      width:100%;
21      margin-bottom:45px;}
22  .loginFuncApp,.loginFuncNormal{
23      display:inline-block;
24      width:100px;
25      text-align:center;
26      line-height:48px;
27      color:#666;
28      margin:10px 60px;}
29  .loginFuncNormal{
30      color:#0a8745;
31      border-bottom:2px solid #0a8745;}
32  .identity,.password{
33      width:328px;
34      height:45px;
35      margin:10px 60px 10px 38px;
36      border:1px solid #CCC;
```

```
37        padding-left:45px;}
38  .identity{
39        background:url(../images/timg1.png) no-repeat 10px center;}
40  .password{
41        background:url(../images/timg2.png) no-repeat 10px center;}
42  .identity:focus,.password:focus{
43        border:1px solid #0A8745;}
44  /*设置输入框的提示文字颜色*/
45  ::-webkit-input-placeholder{
46        color:#CCC;}
47  .info{
48        height:20px;
49        padding:0 0 10px 40px;}
50  .checkbox{
51        width:16px;
52        height:16px;
53        vertical-align:bottom;}
54  /*span 是行内元素，span 中只有 margin-left 和 margin-right 才有效果。若想让 margin-top 生效，则需要将
55  span 转换成块级元素。*/
56  .info span{
57        font-size:14px;
58        color:#666;
59        vertical-align:bottom;
60        margin-left:10px;}
61  .info span.help{
62         margin-left:190px;}
63  .info span a{
64        color:#0A8745;
65        text-decoration:none;}
66  .submit,.button{
67        width:172px;
68        height:50px;
69        border-radius:4px;
70        text-align:center;
71        font-size:18px;
72        cursor:pointer;}
73  .submit{
74        background:#0A8745;
75        color:#FFF;
76        margin:20px 20px 0px 40px;}
77  .button{
78        border:1px solid #a7d4bd;
79        color:#0A8745;
80        background:#e6f3ec;}
81  .submit:hover{
82        background:#077e3f;}
83  .button:hover{
84        background:#cee7da;}
```

15.2.3 代码分析

下面分析网页的样式代码。

第 3～6 行代码，全局 reset，设置网页中所有元素的默认 margin 值为“0px”，padding 值为“0px”，边框为“0px”。

第 7～8 行代码，设置网页中的文本字体为“微软雅黑”。

第 9～10 行代码，设置 input 元素在聚焦状态下默认外边框样式为“none”。

第 11～17 行代码，设置盒子 login 的样式。

第 18～21 行代码，设置盒子 loginFunc 的样式。

第 22～28 行代码，设置 loginFunc 中两个 span 文本的样式。为了设置其宽度，将行内元素 span 转换为行内块元素（inline-block）。

第 29～31 行代码，设置应用了“loginFuncNormal”类的文本样式。

第 32～37 行代码，设置账号输入框和密码输入框的样式。

第 38～39 行代码，设置账号输入框的背景图像。

第 40～41 行代码，设置密码输入框的背景图像。

第 42～43 行代码，设置账号输入框和密码输入框聚焦输入时的样式。

第 45～46 行代码，设置输入框的提示文字的颜色。

第 47～49 行代码，设置应用了“info”类的 p 元素样式。

第 50～53 行代码，设置复选框的宽度和高度，并设置其竖直方向基于底部对齐，即“vertical-align:bottom;”。

第 56～60 行代码，设置应用了“info”类的 p 元素中 span 元素的样式。其中，span 是行内元素，span 中只有 margin-left 和 margin-right 才有效果。若想让 margin-top 生效，则需要将 span 转换成块级元素。

第 61～62 行代码，设置 span 元素中应用了“help”类的文本左外边距。

第 63～65 行代码，设置 span 元素中超链接的默认样式。

第 66～72 行代码，设置两个按钮的样式。

第 73～76 行代码，设置“提交”按钮的样式。

第 77～80 行代码，设置“普通”按钮的样式。

第 81～82 行代码，设置“提交”按钮在鼠标指针悬停时的样式。

第 83～84 行代码，设置“普通”按钮在鼠标指针悬停时的样式。

15.3　强化训练——制作“简历”表单

微课视频

15.3　强化训练

15.3.1　网页效果图

设计并制作“简历”表单，效果如图 15-5 所示。

图 15-5　“简历”表单

15.3.2 制作过程

（1）分析“简历”表单的网页布局，如图 15-6 所示。在站点下新建 HTML 网页，保存为“index.html”，将网页的标题栏内容改为“创建简历”，编辑网页内容，代码如下：

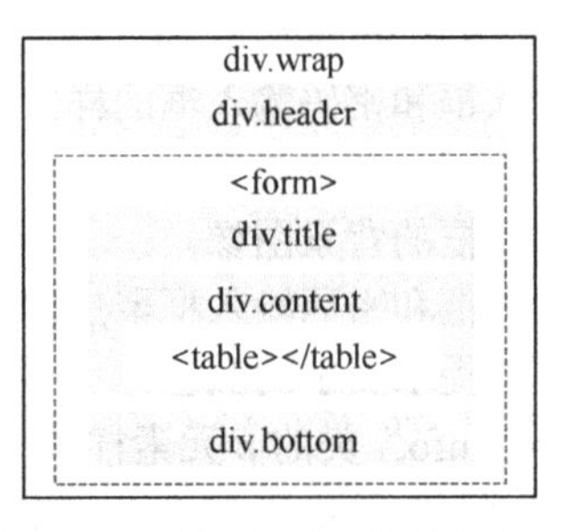

图 15-6 “简历”表单的网页布局

```
1  <!doctype html>
2  <html>
3  <head>
4  <meta charset="utf-8">
5  <title>创建简历</title>
6  <link href="style/div.css" rel="stylesheet" type="text/css">
7  </head>
8  <body>
9  <div class="wrap">
10   <div class="header"><h3>创建简历</h3></div>
11   <form name="resume" class="resume" method="post" action="#" autocomplete="on">
12   <div class="title"><h5>注意：录入个人简历</h5></div>
13   <div class="content">
14   <table width="570" border="0" cellpadding="0" cellspacing="1">
15   <tr>
16     <td align="center" class="cols1">姓名<span class="sign">*</span></td>
17     <td align="center" class="cols2"><input type="text" class="input1" required></td>
18     <td align="center" class="cols1">照片</td>
19     <td align="center" class="cols2"><input type="file" class="input1"></td>
20   </tr>
21   <tr>
22     <td align="center" class="cols1">性别</td>
23     <td align="center" class="cols2">
24     <input type="radio" name="sex" id="man" checked>  男    
25     <input type="radio" name="sex" id="woman">  女
26     </td>
27     <td align="center" class="cols1">电子邮箱<span class="sign">*</span></td>
28     <td align="center" class="cols2"><input type="email" class="input1" required></td>
29   </tr>
30   <tr>
31     <td align="center" class="cols1">出生日期</td>
32     <td align="center" class="cols2"><input type="date" class="input1"></td>
33     <td align="center" class="cols1">年龄</td>
34     <td align="center" class="cols2"><input type="number" class="input1" min="12" max="100"></td>
35   </tr>
36   <tr>
37     <td align="center" class="cols1">政治面貌</td>
```

```
38        <td align="center" class="cols2"><input type="text" class="input1"></td>
39        <td align="center" class="cols1">自学能力</td>
40        <td align="center" class="cols2"><input type="range" class="input1" min="1" max="100"></td>
41     </tr>
42     <tr>
43        <td align="center" class="cols1">手机号码<span class="sign">*</span></td>
44        <td align="center" class="cols2"><input type="tel" class="input1" required></td>
45        <td align="center" class="cols1">幸运颜色</td>
46        <td align="center" class="cols2"><input type="color" value="#ff0000"></td>
47     </tr>
48     <tr>
49        <td align="center" class="cols1">搜索同名</td>
50        <td colspan="3" align="center" class="cols2"><input type="search" class="input2"></td>
51     </tr>
52     <tr>
53        <td align="center" class="cols1">兴趣爱好</td>
54        <td colspan="3" align="center" class="cols2">
55           <input type="checkbox" name="run">  跑步  
56           <input type="checkbox" name="swim">  游泳  
57           <input type="checkbox" name="sing">  唱歌  
58           <input type="checkbox" name="yoga">  瑜伽  
59        </td>
60     </tr>
61     <tr>
62        <td align="center" class="cols1">个人主页</td>
63        <td colspan="3" align="center" class="cols2">
64        <input type="url" class="input2">
65        </td>
66     </tr>
67     </table>
68     </div>
69     <div class="bottom"><input type="submit" value="添加"><input type="button" value="关闭"></div>
70     </form>
71  </div>
72  </body>
73  </html>
```

（2）在站点下新建“style”文件夹，新建 css 样式文件，命名为“div.css”，保存在“style”文件夹中。设置网页元素的样式，代码如下：

```
1   @charset "utf-8";
2   /* CSS Document */
3   *{
4          padding:0px;
5          margin:0px;
6          border:0px;}
7   .wrap{
8          width:650px;
9          height:400px;
10         margin:80px auto;
11         background:#b1c242;}
12  .resume{
13         width:630px;
14         height:356px;
15         background:#FFF;
16         border:1px solid #FF0;
```

```
17          margin:2px 9px 0px 9px;
18          position:relative;}
19  .header{
20          height:30px;
21          background:url(../images/person.png) no-repeat 7px center;
22          background-size:20px 20px;}
23  .header h3{
24          font-size:12px;
25          padding-left:30px;
26          padding-top:9px;
27          letter-spacing:1px;}
28  .title{
29          width:100%;
30          height:35px;
31          background:#ffffe7;}
32  .title h5{
33          color:#6f622b;
34          font-weight:normal;
35          font-family:"微软雅黑";
36          padding-left:35px;
37          padding-top:9px;
38          background:url(../images/bulb.png) no-repeat 12px 8px;
39          background-size:16px 16px;}
40  .content{
41          width:100%;
42          height:350px;}
43  .content table{
44          background:#b1c242;
45          margin:5px auto;}
46  .cols1{
47          background:#e5f0c8;
48          width:90px;
49          height:30px;
50          font-size:12px;}
51  .cols2{
52          background:#fff;
53          width:195px;
54          font-size:12px;}
55  .input1{
56          height:24px;
57          width:190px;
58          border:1px solid #b1c242;
59          font-size:12px;}
60  .input2{
61          height:24px;
62          width:477px;
63          border:1px solid #b1c242;}
64  .sign{
65          color:#f00;
66          font-size:14px;
67          font-weight:bold;}
68  .bottom{
69          width:100%;
70          height:40px;
71          position:absolute;
```

```
72        bottom:0px;
73        background:#f5f5f5;
74        border-top:1px solid #CCC;
75        text-align:right;}
76  .bottom input{
77        width:90px;
78        height:30px;
79        font-size:12px;
80        background:#9ba741;
81        color:#fff;
82        margin:5px 4px 2px;}
```

15.3.3 代码分析

（1）下面分析网页的内容代码。

第11～70行代码，定义表单区域。其中，在表单属性中，表单的名称（name）设置为“resume”，表单数据提交方式（method）设置为“post”，接收并处理表单数据的URL地址（action）设置为本页“#”，表单开启自动完成功能（autocomplete）设置为“on”。

第17行代码，定义单行文本输入框，并规定其内容不能为空，即设置为“required”。

第19行代码，定义文件域，当用户单击“浏览”按钮时，可以填写文件路径或直接选择文件，将文件提交给后台服务器。

第24～25行代码，定义单选钮。需要注意，必须将同一组单选钮定义为相同的“name”值，才能真正实现单选效果。其中，id属性用于区分不同的单选钮，checked属性用于定义默认选中项。

第28行代码，定义一个专门用于输入Email地址的文本输入框，同时可以验证该Email地址是否符合要求，并规定其内容不能为空，即设置为“required”。

第32行代码，定义日期类型的输入框。用户可以直接在输入框中输入内容，也可以单击输入框右边的按钮进行选择。

第34行代码，定义只能输入数值的文本框。其中，min表示可以接受的最小值，max表示可以接受的最大值。如果用户输入的数值超出此范围，则会出现错误提示。

第40行代码，定义range控件，通过拖动滑动条可以控制数值的大小，取值范围是1～100。

第44行代码，定义只能输入电话号码的文本框。由于电话号码格式多样，没有统一的格式，因此tel类型的输入框一般会和pattern属性配合使用。关于pattern属性将在后续任务中进行介绍。

第46行代码，定义可以设置颜色的本文框，用户可以通过“拾色器”面板对颜色进行可视化选择。其中value属性用于设置默认颜色值。

第50行代码，定义一个专门用于搜索的文本框，当用户输入内容后，右侧会出现一个删除图标，用于快速删除输入的内容。

第55～58行代码，定义复选框，用户可以选择多个选项。

第64行代码，定义一个专门用于输入URL地址的文本框，如果输入的内容不符合规范，将出现错误提示。

第69行代码，定义按钮。其中，“submit”为提交类型的按钮，“button”为普通类型的按钮。value属性定义按钮上的文本。

（2）下面分析网页的样式代码。

第3～6行代码，全局reset，设置网页中所有元素的外边距、内边距、边框都为“0px”。

第7～11行代码，设置盒子wrap的属性。

第 12～18 行代码，设置表单 resume 的样式。其中，定位模式（position）为相对定位（relative）。

第 19～22 行代码，设置盒子 header 的样式。其中，背景图片距离左侧边框“7px”，竖直方向居中对齐，图片宽度和高度均为“20px”。

第 23～27 行代码，设置 h3 标题的样式。其中，“letter-spacing”定义文字之间的距离。

第 28～31 行代码，设置盒子 title 的样式。

第 32～39 行代码，设置 h5 标题的样式。

第 40～42 行代码，设置盒子 content 的样式。

第 43～45 行代码，设置表格的样式。

第 46～50 行代码，设置应用了“cols1”类的单元格样式。

第 51～54 行代码，设置应用了“cols2”类的单元格样式。

第 55～59 行代码，设置应用了“input1”类的 input 元素样式。

第 60～63 行代码，设置应用了“input2”类的 input 元素样式。

第 64～67 行代码，设置应用了“sign”类的文本样式。

第 68～75 行代码，设置盒子 bottom 的样式。其中，设置定位模式（position）为绝对定位（absolute）。

第 76～82 行代码，设置盒子 bottom 中两个按钮的样式。

微课视频

15.4 课后实训

15.4 课后实训

设计并制作“会员登录系统”表单，效果如图 15-7 所示。当用户输入登录信息时，效果如图 15-8 所示。

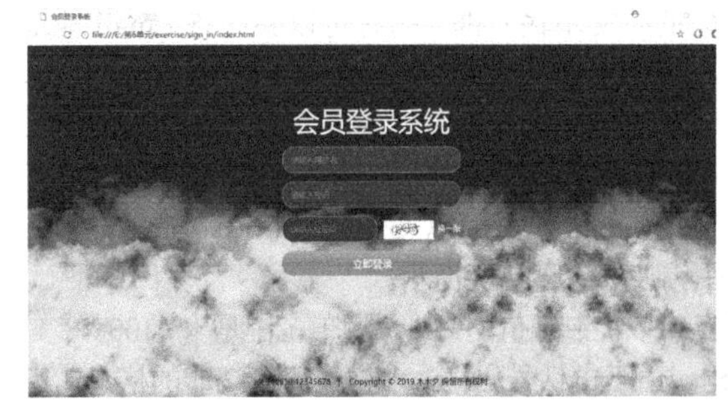

图 15-7 “会员登录系统”表单

图 15-8 用户输入登录信息时的效果

任务 16 其他表单元素与表单验证

微课视频

16.1 知识准备

16.1 知识准备

16.1.1 其他表单元素

除前面介绍的 input 元素外，表单中还有一些其他元素，如 textarea、label、select、datalist 等。

1. textarea 元素

textarea 元素用于定义多行文本输入框，可以通过 cols 和 rows 属性规定文本区域内可见的列数和行数，通过 width 和 height 设置宽度和高度，基本语法格式为：

<textarea cols=" " rows=" ">文本内容</textarea>

textarea 元素的属性见表 16-1。

表 16-1　textarea 元素的相关属性

属　性	属 性 值	含 义 说 明
name	用户自定义	控件的名称
readonly	readonly	控件内容为只读（不能编辑修改）
disabled	disabled	第一次加载页面时禁用该控件（显示为灰色）
maxlength	正整数	控件允许输入的最多字符数
autofocus	autofocus	指定页面加载后是否自动获取焦点
placeholder	字符串	为 input 类型的输入框提供用户提示
required	required	规定输入框填写的内容不能为空
cols	正整数	规定文本区域内可见的列数（宽度）
rows	正整数	规定文本区域内可见的行数（高度）

【例 16-1】textarea 元素的使用，网页效果如图 16-1 所示。代码如下：

```
1   <!doctype html>
2   <html>
3   <head>
4   <meta charset="utf-8">
5   <title>textarea 元素的使用</title>
6   </head>
7   <body>
8   <form action="#" method="post">
9   <h2>多行文本框</h2>
10  <textarea name="content" cols="40" rows="5" placeholder="请输入内容……">
11  </textarea>
12  </form>
13  </body>
14  </html>
```

2．label 元素

label 元素用于为 input 元素定义标注（标记），当用户选择该元素时，浏览器会自动将焦点转到与元素相关的表单控件上。

【例 16-2】label 元素的使用，网页效果如图 16-2 所示。代码如下：

```
1   <!doctype html>
2   <html>
3   <head>
4   <meta charset="utf-8">
5   <title>label 元素的使用</title>
6   </head>
7   <body>
8   <form action="#" method="post">
9   <h2>性别</h2>
10  <input type="radio" name="sex" id="male" checked>
11  <label for="male">男</label>
12  <input type="radio" name="sex" id="female">
13  <label for="female">女</label>
14  </form>
15  </body>
16  </html>
```

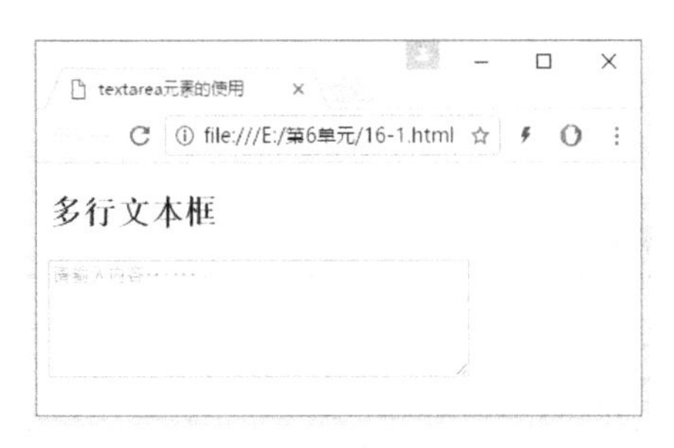

图 16-1 textarea 元素的使用

图 16-2 label 元素的使用

在本例中，将 label 元素的 for 属性值与 input 元素的 id 值设置为相同，从而实现绑定。当用户单击“单选钮”和“文字”时，都能实现同样的选定效果。

提示： label 元素也适用于其他表单元素，如复选框 checkbox、多行文本框 textarea 等。

3．select 元素

select 元素用于创建单选或多选菜单，基本语法格式为：

```
<select>
  <option value="">选项 1</option>
  <option value="">选项 2</option>
  <option value="" selected>选项 3</option>
  <option value="">选项 4</option>
</select>
```

在上述语法中，<option>…</option>标签用于定义<select>…</select >标签的可选项。selected 属性用于定义默认选中项。另外，<select>…</select >标签还有两个常用属性值，分别如下。

- size 属性：定义下拉菜单的可见选项数。
- multiple 属性：定义下拉菜单是否允许多选，如需多选，可按 Ctrl 键选择多个选项。

【例 16-3】select 元素的使用，网页效果如图 16-3 所示。代码如下：

```
1   <!doctype html>
2   <html>
3   <head>
4   <meta charset="utf-8">
5   <title>select 元素的使用</title>
6   </head>
7   <body>
8   <form action="#" method="post">
9   <h2>所在专业</h2>
10  <select>
11    <option selected>--请选择--</option>
12    <option>物联网应用技术</option>
13    <option>安全防范技术</option>
14    <option>大数据技术应用</option>
15    <option>工业设计</option>
16  </select>
17  <h2>所修课程</h2>
18  <select multiple size="4">
19    <option selected>传感器技术</option>
20    <option>web 前端开发</option>
21    <option selected>C 语言程序设计</option>
22    <option>物联网导论</option>
```

```
23     <option>数据库原理</option>
24   </select>
25   </form>
26   </body>
27   </html>
```

在本例中，第 10～16 行代码定义了一个单选下拉菜单，第 18～24 行代码定义了一个多选下拉菜单。

4．datalist 元素

datalist 元素用于定义输入框的选项列表，通过 id 属性与 input 元素关联，配合定义 input 元素的可选值。列表通过 datalist 元素嵌套 option 元素创建。

【例 16-4】datalist 元素的使用，网页效果如图 16-4 所示。代码如下：

```
1    <!doctype html>
2    <html>
3    <head>
4    <meta charset="utf-8">
5    <title>datalist 元素的使用</title>
6    </head>
7    <body>
8    <form action="#" method="post">
9    <h2>常用网址</h2>
10   <input name="myurl" type="url" list="urlList">
11   <datalist id="urlList">
12     <option value="http://www.baidu.com">百度</option>
13     <option value="http://www.qq.com">腾讯</option>
14     <option value="http://www.taobao.com">淘宝</option>
15   </datalist>
16   </form>
17   </body>
18   </html>
```

图 16-3　select 元素的使用

图 16-4　datalist 元素的使用

在本例中，datalist 元素的 id 属性值与 input 元素的 list 属性值相同。当用户单击输入框右边的三角形下拉列表按钮时，就会显示如图 16-4 所示的列表。

16.1.2　表单验证方法

表单的数据提交到 Web 服务器前，必须确保用户输入的数据是正确有效的，这就需要使用表单验证功能进行检测。在 HTML5 中，主要有四种表单验证方式。

（1）使用 HTML5 中新增的 type 类型，如 email、url、number、tel、date 等，这些类型都可以实施 HTML5 内置的正则校验。如果用户输入的内容不符合对应类型的要求，则弹出提示框，并阻止表单提交。

（2）使用 required 属性校验表单元素的内容是否输入为空，如果为空则弹出提示框，并阻止表单提交。

（3）使用 pattern 属性验证输入的内容是否满足条件，pattern 属性值是一个正则表达式。表单提交时，如果控件内的值不匹配这个正则表达式，则弹出提示框，并阻止表单提交。

（4）如果需要更复杂的验证功能，使用 JavaScript 代码实现。

16.1.3 正则表达式

正则表达式作为表单元素的 pattern 属性值，描述了一种字符串匹配的模式，可以用来检索一个字符串中是否含有某个子字符串，将匹配的子字符串进行替换或者从某个字符串中取出符合特定条件的子字符串等。

正则表达式是由普通字符及特殊字符（也叫元字符）组成的文字模式。正则表达式作为一个模板，将某个字符模式与搜索的字符串进行匹配。

1. 普通字符

由所有未显示指定为元字符的打印和非打印字符组成，包括所有的大写和小写字母、数字、标点符号以及其他符号。

2. 特殊字符

特殊字符是指有特殊含义的字符，正则表达式里的特殊字符及其含义见表 16-2。

表 16-2 正则表达式里的特殊字符

符 号	含义说明
$	匹配输入的字符串的结尾位置
( )	标记一个子表达式的开始和结束位置
*	匹配前面的子表达式零次或多次
+	匹配前面的子表达式一次或多次
.	匹配除换行符\n 外的任何单字符
[	标记一个中括号表达式的开始位置
?	匹配前面的子表达式零次或一次
{	标记限定表达式的开始位置
\	将下一个字符标记为特殊字符/原意字符/向后引用/八进制转义符
^	匹配输入字符串的开始位置，除非在方括号表达式中使用，此时它表示不接受该字符集合
|	指明两项之间的一个选择

3. 限定符

限定符用来指定正则表达式的一个给定组件满足匹配时必须出现的次数，共有六种限定符，各项的含义见表 16-3。

表 16-3　正则表达式的限定符

符　　号	含 义 说 明
*	匹配前面的子表达式零次或多次
+	匹配前面的子表达式一次或多次
?	匹配前面的子表达式零次或一次
{n}	*n* 是一个非负整数，匹配确定的 *n* 次
{n,}	*n* 是一个非负整数，至少匹配 *n* 次
{n,m}	*m* 和 *n* 均为非负整数，且 $n \leqslant m$，最少匹配 *n* 次且最多匹配 *m* 次

4．定位符

定位符用来描述字符串或单词的边界。其中，^和$分别指字符串的开始和结束位置；\b 描述单词的前边界或后边界；\B 表示非单词边界，不能对定位符使用限定符。

5．常用的正则表达式

常用的正则表达式见表 16-4。

表 16-4　常用的正则表达式

<table>
<tr><th>正则表达式</th><th>含 义 说 明</th></tr>
<tr><td>^[0-9]*$</td><td>数字</td></tr>
<tr><td>^\d{n}$</td><td>n 位的数字</td></tr>
<tr><td>^\d{n,}$</td><td>至少 n 位的数字</td></tr>
<tr><td>^\d{m,n}$</td><td>m~n 位的数字</td></tr>
<tr><td>^(0|[1-9][0-9]*)$</td><td>零和非零开头的数字</td></tr>
<tr><td>^([1-9][0-9]*)+(.[0-9]{1,2})?$</td><td>非零开头的最多带两位小数的数字</td></tr>
<tr><td>^[\u4e00-\u9fa5]{0,}$</td><td>汉字</td></tr>
<tr><td>^[A-Za-z0-9]+$ 或 ^[A-Za-z0-9]{4,40}$</td><td>英文和数字</td></tr>
<tr><td>^.{3,20}$</td><td>长度为 3~20 的所有字符</td></tr>
<tr><td>^[A-Za-z]+$</td><td>由 26 个英文字母组成的字符串</td></tr>
<tr><td>^[A-Z]+$</td><td>由 26 个大写英文字母组成的字符串</td></tr>
<tr><td>^[a-z]+$</td><td>由 26 个小写英文字母组成的字符串</td></tr>
<tr><td>^[A-Za-z0-9]+$</td><td>由数字、26 个英文字母组成的字符串</td></tr>
<tr><td>^[\u4E00-\u9FA5A-Za-z0-9_]+$</td><td>中文、英文、数字、下画线</td></tr>
<tr><td>^\w+([-+.]\w+)*@\w+([-.]\w+)*\.\w+([-.]\w+)*$</td><td>Email 地址</td></tr>
<tr><td>[a-zA-z]+://[^\s]* 或 ^http://([\w-]+\.)+[\w-]+(/[\w-./?%&=]*)?$</td><td>URL 地址</td></tr>
<tr><td>^(13[0-9]|14[5|7]|15[0|1|2|3|5|6|7|8|9]|18[0|1|2|3|5|6|7|8|9])\d{8}$</td><td>手机号码</td></tr>
<tr><td>^(\(\d{3,4}-)|\d{3.4}-)?\d{7,8}$</td><td>电话号码（"XXX-XXXXXXX"、"XXXX-XXXXXXXX"、"XXX-XXXXXXX"、"XXX-XXXXXXXX"、"XXXXXXX"和"XXXXXXXX"）</td></tr>
<tr><td>^([0-9]){7,18}(x|X)?$ 或 ^\d{8,18}|[0-9x]{8,18}|[0-9X]{8,18}?$</td><td>短身份证号码（数字、字母 X 结尾）</td></tr>
<tr><td>^[a-zA-Z][a-zA-Z0-9_]{4,15}$</td><td>账号是否合法（字母开头，长度为 5~16 位，允许字母、数字、下画线）</td></tr>
<tr><td>^[a-zA-Z]\w{5,17}$</td><td>密码（字母开头，长度为 6~18 位，只能包含字母、数字和下画线）</td></tr>
<tr><td>^(?=.*\d)(?=.*[a-z])(?=.*[A-Z]).{8,10}$</td><td>强密码（必须包含大小写英文字母和数字的组合，不能使用特殊字符，长度为 8~10 位）</td></tr>
</table>

16.2 实战演练——制作“商品订购”表单

微课视频

16.2 实战演练

16.2.1 网页效果图

设计并制作“商品订购”表单，效果如图 16-5 所示。

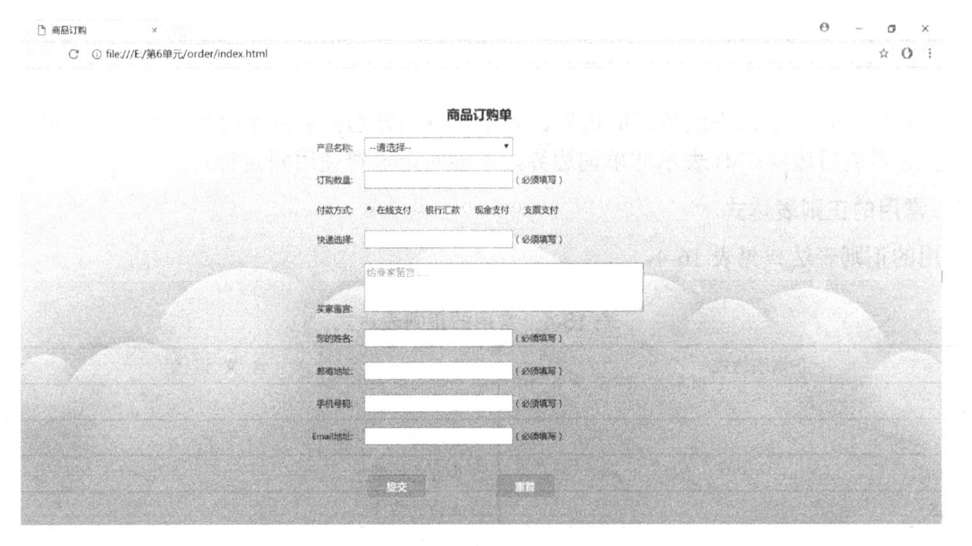

图 16-5 “商品订购”表单

16.2.2 制作过程

（1）分析“商品订购”表单的网页布局，如图 16-6 所示。在站点下新建 HTML 网页，保存为“index.html”，将网页的标题栏内容改为“商品订购”，编辑网页内容，代码如下：

div.order		
<form>		
<h2></h2>		
<p>	<span>	<select>
<p>	<span>	<input>
<p>	<span>	<input><label>
<p>	<span>	<input><datalist>
<p>	<span>	<textarea>
<p>	<span>	<input>
<p>	<span>	<input>
<p>	<span>	<input>
<p>	<span>	<input>
<p>	<input>	<input>

图 16-6 “商品订购”表单的网页布局

```
1   <!doctype html>
2   <html>
3   <head>
4     <meta charset="utf-8">
5     <title>商品订购</title>
6     <link href="style/div.css" rel="stylesheet" type="text/css">
7   </head>
8   <body>
9     <div class="order">
10      <form action="#">
11        <h2>商品订购单</h2>
12        <p>
13          <span>产品名称:</span>
14          <select class="productname">
15            <option selected>--请选择--</option>
16            <option>小米音箱</option>
17            <option>小米手机</option>
18            <option>小米手环</option>
19            <option>小米扫地机</option>
20            <option>小米耳机</option>
21            <option>小米电视</option>
22          </select>
23        </p>
24        <p>
25          <span>订购数量:</span>
26          <input type="number" min="1" required>（必须填写）</p>
27        <p>
28          <span>付款方式:</span>
29          <input type="radio" name="payment" id="online" checked class="radio">
30          <label for="online">在线支付</label>
31          <input type="radio" name="payment" id="remit" class="radio">
32          <label for="remit">银行汇款</label>
33          <input type="radio" name="payment" id="cash" class="radio">
34          <label for="cash">现金支付</label>
35          <input type="radio" name="payment" id="check" class="radio">
36          <label for="check">支票支付</label>
37        </p>
38        <p>
39          <span>快递选择:</span>
40          <input name="express" type="text" list="expresslist" required>（必须填写）
41          <datalist id="expresslist">
42            <option>顺丰快递</option>
43            <option>圆通快递</option>
44            <option>申通快递</option>
45          </datalist>
46        </p>
47        <p>
48          <span>买家留言:</span>
49          <textarea name="content" cols="40" rows="5" placeholder="给商家留言……"></textarea>
50        </p>
51        <p>
52          <span>您的姓名:</span>
53          <input type="text" required pattern="^[\u4e00-\u9fa5]{0,}$">（必须填写）
54        </p>
55        <p>
```

```
56                <span>邮寄地址:</span>
57                <input type="text" required>（必须填写）
58            </p>
59            <p>
60                <span>手机号码:</span>
61                <input type="tel" required pattern="^(13[0-9]|14[5|7]|15[0|1|2|3|5|6|7|8|9]|18[0|1|2|3|5|6|7|8|9])\
62 d{8}$">（必须填写）
63            </p>
64            <p>
65                <span>Email 地址:</span>
66                <input type="email" required>（必须填写）
67            </p>
68            <p id="btn">
69                <input type="submit" value="提交">
70                <input type="reset" value="重置">
71            </p>
72        </form>
73    </div>
74 </body>
75 </html>
```

（2）在站点下新建“style”文件夹，新建 css 样式文件，命名为“div.css”，保存在“style”文件夹中。设置网页元素的样式，代码如下：

```
1  @charset "utf-8";
2  /* CSS Document */
3  *{
4      padding:0;
5      margin:0;
6      border:0;}
7  body{
8      font-size:12px;
9      font-family:"微软雅黑";
10     background:url(../images/bg.jpg) no-repeat fixed;
11     background-size:cover;}
12 .order{
13     width:500px;
14     height:400px;
15     margin:50px auto;}
16 h2{
17     text-align:center;
18     margin:20px 0;}
19 p{
20     margin-top:20px;}
21 p span{
22     width:75px;
23     display:inline-block;
24     text-align:right;
25     padding-right:12px;}
26 p .productname{
27     width:206px;
28     height:25px;
29     border:1px solid #38a1bf;
30     padding:2px;}
31 p input:not(.radio){
32     width:200px;
33     height:18px;
34     border:1px solid #38a1bf;
```

```
35        padding:2px;}
36  p textarea{
37        width:380px;
38        height:60px;
39        border:1px solid #38a1bf;
40        padding:2px;}
41  #btn input {
42        width:80px;
43        height:30px;
44        background:#69F;
45        margin-top:20px;
46        margin-left:95px;
47        border-radius:3px;
48        font-size:14px;
49        color:#fff;}
```

16.2.3　代码分析

（1）下面分析网页的内容代码。

第 14～22 行代码，定义一个下拉菜单元素。

第 26 行代码，设置数字输入框的内容不能为空，即“required”。

第 29～36 行代码，设置 input 元素绑定的 label 元素内容，其中 label 元素的 for 属性值要与 input 元素的 id 属性值相同。

第 40～45 行代码，定义一个 datalist 元素，用于设置 input 输入框的选项列表。其中，input 元素的 list 属性值要与 datalist 元素的 id 属性值相同。

第 49 行代码，定义多行文本区域。

第 53 行代码，设置 input 元素的 pattern 属性，其值是一个正则表达式“^[\u4e00-\u9fa5]{0,}$”，表示输入内容只能为汉字。

第 61～62 行代码，设置 input 元素的 pattern 属性，其值是一个正则表达式“^(13[0-9]|14[5|7]|15[0|1|2|3|5|6|7|8|9]|18[0|1|2|3|5|6|7|8|9])\d{8}$”，用于规范手机号码的格式。

（2）下面分析网页的样式代码。

第 10～11 行代码，设置网页背景图片为不重复（no-repeat），固定不动（fixed），且保持图像本身的宽度与高度比例，并将图片缩放到完全覆盖定义背景的区域，即“background-size:cover”。

第 31 行代码，使用选择器“p input:not(.radio)”匹配 p 元素中没有应用“radio”类的所有 input 元素。

在第 41 行代码中，选择器“#btn input”的权重值为 100+1=101；而第 31 行代码中，选择器“p input:not(.radio)”的权重值为 1+1+10=12（其中，标记选择器权重是 1，类选择器权重是 10，id 选择器权重是 100，伪类选择器权重是 10），则两个按钮元素应用了“#btn input”中的样式。

16.3　强化训练——制作“会员注册”表单

微课视频

16.3　强化训练

16.3.1　网页效果图

设计并制作“会员注册”表单，效果如图 16-7 所示。如果表单信息填写正确，效果如图 16-8 所示。

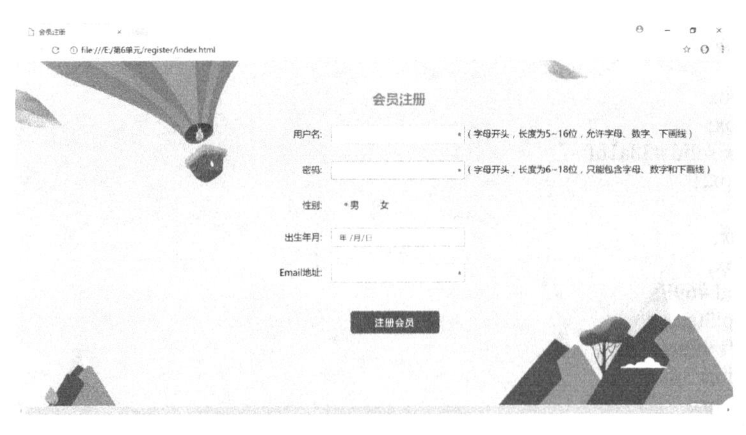

图 16-7 “会员注册”表单

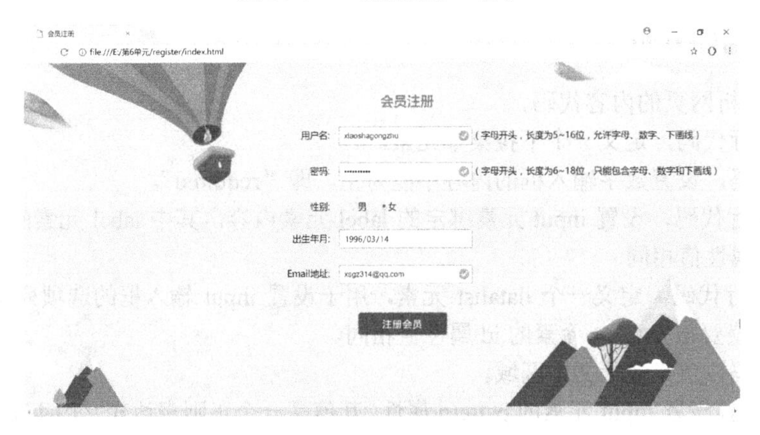

图 16-8 信息填写正确时的效果

16.3.2 制作过程

（1）分析“会员注册”表单的网页布局，如图 16-9 所示。在站点下新建 HTML 网页，保存为“index.html”，将网页的标题栏内容改为“会员注册”，编辑网页内容，代码如下：

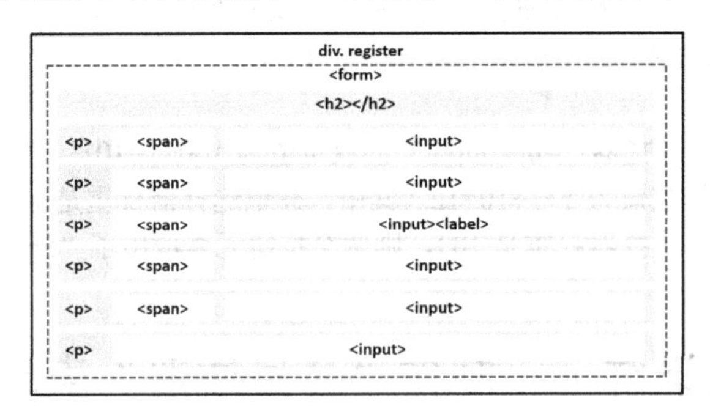

图 16-9 “会员注册”表单的网页布局

```
1  <!doctype html>
2  <html>
3  <head>
4      <meta charset="utf-8">
5      <title>会员注册</title>
```

```
6      <link href="style/div.css" rel="stylesheet" type="text/css">
7   </head>
8   <body>
9      <div class="register">
10         <form action="#">
11            <h2>会员注册</h2>
12            <p>
13               <span>用户名:</span>
14               <input type="text" required pattern="^[a-zA-Z][a-zA-Z0-9_]{4,15}$" class="usually">（字母开头，
15   长度为 5~16 位，允许字母、数字、下画线）
16            </p>
17            <p>
18               <span>密码:</span>
19               <input type="password" required pattern="^[a-zA-Z]\w{5,17}$" class="usually">（字母开头，长度
20   位 6~18 位，只能包含字母、数字和下画线）</p>
21            <p>
22               <span>性别:</span>
23               <input type="radio" name="sex" id="male" class="radio" checked>
24               <label for="male">男</label>
25               <input type="radio" name="sex" id="female" class="radio">
26               <label for="female">女</label>
27            </p>
28            <p>
29               <span>出生年月:</span>
30               <input name="birth" type="date">
31            </p>
32            <p>
33               <span>Email 地址:</span>
34               <input type="email" required class="usually">
35            </p>
36            <p id="btn">
37               <input type="submit" value="注册会员">
38            </p>
39         </form>
40      </div>
41   </body>
42   </html>
```

（2）在站点下新建“style”文件夹，新建 css 样式文件，命名为“div.css”，保存在“style”文件夹中。设置网页元素的样式，代码如下：

```
1   @charset "utf-8";
2   /* CSS Document */
3   *{
4         padding:0px;
5         margin:0px;
6         border:0px;}
7   body{
8         font-size:16px;
9         font-family:"微软雅黑";
10        background:url(../images/bg.jpg) no-repeat center center fixed;
11        background-size:cover;}
12  .register{
13        width:900px;
14        height:400px;
```

```
15          margin-top:50px;
16          margin-left:400px;}
17  h2{
18          margin:20px 0 20px 240px;
19          color:rgb(194,73,78);}
20  p{
21          margin-top:30px;}
22  p span{
23          width:150px;
24          margin-top:3px;
25          display:inline-block;
26          text-align:right;
27          padding-right:12px;}
28  p input:not(.radio){
29          width:220px;
30          height:20px;
31          border:1px solid #38a1bf;
32          padding:5px 8px;}
33  .radio{
34          margin-left:20px;}
35   #btn input {
36          width:160px;
37          height:40px;
38          background:rgb(9,101,90);
39          margin-top:20px;
40          margin-left:200px;
41          border-radius:5px;
42          font-size:16px;
43          color:#fff;
44          letter-spacing:2px;}
45  /*给应用了类名 usually 的 input 元素设置背景图片*/
46  .usually{
47          background: #fff url(../images/attention.png) no-repeat 98% center;}
48  /*当该元素获取有效的填写内容时，设置背景图片*/
49  .usually:required:valid {
50          background: #fff url(../images/right.png) no-repeat 98% center;}
```

16.3.3 代码分析

（1）下面分析网页的内容代码。

第 14～15 行代码，设置输入框的内容不能为空，即“required”，input 元素的 pattern 属性值是一个正则表达式“^[a-zA-Z][a-zA-Z0-9_]{4,15}$”，表示内容为字母开头，长度为 5~16 位，允许字母、数字、下画线。

第 19～20 行代码，设置输入框的内容不能为空，即“required”，input 元素的 pattern 属性值是一个正则表达式“^[a-zA-Z]\w{5,17}$”，表示内容为字母开头，长度为 6~18 位，只能包含字母、数字和下画线。

第 23～26 行代码，设置 input 元素绑定的 label 元素内容，其中，label 元素的 for 属性值要与 input 元素的 id 属性值相同。

（2）下面分析网页的样式代码。

第 10～11 行代码，设置网页背景图片为不平铺（no-repeat），水平和垂直都居中（center center），固定不动（fixed），且保持图像本身的宽度与高度比例，并将图片缩放到完全覆盖定义背景的区域，即“background-size:cover”。

第 28 行代码，使用选择器“p input:not(.radio)”匹配 p 元素中没有应用“radio”类的所有 input 元素。

在第 35 行代码中，选择器“#btn input”的权重值为 100+1=101；而在第 28 行代码中，选择器“p input:not(.radio)”的权重值为 1+1+10=12（其中，标记选择器权重是 1，类选择器权重是 10，id 选择器权重是 100，伪类选择器权重值是 10），则两个按钮元素应用了“#btn input”中的样式。

第 46～47 行代码，给应用了类名 usually 的 input 元素设置背景图片，水平位置在“98%”处，垂直位置居中。

第 49～50 行代码，当该元素获取有效的填写内容时，设置背景图片。

微课视频

16.4　课后实训

16.4　课后实训

设计并制作“学生档案”表单，用于录入学生档案信息，效果如图 16-10 所示。其中，“所属专业”的效果如图 16-11 所示，“入学成绩”的效果如图 16-12 所示，“入学日期”的效果如图 16-13 所示。

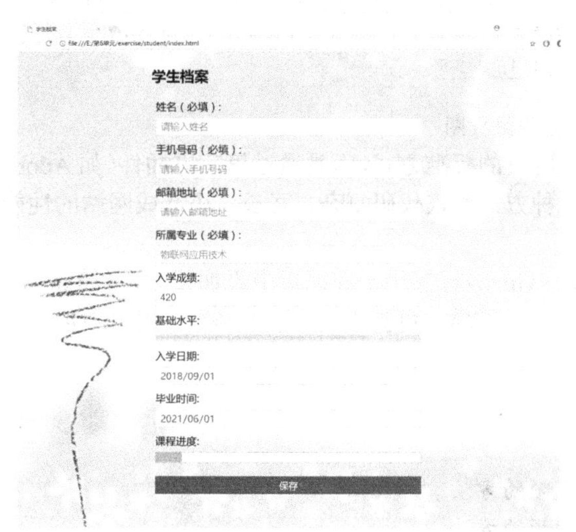

图 16-10　“学生档案”表单

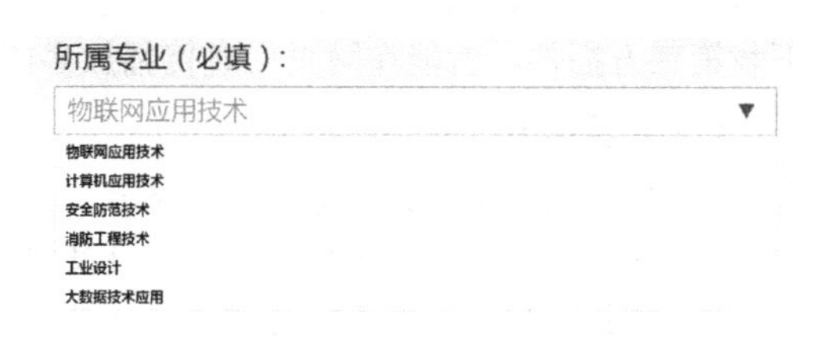

图 16-11　“所属专业”效果

图 16-12　“入学成绩”效果

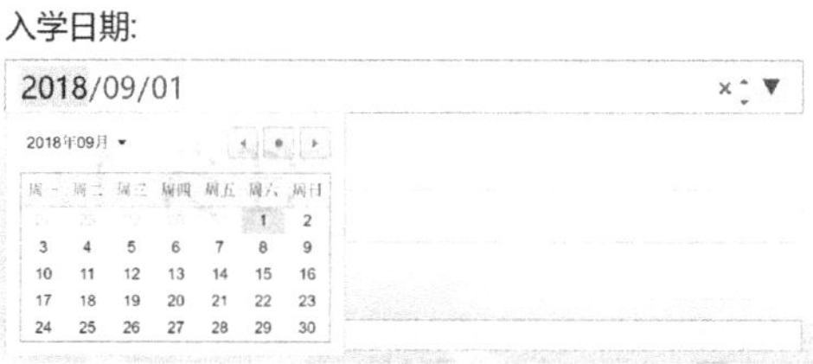

图 16-13　“入学日期”效果

第七单元

网页多媒体

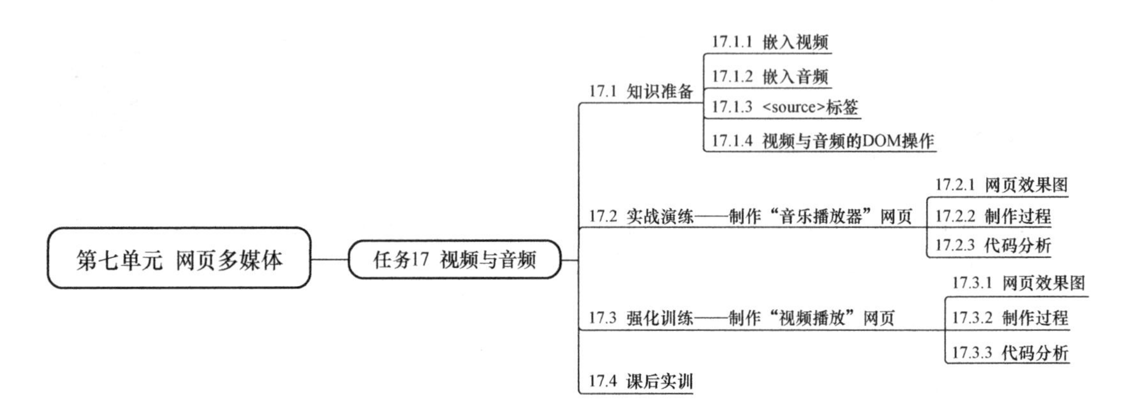

本章知识要点思维导图

在 HTML5 出现前，并没有将视频和音频嵌入网页的标准方式，而是通过第三方插件（如 Adobe 公司的 Flash Player 插件）将多媒体插入网页，这种方式不仅代码复杂、冗长，还造成网站的性能和稳定性潜藏着一些问题。

HTML5 新增了<video>标签和<audio>标签，<video>标签用于在网页中添加视频，<audio>标签用于在网页中添加音频，HTML5 规范提供了通用、完整、可脚本化控制的 API。用户不再需要下载第三方插件，就能在网页中直接播放多媒体内容。

【学习目标】

1. 了解网页支持的视频和音频格式。
2. 掌握 HTML5 中视频的相关属性及嵌入视频的方法。
3. 掌握 HTML5 中音频的相关属性及嵌入音频的方法。
4. 了解视频与音频的 DOM 操作。

任务 17　视频与音频

17.1　知识准备

微课视频

17.1　知识准备

17.1.1　嵌入视频

在 HTML5 中，使用<video>标签定义视频，该标签自带控制栏，能够控制视频的播放、暂停、进度、音量控制、全屏等功能，用户也可以自定义控制栏样式。<video>标签的语法格式如下：

```
<video src="视频文件路径" controls="controls"></video>
```

在上述语法格式中，src 属性用于设置视频文件的路径，该路径可以是本地视频文件路径，也可以是视频文件的网络地址；controls 属性用于定义视频的播放控件；<video>…</video>标签之间可以插入文字，当浏览器不支持播放文件时显示。另外，还可以为<video>标签设置其他属性，见表 17-1。

表 17-1 <video>标签的相关属性

属　性	属 性 值	含 义 说 明
src	URL 地址	播放视频的 URL
controls	controls	如果出现该属性，则向用户显示控件，如“播放”按钮
autoplay	autoplay	如果出现该属性，则视频在就绪后马上播放
width	像素值	设置视频播放器的宽度
height	像素值	设置视频播放器的高度
loop	loop	如果出现该属性，则当视频文件完成播放后再次开始播放
preload	preload	如果出现该属性，则视频在页面加载时进行加载，并预备播放。如果使用“autoplay”，则忽略该属性
poster	URL 地址	当视频缓冲不足时，该属性值链接一个图像，并将该图像按照一定比例显示

17.1.2 嵌入音频

在 HTML5 中，使用<audio>标签定义音频，该标签的使用方法与<video>标签基本相同，语法格式如下：

```
<audio src="音频文件路径" controls="controls"></audio>
```

在上述语法格式中，src 属性用于设置音频文件的路径，该路径可以是本地音频文件路径，也可以是音频文件的网络地址；controls 属性用于定义音频的播放控件；<audio>…</audio>标签之间可以插入文字，当浏览器不支持播放文件时显示。另外，还可以为<audio>标签设置其他属性，见表 17-2。

表 17-2 <audio>标签的相关属性

属　性	属 性 值	含 义 说 明
src	URL 地址	要播放音频的 URL
controls	controls	如果出现该属性，则向用户显示控件，如“播放”按钮
autoplay	autoplay	如果出现该属性，则音频在就绪后马上播放
width	像素值	设置音频播放器的宽度
height	像素值	设置音频播放器的高度
loop	loop	如果出现该属性，则当音频文件完成播放后再次开始播放
preload	preload	如果出现该属性，则音频在页面加载时进行加载，并预备播放。如果使用“autoplay”，则忽略该属性

17.1.3 <source>标签

<video>标签支持 3 种视频格式：Ogg、MPEG4 和 WebM。<audio>标签支持 3 种音频格式：Ogg Vorbis、MP3 和 Wav，但各浏览器对上述格式并不完全支持，详细情况见表 17-3。

表 17-3　各浏览器支持的视频和音频格式

	IE 9	Firefox 4.0	Opera 10.6	Chrome 6.0	Safari 3.0
视频格式					
Ogg		支持	支持	支持	
MPEG4	支持			支持	支持
WebM		支持	支持	支持	
音频格式					
Ogg Vorbis		支持	支持	支持	
MP3	支持			支持	支持
Wav		支持	支持		支持

从表 17-3 中可以看出，没有一种视频格式或音频格式让所有的浏览器都支持。因此，HTML5 提供了<source>标签，用于指定多个备用的不同格式文件的路径，浏览器将使用第一种可识别的格式，语法如下：

```
<video width="320" height="240" controls="controls">
  <source src="movie.ogg" type="video/ogg">
  <source src="movie.mp4" type="video/mp4">
您的浏览器不支持该播放文件。
</video>
```

或：

```
<audio controls="controls">
  <source src="song.ogg" type="audio/ogg">
  <source src="song.mp3" type="audio/mpeg">
您的浏览器不支持该播放文件。
</audio>
```

17.1.4　视频与音频的 DOM 操作

HTML5 为视频（video）和音频（audio）提供了 DOM 操作的方法，见表 17-4。

表 17-4　video 和 audio 的 DOM 操作的方法

方　法	含　义
load()	加载媒体文件，为播放做准备。通常用于播放前的预加载，也用于重新加载媒体文件
play()	播放媒体文件。如果视频没有加载，则加载并播放；如果视频是暂停的，则进行播放
pause()	暂停播放媒体文件
canPlayType()	测试浏览器是否支持指定的媒体类型

HTML5 还为视频和音频提供了 DOM 操作的属性，见表 17-5。

表 17-5　video 和 audio 的 DOM 操作的属性

属　性	含　义	属　性	含　义
currentSrc	返回当前媒体的 URL	paused	设置或返回媒体是否暂停
currentTime	设置或返回媒体中的当前播放位置（按秒计算）	muted	设置或返回是否关闭声音
duration	返回媒体的长度（按秒计算）	volume	设置或返回媒体的音量
ended	返回媒体的播放是否已结束	height	设置或返回媒体的高度值
error	返回表示媒体错误状态的 MediaError 对象	width	设置或返回媒体的宽度值

HTML5 还为视频和音频提供了 DOM 操作的事件，在读取或播放媒体文件时，会触发一系列事件，见表 17-6。

表 17-6　video 和 audio 的 DOM 操作的事件

事　件	含　义	事　件	含　义
play	当执行方法 play()时触发	loadstart	当浏览器开始查找媒体时触发
playing	正在播放时触发	progress	当浏览器正在下载媒体时触发
pause	当执行方法 pause()时触发	suspend	当浏览器刻意不获取媒体数据时触发
timeupdate	当播放位置被改变时触发	abort	当已放弃媒体加载时触发
ended	当播放结束后停止播放时触发	error	当媒体加载期间发生错误时触发
waiting	当等待加载下一帧时触发	emptied	当目前的播放列表为空时触发
ratechange	当媒体的播放速度已更改时触发	stalled	当浏览器尝试获取媒体数据，但数据不可用时触发
volumechange	当音量已更改时触发	loadedmetadata	当浏览器已加载媒体的元数据时触发
canplay	当浏览器可以播放媒体时触发	loadeddata	当浏览器已加载媒体的当前帧时触发
canplaythrough	当浏览器可在不因缓冲而停顿的情况下进行播放时触发	seeked	当用户已移动/跳跃到媒体中的新位置时触发
durationchange	当媒体的时长已更改时触发	seeking	当用户开始移动/跳跃到媒体中的新位置时触发

表 17-6 中的这些事件需要使用 JavaScript 脚本捕获，才能进行相应的处理操作。有关 JavaScript 脚本的内容将在第八单元进行介绍。

17.2　实战演练——制作“音乐播放器”网页

微课视频

17.2　实战演练

17.2.1　网页效果图

设计并制作“音乐播放器”网页，效果如图 17-1 所示。

图 17-1　“音乐播放器”网页

17.2.2　制作过程

（1）分析“音乐播放器”的网页布局，如图 17-2 所示。在站点下新建 HTML 网页，保存为“index.html”，将网页的标题栏内容改为“音乐播放器”，编辑网页内容，代码如下：

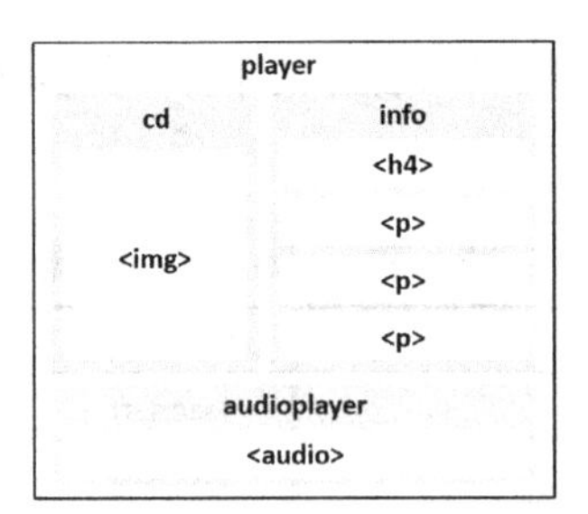

图 17-2 “音乐播放器”的网页布局

```
1  <!doctype html>
2  <html>
3  <head>
4    <meta charset="utf-8">
5    <title>音乐播放器</title>
6    <link href="style/div.css" rel="stylesheet" type="text/css">
7  </head>
8  <body>
9    <div class="player">
10     <div class="cd">
11       <img src="images/cd.gif" width="150" height="150">
12     </div>
13     <div class="info">
14       <h4>夜的钢琴曲（五）</h4>
15       <p>编曲：石进</p>
16       <p>谱曲：石进</p>
17       <p>音乐风格：钢琴</p>
18     </div>
19     <div class="audioplayer">
20       <audio src="music/music.mp3" controls></audio>
21     </div>
22   </div>
23 </body>
24 </html>
```

（2）在站点下新建“style”文件夹，新建 css 样式文件，命名为“div.css”，保存在“style”文件夹中。设置网页元素的样式，代码如下：

```
1  @charset "utf-8";
2  /* CSS Document */
3  *{
4        padding:0px;
5        margin:0px;}
6  .player{
7        width:360px;
8        height:210px;
9        border:1px solid #000;
10       border-radius:6px;
11       margin:50px auto;
12       background-image:url(../images/bg.jpg);
13       background-size:360px 200px;}
14 .cd{
15       float:left;
16       margin-top:12px;
17       margin-left:20px;}
```

```
18  .info{
        float:left;
20      margin-top:35px;
21      margin-left:26px;
22      color:#FFF;
23      font-family:"微软雅黑";}
24  .info h4{
25      margin-bottom:15px;
26      letter-spacing:1px;}
27  .info p{
28      margin-bottom:3px;
29      font-size:14px;}
30  audio{
31      width:356px;
32      height:35px;}
33  .audioplayer{
34      width:356px;
35      height:36px;
36      float:left;
37      padding:0 2px;
38      margin-top:8px;
39      background-color:#fff;
40      border-radius:0 0 6px 6px;}
```

17.2.3　代码分析

下面分析网页的样式代码。

第 26 行代码，设置文字的间距（letter-spacing）为“1px”。

第 37 行代码，设置应用了“audioplayer”样式的盒子上、下内边距为“0”，左、右内边距为“2px”，即“padding:0 2px”。

第 40 行代码，设置应用了“audioplayer”样式的盒子左上角、右上角的圆角半径为“0”，左下角、右下角的圆角半径为“6px”，即“border-radius:0 0 6px 6px”。

17.3　强化训练——制作“视频播放”网页

微课视频

17.3　强化训练

17.3.1　网页效果图

设计并制作“视频播放”网页，效果如图 17-3 所示。

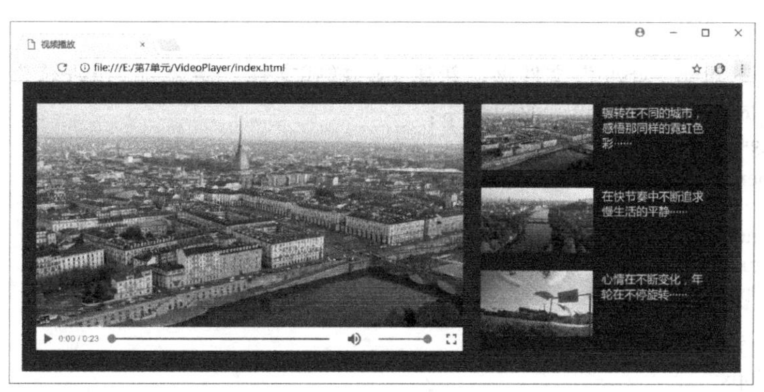

图 17-3　“视频播放”网页

17.3.2 制作过程

（1）分析“视频播放”的网页布局，如图 17-4 所示。在站点下新建 HTML 网页，保存为“index.html”，将网页的标题栏内容改为“视频播放”，编辑网页内容，代码如下：

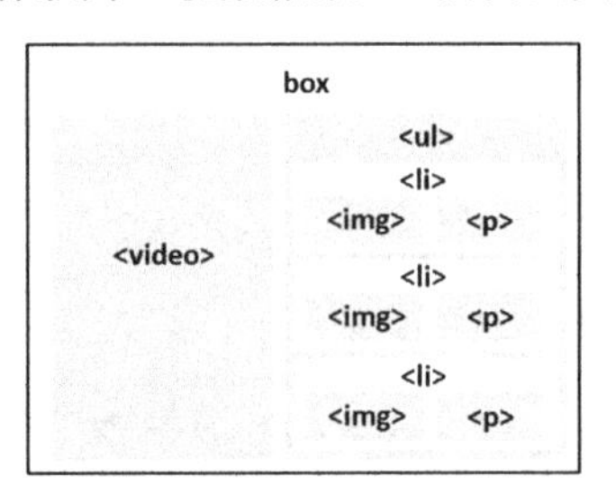

图 17-4 “视频播放”的网页布局

```
1   <!doctype html>
2   <html>
3   <head>
4     <meta charset="utf-8">
5     <title>视频播放</title>
6     <link href="style/div.css" rel="stylesheet" type="text/css">
7   </head>
8   <body>
9     <div class="box">
10      <video src="media/1.mp4" autoplay controls loop></video>
11      <ul>
12        <li>
13          <img src="images/1.png">
14          <p>辗转在不同的城市，感悟那同样的霓虹色彩……</p>
15        </li>
16        <li>
17          <img src="images/2.png">
18          <p>在快节奏中不断追求慢生活的平静……</p>
19        </li>
20        <li>
21          <img src="images/3.png">
22          <p>心情在不断变化，年轮在不停旋转……</p>
23        </li>
24      </ul>
25    </div>
26  </body>
27  </html>
```

（2）在站点下新建“style”文件夹，新建 css 样式文件，命名为“div.css”，保存在“style”文件夹中。设置网页元素的样式，代码如下：

```
1   @charset "utf-8";
2   /* CSS Document */
3   *{
4       list-style:none;
5       margin:0px;
6       padding:0px;}
7   .box{
8       width:1020px;
9       height:400px;
10      margin:0 auto;
```

```
11        border:1px solid #ccc;
12        background:#262625;
13        position:relative;}
14  video{
15        width:605px;
16        position:absolute;
17        left:20px;
18        top:30px;}
19  ul{
20        width:350px;
21        height:340px;
22        position:absolute;
23        right:20px;
24        top:30px;
25        background:#171717;}
26  li{
27        width:352px;
28        height:115px;}
29  img{
30        width:160px;
31        float:left;}
32  p{
33        width:150px;
34        padding-right:30px;
35        float:right;
36        color:#ccc;}
37  li:nth-child(1) p{color:#FC6;}
```

17.3.3 代码分析

（1）下面分析网页的内容代码。

第 10 行代码，在网页中插入视频。设置打开网页时自动播放视频，即“autoplay”；设置显示视频播放器控制条，即“controls”；设置视频循环播放，即“loop”。

（2）下面分析网页的样式代码。

第 4 行代码，设置网页的列表样式为无，即“list-style:none”。

第 37 行代码，设置第一个元素 li 中的段落元素 p 里的文本颜色为“#FC6”。

微课视频

17.4 课后实训

17.4 课后实训

设计并制作如图 17-5 所示的“视频播放器”网页。“视频播放器”没有控制栏，通过“播放/暂停”按钮控制。此外，“放大”按钮可以放大视频，“缩小”按钮可以缩小视频，“普通”按钮可以将视频还原至默认大小。

图 17-5 “视频播放器”网页

第八单元

JavaScript 基础

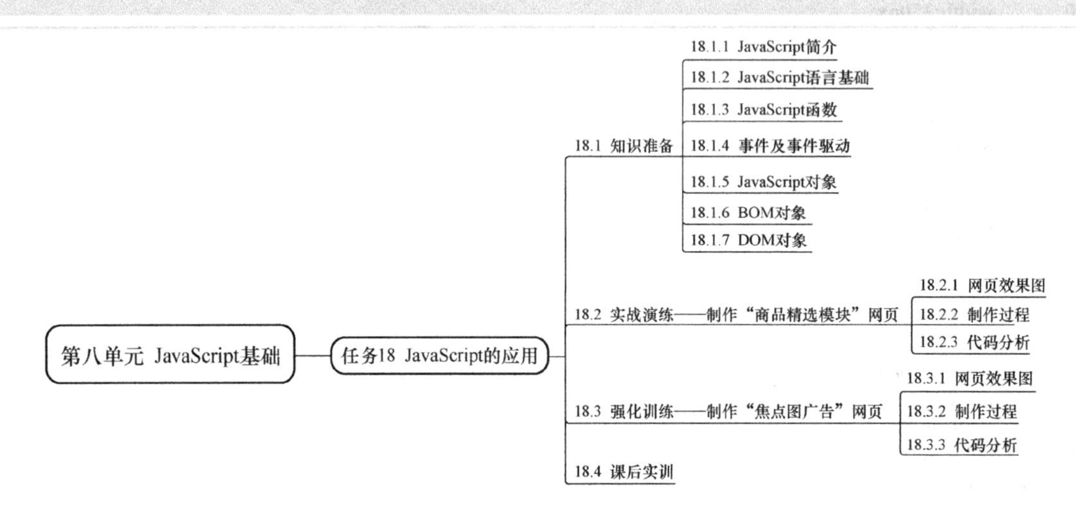

本章知识要点思维导图

JavaScript 是一种功能强大的 Web 编程语言，用于开发交互式的 Web 页面。JavaScript 是一种基于对象（Object）和事件驱动（Event Driven），并具有安全性能的解释性脚本语言，它不需要进行编译，而是直接嵌入 HTML 页面中，实现实时的、动态的、可交互的网页效果。

JavaScript 语言最主要的应用就是在 Web 上创建网页特效。例如，常见的表单验证、网页动画效果、焦点图切换效果、浮动广告窗口、旋转文字特效等，都可以通过 JavaScript 实现。

【学习目标】

1. 掌握 JavaScript 的基本语法。
2. 掌握 JavaScript 的语言基础。
3. 理解 JavaScript 的函数使用方法。
4. 了解事件及事件驱动。
5. 了解 JavaScript 对象。

任务 18　JavaScript 的应用

微课视频

18.1　知识准备

18.1　知识准备

18.1.1　JavaScript 简介

JavaScript 是一种 Web 页面脚本编程语言，也是一种通用的、跨平台的、基于对象和事件驱动的，并具有安全性的脚本语言。

Java 和 JavaScript 是两种完全不同的语言。Java 是面向对象的程序设计语言，用于开发企业应用程序，而 JavaScript 是在浏览器中执行，用于开发客户端浏览器的应用程序，能够实现用户与浏览器的动态交互。

1. JavaScript 引入方式

在 HTML 文档中引入 JavaScript 代码有两种方式，一种是在 HTML 文档中直接嵌入 JavaScript 脚本代码，被称为内嵌式；另一种是通过链接引入外部的 JavaScript 脚本文件，被称为外链式。

（1）内嵌式。在 HTML 文档中，JavaScript 代码通过<script>标签引入，其代码可以置于<head>…</head>标签之间，被称为头脚本；也可以将代码置于<body>…</body>标签之间，被称为体脚本。当浏览器读取到<script>…</script>标签之间的内容时，便会解释执行其中的脚本语句，语法格式如下：

```
<head>
<script>
    //此处为 JavaScript 代码
</script>
</head>
```

在有的实例中，可能会在 <script>…</script>标签内使用 type="text/javascript"。其实，现在已经不必这样做了，JavaScript 是所有新款浏览器及 HTML5 中的默认脚本语言。

【例 18-1】内嵌式引入 JavaScript 脚本，网页效果如图 18-1 所示。代码如下：

```
1  <!doctype html>
2  <html>
3  <head>
4  <meta charset="utf-8">
5  <title>内嵌式引入</title>
6  <script>
7      document.write("此处为 JavaScript 代码。");   //输出语句。
8  </script>
9  </head>
10 <body>
11 <p>此处为网页内容。</p>
12 </body>
13 </html>
```

在本例中，第一行文本由 JavaScript 代码定义，第二行文本由<p>…</p>标签定义。

提示：可以在 HTML 文档中放入不限数量的脚本。脚本可位于 HTML 的<body>…</body>或<head>…</head>标签中，或者同时存在于两个标签内。通常的做法是把函数放入 <head>…</head>标签中，或者放在页面底部。这样就可以把它们安置到同一位置，不会干扰页面的内容。

（2）外链式。当 JavaScript 脚本代码比较复杂或者同一段代码需要被多个网页文件使用时，可以将这些脚本代码放在一个 js 格式文件中，然后通过外链式引入该 js 格式文件，语法格式如下：

```
<head>
<script src="js 文件的路径"></script>
</head>
```

【例 18-2】外链式引入 JavaScript 脚本，网页效果如图 18-2 所示。代码如下：

```
1  <!doctype html>
2  <html>
3  <head>
4  <meta charset="utf-8">
5  <title>外链式引入</title>
```

```
6  <script src="18-2.js"></script>
7  </head>
8  <body>
9  <p>此处为网页内容。</p>
10 </body>
11 </html>
```

其中，“18-2.js”文件的代码如下：

```
1  // JavaScript Document
2  document.write("此处为 js 格式文件代码。");   //输出语句。
```

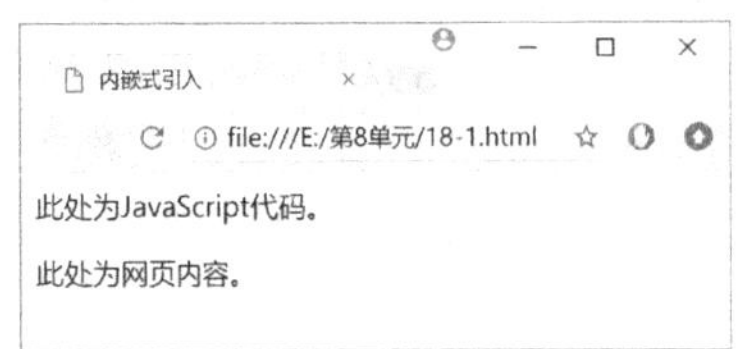
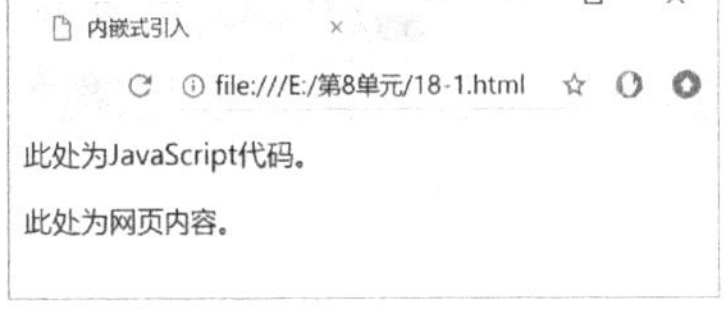

图 18-1　内嵌式引入 JavaScript 脚本

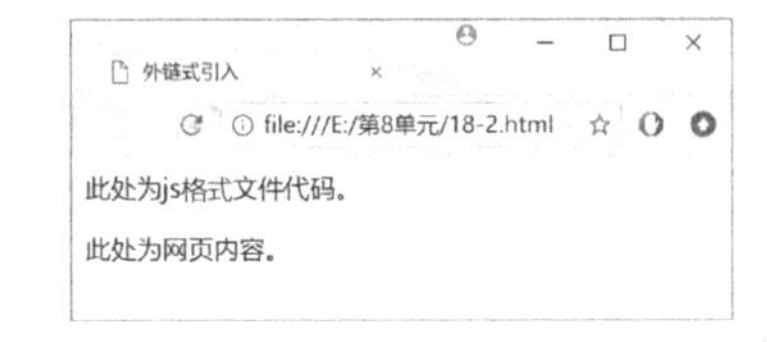

图 18-2　外链式引入 JavaScript 脚本

在本例中，第一行文本由 js 格式文件定义，第二行文本由<p>…</p>标签定义。

提示：外部脚本不能包含<script>标签。

2. JavaScript 基本语法

（1）执行顺序。JavaScript 程序按照在 HTML 文件中出现的顺序逐行执行。如果某些代码（如函数、全局变量等）需要在整个 HTML 文件中使用，最好将其放在 HTML 文件的<head>…</head>标签中。某些代码（如函数体内的代码）不会被立即执行，只有当所在函数被其他程序调用时，这些代码才会被执行。

（2）对字母大小写敏感。JavaScript 对字母大小写是敏感的，需要开发者严格区分。因此，在输入关键字、变量名、函数名及其他标识符时，都必须采用正确的大小写形式。例如，变量 myname 和 myName 是两个不同的变量。

（3）每行语句结尾的分号可有可无。与 Java 语言不同，JavaScript 并不要求必须以分号作为语句的结束标记。如果语句的结束位置没有分号，JavaScript 会自动将该行代码的结尾作为语句的结尾。但是，为了保证代码的严谨性和准确性，一般习惯在每行代码的结尾位置添加分号。

（4）注释。在编写程序时，为了提高代码的可读性，通常需要为代码添加注释。在 JavaScript 中，可以添加单行注释和多行注释。

单行注释用双斜线“//”作为标记，“//”可以放在一行代码的末尾或单独一行的开头，它后面的内容就是注释文本。

多行注释以“/*”标记开始，以“*/”标记结束，中间的内容均为注释文本。

例如：

```
//单行注释文本
/*单行注释文本*/
/*多行注释文本
多行注释文本*/
```

18.1.2　JavaScript 语言基础

1. 关键字

JavaScript 关键字在 JavaScript 语言中有特定的含义。JavaScript 关键字不能作为变量名和函数名使用。JavaScript 关键字见表 18-1。

表 18-1 JavaScript 关键字

abstract	arguments	boolean	break	byte	case
catch	char	class	const	continue	debugger
default	delete	do	double	else	enum
eval	export	extends	false	final	finally
float	for	function	goto	if	implements
import	in	instanceof	int	interface	let
long	native	new	null	package	private
protected	public	return	short	static	super
switch	synchronized	this	throw	throws	transient
true	try	typeof	var	void	volatile
while	with	yield			

2．标识符

所谓标识符，就是一个名称。在 JavaScript 中，标识符用来命名变量和函数，或者用作 JavaScript 代码中某些循环的标签。在 JavaScript 中，合法的标识符命名规则与 Java 以及其他语言的命名规则相同，即第一个字符必须是字母、下画线或美元符号（$），其后的字符可以是字母、数字、下画线或美元符号。当然，标识符不能和 JavaScript 关键字同名，也不能包含空格等特殊符号。

例如：i、user_name、_name、$name、n1 都是合法的标识符，而 1a、m n、55、long 等都不是合法的标识符。

3．常量

程序运行时，值不能改变的量为常量（Constant）。常量主要用于为程序提供固定的和精确的值（包括数值和字符串）。例如，数字、逻辑值真（true）、逻辑值假（false）等都是常量。声明常量使用 const 进行声明，语法格式为：

```
const 常量名:数据类型=值;
```

4．变量

在程序运行期间，随时可能产生一些临时数据，应用程序会将这些数据保存在一些内存单元中。变量是指程序中一个已经命名的存储单元，其主要作用是为数据操作提供存放信息的容器。

（1）变量的命名规则。

- 必须以字母或下画线开头，中间可以是数字、字母或下画线。
- 变量名不能包含空格、加、减等符号。
- 不能使用 JavaScript 关键字。
- JavaScript 的变量名严格区分字母大小写。例如，myname 和 myName 代表两个不同的变量。

（2）变量的声明与赋值。

在 JavaScript 中，所有的变量都由关键字 var 声明，基本格式如下：

```
var 变量名;
```

声明变量时，还包括以下情况。

① 可以使用一个关键字 var 同时声明多个变量，例如：

```
var a,b,c;      //同时声明 a，b，c 三个变量。
```

② 可以在变量声明的同时对其赋值，例如：

```
var a=1,b=2,c=3;      //同时声明 a，b，c 三个变量，并分别对其进行初始化赋值。
```

③ 如果只声明了变量，并未对其进行赋值，则默认值为 undefined。

④ 可以使用 var 语句多次声明同一个变量，如果重复声明的变量已经有一个初始值，那么此时的声明相当于对变量重新赋值。

⑤ 因为 JavaScript 采用弱类型的方式，所以在定义变量时，可以先不管变量的数据类型，即把任意类型的数据赋值给变量，JavaScript 将根据实际的值确定变量的类型。例如：

```
var num=10;     //数值类型
var str="这里是字符串类型";     //字符串类型
var login=true;     //布尔类型
```

⑥ var 语句可以用作 for 循环和 for/in 循环的一部分，这样就使循环变量的声明成为循环语句的一部分，使用起来比较方便。

⑦ 变量也可以直接使用，而不事先通过 var 语句声明。这样虽然操作简单，但不易发现变量命名方面的错误。因此，建议先声明变量，后使用。

5. 数据类型

每种计算机语言都有自己支持的数据类型。JavaScript 脚本语言采用的是弱类型的方式，即一个数据不必事先声明，可以在使用或赋值时再确定其数据类型。

在 JavaScript 中，支持的数据类型有：数字型、字符串型、布尔型及一些特殊的数据类型。上述类型的使用方式与常用的计算机语言的数据类型基本一致，因篇幅有限，此处不再赘述。

6. 运算符和表达式

运算符是完成一系列操作的符号，JavaScript 的运算符按运算类型可以分为算术运算符、比较运算符、赋值运算符、逻辑运算符和条件运算符。按操作数可以分为单目运算符、双目运算符和多目运算符。

表达式是一个语句集合，计算结果是一个单一值。一个表达式可以是一个数字或变量，甚至包含许多连接在一起的变量关键字及运算符。

在 JavaScript 中，运算符和表达式的使用方式及规则与常用计算机语言的运算符和表达式基本一致，因篇幅有限，此处不再赘述。

7. 流程控制语句

任何一门编程语言，都有丰富的流程控制语句，JavaScript 也不例外。JavaScript 提供了七种流程控制语句：if 条件判断语句、for 循环语句、while 循环语句、do…while 循环语句、break 语句、continue 语句和 switch 多路分支语句。上述流程控制语句与常用计算机语言的流程控制语句基本一致，因篇幅有限，此处不再赘述。

18.1.3 JavaScript 函数

在 JavaScript 中，经常会遇到程序需要多次操作的情况，这时就需要重复书写相同的代码，这种现象不仅加重了开发人员的工作量，而且对代码的后期维护工作造成了一些困难。为了使代码更简洁并且可以重复使用，通常将某段实现特定功能的代码定义成一个函数。

1. 函数的定义

函数是指在计算机程序中由多条语句组成的逻辑单元，在 JavaScript 中，函数使用关键字 function 定义，语法格式如下：

```
<script>
    function 函数名([参数 1,参数 2,…]){
```

```
        函数体
    [return 表达式;]
    }
    </script>
```

- function：关键字 function 必须采用小写形式。
- 函数名：必选。在同一页面中，函数名必须是唯一的，并且区分字母大小写。
- 参数：可选。外界传递给函数的值，当有多个参数时，参数间使用逗号进行分隔。
- 函数体：必选。用于实现函数功能的语句。
- 表达式：可选。用于返回函数值。

2. 函数的调用

函数的调用非常简单，只需引用函数名，并传入相应的参数即可，语法格式如下：

函数名([参数 1,参数 2,…])

通常，在定义函数时使用了多少个形参，在函数调用时也必须给出多少个实参。实参间也必须使用逗号进行分隔。

【例 18-3】函数的调用，用户单击按钮前的效果如图 18-3 所示。当用户单击按钮后，效果如图 18-4 所示。代码如下：

```
1    <!doctype html>
2    <html>
3    <head>
4      <meta charset="utf-8">
5      <title>函数的调用</title>
6      <script>
7        function show() {
8          alert("欢迎学习 JavaScript！");   //alert()方法可以弹出警告框
9        }
10     </script>
11   </head>
12   <body>
13     <!--鼠标单击事件调用函数 show()-->
14     <input type="button" value="单击我" onClick="show()">
15   </body>
16   </html>
```

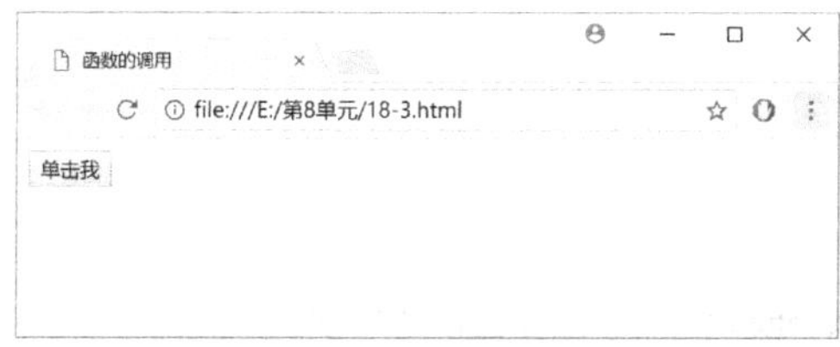

图 18-3　用户单击按钮前的效果

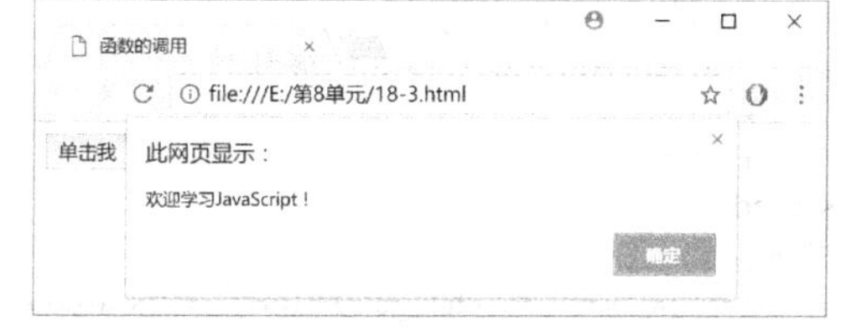

图 18-4　用户单击按钮后的效果

18.1.4　事件及事件驱动

基于对象的基本特征，一般采用事件驱动的方式。所谓事件，是指用户与 Web 页面交互时产生的操作，如单击、双击、移动窗口、选择菜单等。事件驱动是指当事件发生后，由此引发一连串程序开始执行，这些程序被称为事件处理程序。

事件驱动通常需要通过特定对象具有的事件调用事件处理程序。事件处理程序可以是任意的 JavaScript 语句，但是，一般用特定的自定义函数对事件进行处理。

常用的 JavaScript 事件可以分为鼠标事件、键盘事件、表单事件、页面事件等，如表 18-2 所示。

表 18-2　JavaScript 常用事件

类　别	事　件	当以下情况发生时，触发此事件
鼠标事件	onclick	鼠标单击某对象
	ondblclick	鼠标双击某对象
	onmousedown	某鼠标按键被按下
	onmouseup	某鼠标按键被放开
	onmouseover	鼠标被移至某元素上
	onmousemove	鼠标被移动
	onmouseout	鼠标从某元素上移开
键盘事件	onkeydown	按下任何键盘按键（包括系统按键，如箭头键和功能键）时发生
	onkeyup	用户放开任何先前按下的键盘按键时发生
	onkeypress	按下并放开任何字母键、数字键时发生。但是系统按键（如箭头键、功能键）无法得到识别
表单事件	onblur	元素失去焦点
	onchange	元素失去焦点且内容发生改变
	onfocus	元素获得焦点
	onreset	表单被重置时
	onsubmit	表单被提交时
页面事件	onload	当页面加载完成时
	onunload	当页面卸载时

【例 18-4】事件及事件驱动，鼠标指针不在文字上时的效果如图 18-5 所示；当鼠标指针移至文字上时的效果如图 18-6 所示。代码如下：

```
1   <!doctype html>
2   <html>
3   <head>
4     <meta charset="utf-8">
5     <title>事件及事件驱动</title>
6     <script>
7       function changetext(id) {
8         id.innerHTML = "鼠标未移开！"; //innerHTML 属性用于设置或返回指定标签之间的 HTML 内容。
9       }
10      function resettext(id) {
11        id.innerHTML = "鼠标已移开！";
12      }
13    </script>
14  </head>
15  <body>
16    <h1 onmouseover="changetext(this)" onmouseout="resettext(this)">鼠标已移开！ </h1>
17  </body>
18  </html>
```

图 18-5　鼠标指针不在文字上时的效果

图 18-6　鼠标指针移至文字上时的效果

18.1.5 JavaScript 对象

1. 对象的属性和方法

在 JavaScript 中，“一切皆对象。”例如，字符串、数值、函数、数组等都是对象。对象包含属性和方法两个要素。属性作为对象成员的变量，表明对象的状态；而方法作为对象成员的函数，表明对象具有的行为。具体含义如下。

- 属性：用来描述对象特性的数据，即若干变量。
- 方法：用来操作对象的若干动作，即若干函数。

例如，一个 Web 页面可以看作一个对象，它包含背景色、段落文本、标题等特性，同时又包含打开、关闭和写入等动作。

通过访问或设置对象的属性，并且调用对象的方法，就可以对对象进行各种操作，从而获得需要的功能。

在程序中，如果想调用对象的属性或方法，则需要在对象后面加一个句点“.”（点标记格式），然后在其后添加属性名或方法名即可。例如，screen.width 表示通过 screen 对象的 width 属性获取屏幕宽度。

2. 内置对象

JavaScript 提供了许多内置对象，如 Array 对象、Boolean 对象、Date 对象、Math 对象、Number 对象、String 对象、Error 对象等，这里只介绍常用的 Array 对象、String 对象、Math 对象和 Date 对象。

（1）Array 对象。Array 对象包括一连串相同或不同类型的数据群组。

① 建立数组对象。可以使用两种方式建立数组对象。

第一种，先声明后赋值，格式如下：

```
var 数组对象名称=new Array (数组元素个数)
```

或

```
var 数组对象名称=new Array ( )
```

例如：

```
var student=new Array (3);
student[0]= "zhangsan";
student[1]= "lisi";
student[2]= "wangwu";
```

第二种，声明的同时赋值，格式如下：

```
var 数组对象名称=new Array (元素 1, 元素 2,…)
```

例如：

```
var student=new Array ("zhangsan","lisi","wangwu");
```

② 数组元素的引用。使用数组名可以获取整个数组的值，若要获取数组元素的值，则需要使用数组名，同时借助下标。数组下标从“0”开始，到“数组长度-1”结束，即第一个元素的下标为“0”，最后一个元素的下标为“数组长度-1”。

例如，student=new Array(3)的元素分别是 student[0]、student[1]、student[2]。

③ Array 对象的常用属性和方法见表 18-3。

表 18-3 Array 对象的常用属性和方法

类　型	名　称	说　明
属性	length	获取数组长度（数组元素个数）
方法	reverse()	反转数组的元素顺序
	sort()	对数组的元素进行排序

（续表）

类　型	名　称	说　明
方法	join(分隔字符)	将数组内各元素用分隔符连接成一个字符串，默认以逗号连接
	push()	向数组的末尾添加一个或多个元素，并返回新的长度
	splice(m,n)	删除在 *m* 位置的 *n* 个元素
	concat()	连接两个或更多的数组，并返回结果

④ 访问数组对象的属性和方法。格式如下：

数组对象.属性

数组对象.方法(参数 1,参数 2,…)

【例 18-5】数组对象的使用，网页效果如图 18-7 所示。代码如下：

```
1  <!doctype html>
2  <html>
3  <head>
4    <meta charset="utf-8">
5    <title>数组对象的使用</title>
6    <script>
7      var student = new Array("张三", "李四", "王五");
8      var student1 = new Array("zhangsan", "lisi", "wangwu");
9      document.write("<ol>");
10     document.write("<li>", student, "</li>");//输出各元素
11     document.write("<li>", student.join(), "</li>");//用逗号连接各元素
12     document.write("<li>", student.join("、"), "</li>");//用顿号连接各元素
13     document.write("<li>", student.reverse(), "</li>");//倒序
14     document.write("<li>", student.concat(student1), "</li>");//连接两个数组
15     document.write("<li>", student1.sort(), "</li>");//按字典顺序重新排序
16     document.write("</ol>");
17   </script>
18 </head>
19 <body>
20 </body>
21 </html>
```

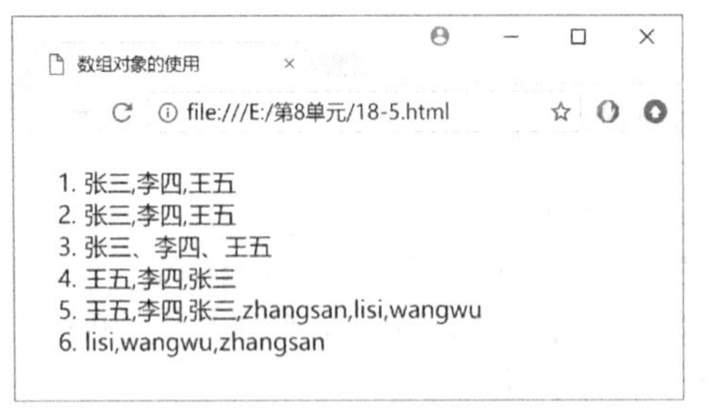

图 18-7　数组对象的使用

（2）String 对象。String 对象指的是字符串处理对象，系统提供了对字符串进行处理的属性和方法。

① 建立字符串对象，格式如下：

var 字符串对象名称=new String (字符串常量)

② String 对象的常用属性和方法见表 18-4。

表 18-4　String 对象的常用属性和方法

类　型	名　称	说　明
属性	length	用于返回字符串中字符的个数。注：一个汉字也是一个字符
方法	charAt(index)	返回指定索引（index）位置的字符。第一个字符的索引为 0，第二个字符的索引为 1，以此类推
	indexOf(str[,startIndex])	返回某个指定字符串的值在字符串中首次出现的位置
	lastIndexOf(search[,startIndex])	从后向前搜索字符串，并从起始位置（0）开始计算返回字符串最后出现的位置
	substr(startIndex[,length])	从起始索引号提取字符串中指定数目的字符
	substring(startIndex[,endIndex])	提取字符串中两个指定的索引号之间的字符
	split(separator[,limitInteger])	把字符串分割为字符串数组
	search(substr)	检索字符串中指定子字符串或与正则表达式匹配的值
	replace(substr,replacement)	在字符串中查找匹配的子字符串，并替换与正则表达式匹配的子字符串
	toLowerCase()	把字符串转换为小写
	toUpperCase()	把字符串转换为大写

③ 访问字符串对象的属性和方法，格式如下：

字符串对象.属性
字符串对象.方法（参数 1,参数 2,…）

④ 字符串对象的比较与字符串变量的比较。

- 字符串变量的比较：直接将两个字符串变量进行比较。
- 字符串对象的比较：必须先使用 toString()或 valueOf()方法获取字符串对象的值，然后用值进行比较。

例如：

```
var str1="student";
var str2="student";
var strObj1=new String(str1);
var strObj2=new String(str2);
if(str1==str2)                                  //比较两个字符串变量
if(strObj1. valueOf()==strObj2. valueOf())      //比较两个字符串对象
```

【例 18-6】字符串对象的使用，网页效果如图 18-8 所示。代码如下：

```
1   <!doctype html>
2   <html>
3   <head>
4     <meta charset="utf-8">
5     <title>字符串对象的使用</title>
6     <script>
7       var str = new String("This is a student");
8       var firstIndex = str.indexOf("s");
9       var lastIndex = str.lastIndexOf("s");
10      var arr = new Array();
11      arr = str.split(" ");
12      len = str.length;
13      result = "第一个 s 的位置是：" + firstIndex + "<br>最后一个 s 的位置是：" + lastIndex + "<br>字符串
14  对象的长度是：" + len + "<br>数组 arr 中的各元素为：" + "<br>" + arr[0] + "<br>" + arr[1] + "<br>" + arr[2]
15  + "<br>" + arr[3];
16      document.write(result);
17      document.write("<br>字符串对象的颜色为红色：" + str.fontcolor("red"));
18    </script>
19  </head>
```

```
20  <body>
21  </body>
22  </html>
```

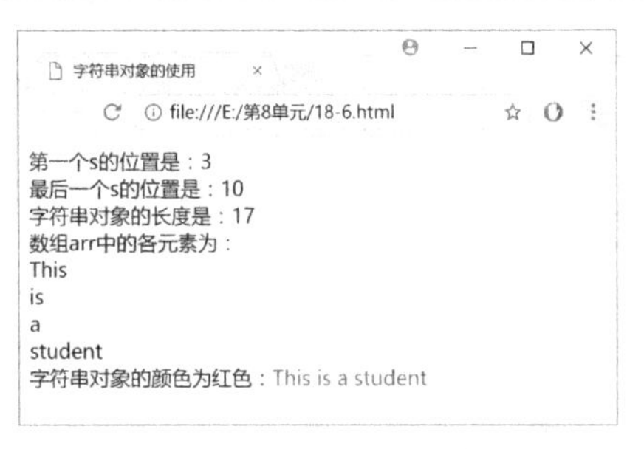

图 18-8　字符串对象的使用

（3）Math 对象。Math 对象包含用于数学计算的属性和方法，其属性是标准的数学常量，其方法构成了数学函数库。

① Math 对象的常用属性和方法见表 18-5。

表 18-5　Math 对象的常用属性和方法

类　型	名　称	说　明
属性	E	返回算术常量 e，即自然对数的底数（约等于 2.718）
	LN2	返回 2 的自然对数（约等于 0.693）
	LN10	返回 10 的自然对数（约等于 2.303）
	PI	返回圆周率（约等于 3.14159）
方法	abs(x)	返回 x 的绝对值
	ceil(x)	返回大于等于 x 的最小整数
	floor(x)	返回小于等于 x 的最大整数
	max(x,y,z,...,n)	返回 x，y，z，…，n 中的最大值
	min(x,y,z,...,n)	返回 x，y，z，…，n 中的最小值
	pow(x,y)	返回 x 的 y 次幂
	random()	返回 0~1 之间的随机数
	round(x)	返回 x，并四舍五入取整数
	sqrt(x)	返回 x 的平方根

② 访问 Math 对象的属性和方法，格式如下：

Math.属性

Math.方法(参数 1,参数 2,…)

【例 18-7】Math 对象的使用，网页效果如图 18-9 所示。代码如下：

```
1   <!doctype html>
2   <html>
3   <head>
4     <meta charset="utf-8">
5     <title>Math 对象的使用</title>
6     <script>
7       function getRandom(min, max) {
8         var num = Math.random();     //生成 0～1 之间的随机小数
9         num = num * (max - min) + min;     //取得 min 到 max 之间的随机数
10        num = Math.floor(num);          //向下取整
11        return num;
```

```
12        }
13        document.write("<b>获取 10～20 之间的随机数是：</b>" + getRandom(10, 20));
14      </script>
15  </head>
16  <body>
17  </body>
18  </html>
```

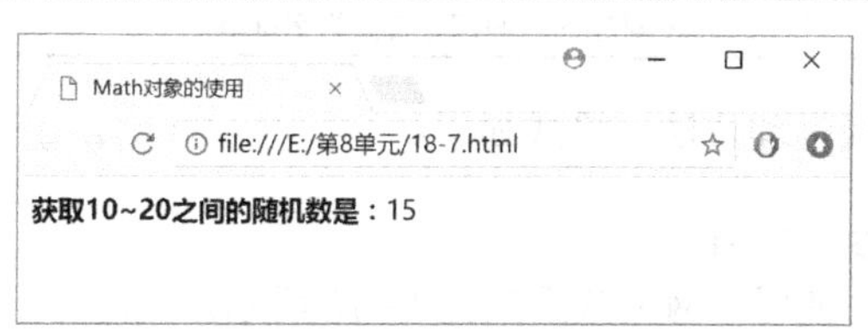

图 18-9　Math 对象的使用

（4）Date 对象。Date 对象主要提供获取和设置日期与时间的方法。

① 建立 Date 对象，格式如下：

```
var 日期对象名称=new Date (日期参数)
```

日期参数说明如下。

- 省略不写：用于获取系统当前的日期和时间。例如：

```
today=new Date()
```

- 日期字符串：格式为“月 日,公元年 时:分:秒”或简写成“月 日,公元年”。例如：

```
today=new Date("October 1,2019 12:40:35")
today=new Date("October 1,2019")
```

- 一律以数值表示：格式为“公元年,月,日,时,分,秒”或简写成“公元年,月,日”。例如：

```
today=new Date(2019,10,1,12,40,35)
today=new Date(2019,10,1)
```

② Date 对象的常用方法见表 18-6。

表 18-6　Date 对象的常用方法

类　型	名　称	说　明
方法	getDate()	从 Date 对象返回一个月中的某天 （1~31）
	getDay()	从 Date 对象返回一周中的某天 （0~6，0 表示星期日，1 表示星期一，以此类推）
	getFullYear()	从 Date 对象以四位数字的形式返回年份
	getHours()	从 Date 对象返回小时（0~23）
	getMilliseconds()	从 Date 对象返回毫秒（0~999）
	getMinutes()	从 Date 对象返回分钟（0~59）
	getMonth()	从 Date 对象返回月份（0~11）
	getSeconds()	从 Date 对象返回秒（0~59）
	getTime()	返回 1970 年 1 月 1 日至今的毫秒数
	setDate()	设置 Date 对象中月的某天（1~31）
	setFullYear()	设置 Date 对象中的年份（四位数字）
	setHours()	设置 Date 对象中的小时（0~23）
	setMilliseconds()	设置 Date 对象中的毫秒（0~999）
	setMinutes()	设置 Date 对象中的分钟（0~59）
	setMonth()	设置 Date 对象中月份（0~11）
	setSeconds()	设置 Date 对象中的秒钟（0~59）
	setTime()	setTime() 方法以毫秒设置 Date 对象

（续表）

类　型	名　称	说　明
方法	toLocaleDateString()	根据本地时间格式，把 Date 对象的日期部分转换为字符串
	toLocaleTimeString()	根据本地时间格式，把 Date 对象的时间部分转换为字符串
	toLocaleString()	根据本地时间格式，把 Date 对象转换为字符串
	toString()	把 Date 对象转换为字符串
	toTimeString()	把 Date 对象的时间部分转换为字符串

③ 访问 Date 对象的属性和方法，格式如下：

Date 对象.属性

Date 对象.方法(参数 1,参数 2,…)

【例 18-8】Date 对象的使用，网页效果如图 18-10 所示。代码如下：

```
1  <!doctype html>
2  <html>
3  <head>
4      <meta charset="utf-8">
5      <title>Date 对象的使用</title>
6      <script>
7          var date = new Date();
8          var year = date.getFullYear();
9          var mouth = date.getMonth();
10         mouth = mouth + 1;
11         var day = date.getDate();
12         document.write("当前日期为： " + year + "年" + mouth + "月" + day + "日");
13     </script>
14 </head>
15 <body>
16 </body>
17 </html>
```

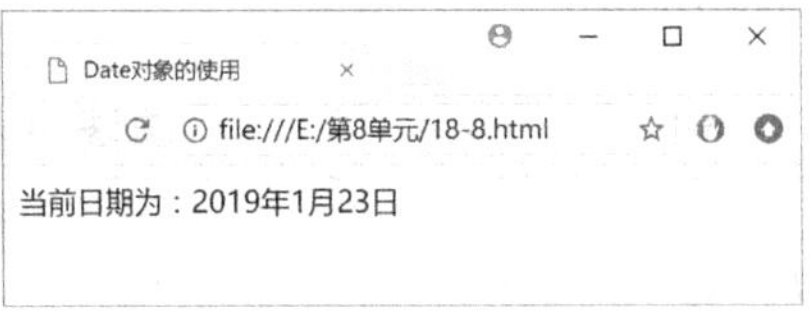

图 18-10　Date 对象的使用

18.1.6　BOM 对象

BOM（Browser Object Mode）浏览器对象模型是 Javascript 的重要组成部分。它提供了一系列对象用于和浏览器窗口进行交互操作，这些对象被统称为 BOM，其层次结构如图 18-11 所示。

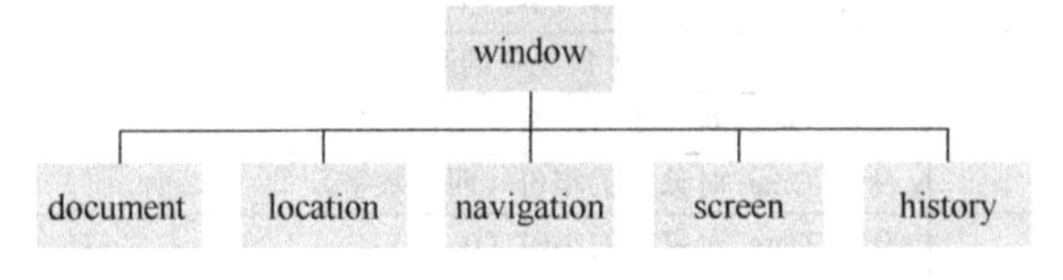

图 18-11　BOM 对象层次结构

1. Window 对象

Window 对象是 BOM 的核心，表示整个浏览器窗口，用于获取浏览器窗口的大小、位置，或设置定时器等。Window 对象的常用属性和方法见表 18-7。

表 18-7　Window 对象的常用属性和方法

类　型	名　称	说　明
属性	document、history、location、navigator、screen	返回相应对象的引用
	parent、self、top	分别返回父窗口、当前窗口和顶层窗口对象的引用
	screenLeft、screenTop、screenX、screenY	返回窗口的左上角在屏幕上的 x 和 y 坐标值
	innerHeight	返回窗口的文档显示区的高度
	innerWidth	返回窗口的文档显示区的宽度
	outerHeight	返回窗口的外部高度，包含工具条与滚动条
	outerWidth	返回窗口的外部宽度，包含工具条与滚动条
	closed	返回窗口是否已被关闭
	opener	返回对创建此窗口的窗口的引用
方法	open()	打开一个新的浏览器窗口或查找一个已命名的窗口
	close()	关闭浏览器窗口
	alert()	显示带有一段消息和一个确认按钮的警告框
	confirm()	显示带有一段消息以及确认按钮和取消按钮的对话框
	prompt()	显示可提示用户输入的对话框
	moveBy()	以窗口左上角为基准，按偏移量移动窗口
	moveTo()	以窗口左上角为基准，将窗口移动到指定的屏幕位置
	scrollBy()	按照指定的像素值滚动内容
	scrollTo()	把内容滚动到指定的位置
	setTimeout()	在指定的毫秒后调用函数或计算表达式
	clearTimeout()	取消由 setTimeout() 方法设置的 timeout
	setInterval()	按照指定的周期（以毫秒计算）调用函数或计算表达式
	clearInterval()	取消由 setInterval() 设置的 timeout

2. Screen 对象

Screen 对象用于显示计算机的屏幕信息，如屏幕分辨率、颜色位数等。Screen 对象的常用属性见表 18-8。

表 18-8　Screen 对象的常用属性

类　型	名　称	说　明
属性	availHeight	返回屏幕的高度（不包括 Windows 任务栏）
	availWidth	返回屏幕的宽度（不包括 Windows 任务栏）
	colorDepth	返回目标设备或缓冲器上的调色板的比特深度
	height	返回屏幕的总高度
	pixelDepth	返回屏幕的颜色分辨率（每像素的位数）
	width	返回屏幕的总宽度

3. Location 对象

Location 对象用于获取和设置当前网页的 URL 地址，Location 对象的常用属性和方法见表 18-9。

表 18-9　Location 对象的常用属性和方法

类　型	名　称	说　明
属性	hash	返回 URL 的锚点
	host	返回 URL 的主机名和端口
	hostname	返回 URL 的主机名

（续表）

类型	名称	说明
属性	href	返回完整的 URL
	pathname	返回 URL 的路径名
	port	返回 URL 服务器使用的端口号
	protocol	返回 URL 协议
	search	返回 URL 的查询部分
方法	reload()	重新载入当前文档

4. History 对象

History 对象用于控制浏览器前进和后退，History 对象的常用方法见表 18-10。

表 18-10 History 对象的常用方法

类型	名称	说明
方法	back()	加载 history 列表中的前一个 URL
	forward()	加载 history 列表中的后一个 URL
	go()	加载 history 列表中的某个具体页面

5. Document 对象

Document 对象用于处理网页文档，通过该对象可以访问文档中的所有元素。Document 对象的常用属性和方法见表 18-11。

表 18-11 Document 对象的常用属性和方法

类型	名称	说明
属性	body	访问<body>元素
	lastModified	获得文档最后的修改日期和时间
	referrer	获得该文档的来路 URL 地址，当文档通过超链接被访问时有效
	title	获得当前文档的标题
方法	write()	向文档写入 HTML 或 JavaScript 代码

18.1.7 DOM 对象

1. 节点树

DOM（Document Object Model）即文档对象模型，是一种表示和处理文档的应用程序接口（API），可用于动态访问、更新文档的内容、结构和样式。DOM 将网页中文档的对象关系规划为节点层级，使它们构成等级关系，这种对象间的层次结构被称为节点树，如图 18-12 所示。

HTML 文档中的所有内容都是节点，具有以下特征。

- 整个文档是一个文档节点。
- 每个 HTML 元素是元素节点。
- HTML 元素内的文本是文本节点。
- 每个 HTML 属性是属性节点。
- 注释是注释节点。

通过 HTML DOM，节点树中的所有节点均可通过 JavaScript 进行访问。所有 HTML 节点（元素）均可被修改、创建或删除。

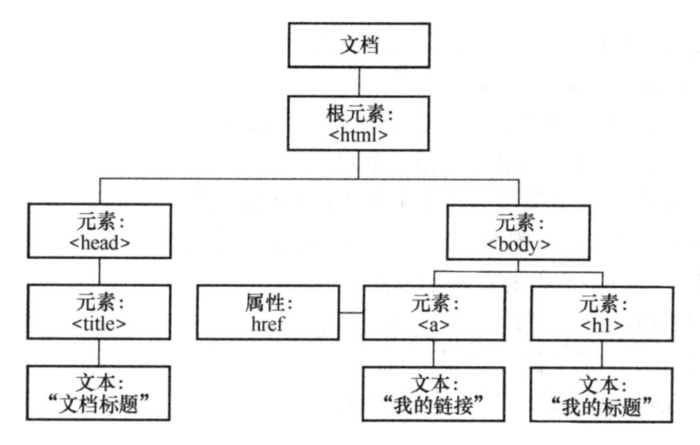

图 18-12 节点树

节点树中的节点彼此拥有层级关系。父节点（parent）、子节点（child）和同胞节点（sibling）等术语用于描述这些层级关系。父节点拥有子节点，同级的子节点被称为同胞节点（兄弟或姐妹）。

- 在节点树中，顶端节点被称为根（root）。
- 除根外的每个节点都有父节点。
- 一个节点可拥有任意数量的子节点。
- 同胞节点拥有相同的父节点。

如图 18-13 所示为节点树的部分内容，展示了节点之间的关系。

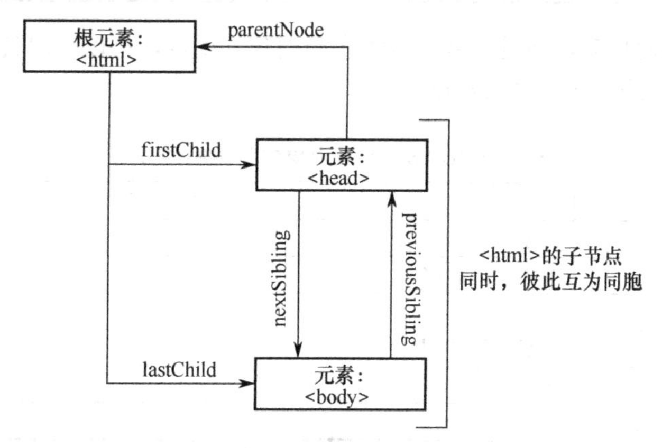

图 18-13 节点关系

例如：

```
<html>
  <head>
    <title>DOM 教程</title>
  </head>
  <body>
    <h1>DOM 第一课</h1>
    <p>Hello world!</p>
  </body>
</html>
```

分析上述代码，可以得到如下结论。

- <html>节点没有父节点，它是根节点。

- <head>节点和 <body>节点的父节点是 <html> 节点。
- 文本节点“Hello world!”的父节点是 <p>节点。
- <html> 节点拥有两个子节点：<head>节点和 <body>节点。
- <head> 节点拥有一个子节点：<title>节点。
- <title> 节点拥有一个子节点：文本节点“DOM 教程”。
- <h1>节点和<p>节点是同胞节点，同时也是<body>节点的子节点。
- <head>节点是<html>节点的首个子节点。
- <body>节点是<html>节点的最后一个子节点。
- <h1>节点是<body>节点的首个子节点。
- <p>节点是<body>节点的最后一个子节点。

2. 节点的访问

每个节点对象都具有一系列的属性和方法。在 JavaScript 中，通过设置节点的属性和方法可以访问指定节点和相关节点。访问节点的常用方法见表 18-12。

表 18-12 访问节点的常用方法

方 法	说 明
getElementById()	返回带有指定 ID 的节点
getElementByName()	返回带有指定名称的节点
getElementsByTagName()	返回带有指定标签名称的所有节点的节点列表（集合/节点数组）
getElementsByClassName()	返回带有指定类名的所有节点的节点列表

引用了页面节点对象后，通过设置 DOM 节点对象的属性，可以访问其父节点、子节点和同胞节点，节点对象的常用属性见表 18-13。

表 18-13 节点对象的常用属性

属 性	说 明
parentNode	元素节点的父节点
childNodes	节点的子节点数组
firstChild	第一个子节点
lastChild	最后一个子节点
previousSibling	前一个同胞节点
nextSibling	后一个同胞节点

注意： document 对象是所有 DOM 对象的访问入口，访问节点时需要先从 document 对象开始。

3. 元素的常用操作

元素的常用操作见表 18-14。

表 18-14 元素的常用操作

方 法	说 明
createElement()	创建元素节点
createTextNode()	创建文本节点
appendChild()	为当前节点增加一个子节点（作为最后一个子节点）
insertBefore()	为当前节点增加一个子节点（插入指定子节点前）
removeChild()	删除当前节点的某子节点

4. 元素的属性与内容操作

除对元素进行节点操作外，还能对其进行属性和内容操作，见表 18-15。

表 18-15　元素的属性和内容操作

类　型	属性/方法	说　明
元素内容	innerHTML	获取或设置元素的 HTML 内容
样式属性	className	获取或设置元素的 class 属性
	style	获取或设置元素的 style 样式属性
位置属性	offsetWidth、offsetHeight	获取或设置元素的宽度和高度（不含滚动条）
	scrollWidth、scrollHeight	获取或设置元素完整的宽度和高度（含滚动条）
	offsetTop、offsetLeft	获取或设置元素相对于版面到上边或左边的距离（含滚动条）
	scrollTop、scrollLeft	获取或设置元素在网页中的坐标
属性操作	getAttribute()	获得元素指定属性的值
	setAttribute()	为元素设置新的属性
	removeAttribute()	为元素删除指定的属性

5. 元素的样式操作

在操作元素的属性时，style 属性用于修改元素的样式，className 属性用于修改元素的类名。通过上述两种方式即可完成元素的样式操作。

微课视频

18.2　实战演练

18.2　实战演练——制作“商品精选模块”网页

18.2.1　网页效果图

设计并制作“商品精选模块”网页，效果如图 18-14 所示。单击不同的选项卡时，会出现不同的商品内容，如图 18-15 所示。

图 18-14　“商品精选模块”网页

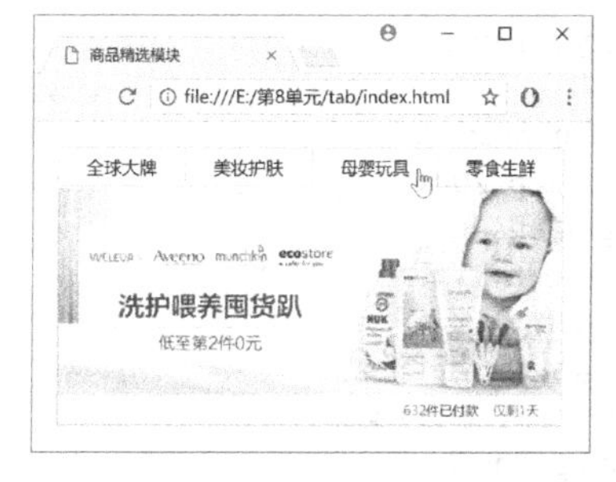

图 18-15　单击选项卡时的效果

18.2.2　制作过程

（1）在站点下新建 HTML 网页，保存为“index.html”，将网页的标题栏内容改为“商品精选模块”，编辑网页内容，代码如下：

```
1  <!doctype html>
2  <html>
3  <head>
4     <meta charset="utf-8">
5     <title>商品精选模块</title>
6     <link href="css/style.css" rel="stylesheet" type="text/css">
```

```
7      <script src="js/js.js"></script>
8    </head>
9    <body>
10     <!-- tab 选项卡代码开始 -->
11     <div id="tab">
12       <div class="tabList">
13         <ul>
14           <li class="cur">全球大牌</li>
15           <li>美妆护肤</li>
16           <li>母婴玩具</li>
17           <li>零食生鲜</li>
18         </ul>
19       </div>
20       <div class="tabCon">
21         <div class="cur"><img src="images/0.png"></div>
22         <div><img src="images/1.png"></div>
23         <div><img src="images/2.png"></div>
24         <div><img src="images/3.png"></div>
25       </div>
26     </div>
27     <!-- tab 选项卡代码结束 -->
28   </body>
29   </html>
```

（2）在站点下新建“css”文件夹，新建 css 样式文件，命名为“style.css”，保存在“css”文件夹中。设置网页元素的样式，代码如下：

```
1    * {
2         margin: 0px;
3         padding: 0px;}
4    body {
5         font-size: 14px;
6         font-family: "Microsoft YaHei";}
7    ul, li {
8         list-style: none;}
9    #tab {
10        position: relative;
11        margin-top: 20px;
12        margin-left: 400px;}
13   #tab .tabList ul li {
14        float: left;
15        background: #fefefe;
16        border: 1px solid #ccc;
17        padding: 5px 0;
18        width: 100px;
19        text-align: center;
20        margin-left: -1px;      /*可以让相邻边框重合*/
21        position: relative;
22        cursor: pointer;}
23   #tab .tabCon {
24        position: absolute;
25        left: -1px;
26        top: 32px;
27        border: 1px solid #ccc;
28        border-top: none;      /*上边框设置为无*/
29        width: 403px;
30        height: 183px;}
```

```
31  #tab .tabCon div {
32      padding: 0px;
33      position: absolute;}
34  #tab .tabCon div img {
35      width: 403px;
36      height: 183px;}
37  #tab .tabList li.cur {
38      border-bottom: none; /*选中的选项卡，下边框设置为无*/
39      background: #fff;}
```

（3）在站点下新建“js”文件夹，新建 JavaScript 文件并命名为“js.js”，保存在“js”文件夹中。编写 JavaScript 文件，代码如下：

```
1   //节点加载完毕才执行该函数，保证函数内的代码能获得 DOM 节点
2   window.onload = function() {
3       //获取 tab 容器对象
4       var tab = document.getElementById("tab");
5       //tab 选项卡中第一个子 div 的子 li 节点（tab 选项按钮节点）
6       var buttons = tab.getElementsByTagName("div")[0].getElementsByTagName("li");
7       //tab 选项卡中第二个子 div 的子 div 节点（tab 选项按钮对应的内容节点）
8       var contents = tab.getElementsByTagName("div")[1].getElementsByTagName("div");
9       //定时器变量，定时器用于定义图片的渐变显示效果
10      var timer = null;
11      //初始化 tab 选项卡的单击函数，确保单击选项按钮时显示对应的内容
12      for (var i = 0; i < buttons.length; i++) {
13          buttons[i].index = i;
14          buttons[i].onclick = function() {
15              show(this.index);
16          }
17      }
18      //选项卡内容显示函数
19      function show(index) {
20          var alpha = 0;
21          for (var i = 0; i < buttons.length; i++) {
22              buttons[i].className = "";
23              contents[i].className = "";
24              contents[i].style.opacity = 0;
25              contents[i].style.filter = "alpha(opacity=0)";
26          }
27          buttons[index].className = "cur";
28          timer = setInterval(function() {
29              alpha += 20;
30              alpha > 100 && (alpha = 100);
31              contents[index].style.opacity = alpha / 100;
32              contents[index].style.filter = "alpha(opacity=" + alpha + ")";
33              alpha == 100 && clearInterval(timer);
34          },50);
35      }
36  }
```

18.2.3　代码分析

（1）下面分析网页的内容代码。

第 6 行代码，引入 css 样式文件。

第 7 行代码，引入 JavaScript 代码文件。

（2）下面分析网页的样式代码。

第 20 行代码，为了 tab 选项卡的相邻边框能够重合显示，设置每个选项卡的左外边距（margin-left）为“-1px”，即可实现效果。

第 27～28 行代码，通过“border: 1px solid #ccc;”设置四个方向的边框属性。但由于上边框不显示，故将“border-top”设置为“none”。

第 38 行代码，将被选中选项卡的下边框（border-bottom）设置为“none”。

（3）下面分析网页的 JavaScript 代码。

第 2 行代码，定义函数 function()，“window.onload”表示当节点加载完毕才执行 function()函数，以保证函数内的代码能获得 DOM 节点。

第 4 行代码，通过 id 值获取 tab 容器对象。

第 6 行代码，获得 tab 选项卡中第一个子 div 的子 li 节点（tab 选项按钮节点）。

第 8 行代码，获得 tab 选项卡中第二个子 div 的子 div 节点（tab 选项按钮对应的内容节点）。

第 10 行代码，设置定时器变量，用于定义图片的渐变显示效果。

第 12～17 行代码，初始化 tab 选项卡的单击函数，确保单击选项按钮时显示对应的内容。

第 19～35 行代码，定义选项卡内容显示函数。

18.3 强化训练——制作“焦点图广告”网页

微课视频

18.3 强化训练

18.3.1 网页效果图

设计并制作“焦点图广告”网页，效果如图 18-16 所示。广告图片会自动切换；此外，当单击页面左上角的数字导航按钮时，也可切换至相应的广告图，如图 18-17 所示。当鼠标指针悬停在图片上时，图片停止自动切换。

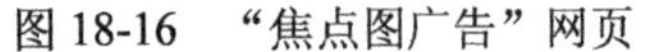

图 18-16 “焦点图广告”网页

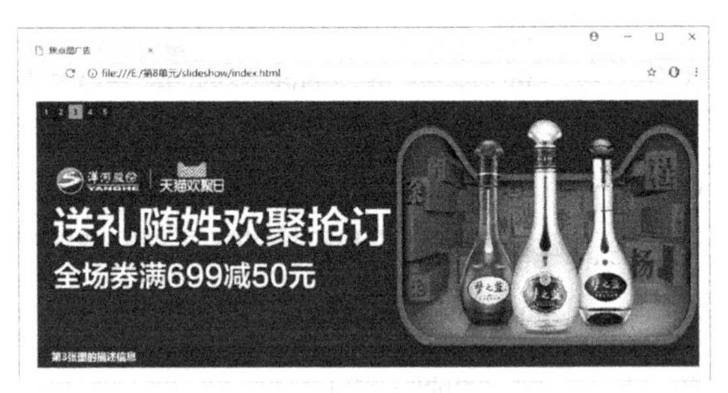

图 18-17 广告图片切换效果

18.3.2 制作过程

（1）在站点下新建 HTML 网页，保存为“index.html”，将网页的标题栏内容改为“焦点图广告”，编辑网页内容，代码如下：

```
1  <!doctype html>
2  <html>
3  <head>
4    <meta charset="utf-8">
5    <title>焦点图广告</title>
6    <link href="css/slideshow.css" rel="stylesheet" type="text/css">
7    <script src="js/slideshow.js"></script>
```

```
8   </head>
9   <body>
10    <!-- 焦点图代码开始 -->
11    <div class="wrapad" id="slideContainer">
12      <div class="block">
13        <div class="cl">
14          <ul class="slideshow" id="slideImgs">
15            <li>
16              <a href="#" target="_blank">
17                <img src="images/1.png" />
18              </a>
19              <span class="title">第 1 张图的描述信息</span>
20            </li>
21            <li>
22              <a href="#" target="_blank">
23                <img src="images/2.png" />
24              </a>
25              <span class="title">第 2 张图的描述信息</span>
26            </li>
27            <li>
28              <a href="#" target="_blank">
29                <img src="images/3.png" />
30              </a>
31              <span class="title">第 3 张图的描述信息</span>
32            </li>
33            <li>
34              <a href="#" target="_blank">
35                <img src="images/4.png" />
36              </a>
37              <span class="title">第 4 张图的描述信息</span>
38            </li>
39            <li>
40              <a href="#" target="_blank">
41                <img src="images/5.png" />
42              </a>
43              <span class="title">第 5 张图的描述信息</span>
44            </li>
45          </ul>
46        </div>
47        <div class="slidebar" id="slideBar">
48          <ul>
49            <li class="on">1</li>
50            <li>2</li>
51            <li>3</li>
52            <li>4</li>
53            <li>5</li>
54          </ul>
55        </div>
56      </div>
57    </div>
58    <script type="text/javascript">
59      SlideShow(1000);     <!--设置切换图片的时间间隔，默认为 1000 毫秒-- >
60    </script>
61    <!-- 焦点图代码结束 -->
```

```
62 </body>
63 </html>
```

（2）在站点下新建“css”文件夹，新建css样式文件，命名为“slideshow.css”，保存在“css”文件夹中。设置网页元素的样式，代码如下：

```
1  body, ul, li {
2          margin: 0px;
3          padding: 0px;}
4  ul li {
5          list-style: none;}
6  a {
7          color: #000;
8          text-decoration: none;}
9  .wrapad {
10         margin: 10px auto;
11         width: 960px;
12         overflow: hidden;}
13 .block {
14         margin: 10px 10px 0;
15         position: relative;}
16 .slideshow li {
17         position: relative;
18         overflow: hidden;}
19 .slideshow span.title {
20         position: absolute;
21         bottom: 0;
22         left: 0;
23         margin-bottom: 0;
24         padding: 0 10px;
25         width: 100%;
26         height: 32px;
27         line-height: 32px;
28         font-size: 14px;
29         font-weight: 700;
30         text-indent: 10px;}
31 .slideshow span.title, .slidebar li {
32         background: rgba(0,0,0,0.3);
33         color: #FFF;
34         overflow: hidden;}
35 .slidebar {
36         position: absolute;
37         top: 5px;
38         left: 4px;}
39 .slidebar li {
40         float: left;
41         margin-right: 1px;
42         width: 20px;
43         height: 20px;
44         line-height: 20px;
45         text-align: center;
46         font-size: 10px;
47         cursor: pointer;}
48 .slidebar li.on {
49         background: rgba(255,255,255,0.5);
50         color: #000;
```

```
51          font-weight: 700;}
52  #slideImgs li {
53          width: 960px;
54          height: 373px;
55          display: none;}
```

（3）在站点下新建“js”文件夹，新建 JavaScript 文件并命名为“slideshow.js”，保存在“js”文件夹中。编写 JavaScript 文件，代码如下：

```
1   //定义一个函数，参数 interval 表示间隔指定的时间（以毫秒计算）后进行切换
2   function SlideShow(interval) {
3       //幻灯片容器节点对象
4       var slideContainer = document.getElementById("slideContainer"),
5           //幻灯片图片对象 li 节点
6           imgs = document.getElementById("slideImgs").getElementsByTagName("li"),
7           //幻灯片数字导航按钮对象容器
8           slideBar = document.getElementById("slideBar"),
9           //幻灯片数字导航按钮 li 节点
10          btns = slideBar.getElementsByTagName("li"),
11          //图片总数
12          imgNum = imgs.length,
13          //如果不设置时间间隔，则默认间隔 3000 毫秒切换图片
14          interval = interval || 3000,
15          //初始值，currentI 表示当前幻灯片索引值（0 表示第一张幻灯片），lastI 表示上一张幻灯片
16          currentI = lastI = 0,
17          currentBtn,
18          autoSlideHandle;
19      //幻灯片定时器
20      function startAutoSlide() {
21          //autoSlideHandle 是定时器句柄，function(){}是执行的内容，interval 是时间间隔
22          autoSlideHandle = setInterval(function () {
23              currentI = currentI + 1 >= imgNum ? currentI + 1 - imgNum : currentI + 1;
24              slide()
25          }, interval);
26      }
27      //取消定时器 autoSlideHandle
28      function stopAutoSlide() {
29          clearInterval(autoSlideHandle);
30      }
31      //切换图片
32      function slide() {
33          //隐藏上一张图片
34          imgs[lastI].style.display = "none";
35          btns[lastI].className = "";
36          //显示当前图片
37          imgs[currentI].style.display = "block";
38          btns[currentI].className = "on";
39          //将当前图片赋值给上一张图片
40          lastI = currentI;
41      }
42      //初始化显示第一张图片
43      imgs[currentI].style.display = "block";
44      //鼠标指针移至幻灯片上，则取消定时器，即鼠标指针在图片上时，图片停止自动切换
45      slideContainer.onmouseover = stopAutoSlide;
46      //鼠标指针移出幻灯片，则启动定时器
```

```
47      slideContainer.onmouseout = startAutoSlide;
48      //鼠标指针移至数字导航按钮上时，则显示该数字对应的幻灯片
49      slideBar.onmouseover = function (e) {
50          currentBtn = e ? e.target : window.event.srcElement;
51          if (currentBtn.nodeName === "LI") {
52              currentI = parseInt(currentBtn.innerHTML, 10) - 1;
53              slide();
54          }
55      }
56      //启动定时器
57      startAutoSlide();
58  }
```

18.3.3 代码分析

（1）下面分析网页的内容代码。

第 6 行代码，引入 css 样式文件。

第 7 行代码，引入 JavaScript 代码文件。

第 59 行代码，调用焦点图切换函数 SlideShow(1000)，其中的参数值表示切换图片的时间间隔，默认为 1000 毫秒。

（2）下面分析网页的样式代码。

第 55 行代码，将焦点图的所有图片设置为默认隐藏状态，通过 JavaScript 代码控制其显示方式。

（3）下面分析网页的 JavaScript 代码。

第 2 行代码，定义函数 SlideShow(interval)，参数 interval 表示间隔指定的时间（以毫秒计算）后进行切换。

第 4 行代码，通过 id 值获取幻灯片容器节点对象。

第 6 行代码，通过文档对象模型获取幻灯片图片对象 li 节点。

第 8 行代码，通过 id 值获取幻灯片数字导航按钮对象容器。

第 10 行代码，通过标签名获取幻灯片数字导航按钮 li 节点。

第 12 行代码，获取图片总数。

第 14 行代码，表示如果不设置时间间隔，则默认 3000 毫秒切换图片。

第 16 行代码，变量初始化，currentI 表示当前幻灯片索引值（0 表示第一张幻灯片），lastI 表示上一张幻灯片。

第 20 行代码，定义幻灯片定时器 startAutoSlide()。

第 22～25 行代码，autoSlideHandle 是定时器句柄，function(){}是执行的内容，interval 是时间间隔。

第 28～30 行代码，取消定时器 autoSlideHandle。

第 32 行代码，定义切换图片函数 slide()。

第 34～35 行代码，隐藏上一张图片，并将对应的数字导航按钮的类名称设置为空。

第 37～38 行代码，显示当前图片，并将对应的数字导航按钮的类名称设置为“on”。

第 40 行代码，更新上一张图片变量的索引值。

第 43 行代码，初始化显示第一张图片。

第 45 行代码，鼠标指针移至幻灯片上，则取消定时器，即鼠标指针在图片上时，图片停止自动切换。

第 47 行代码，鼠标指针移出幻灯片，则启动定时器。

第 49～55 行代码，鼠标指针移至数字导航按钮上时，则显示该数字对应的幻灯片。

第 57 行代码，启动定时器。

微课视频

18.4　课后实训

18.4　课后实训

设计并制作“复选框的全选和反选”网页，效果如图 18-18 所示。当用户单击“全部选中”按钮时，所有复选框都处于被选中状态；当用户单击“全部不选”按钮时，所有复选框都处于未选中状态；当用户单击“选择转换”按钮时，所有复选框都被反选。

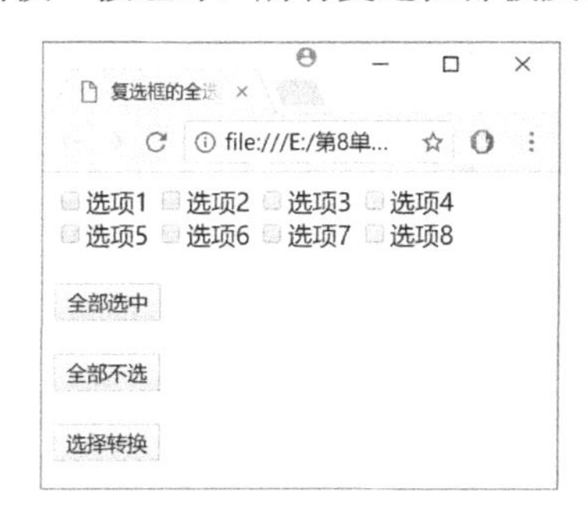

图 18-18　“复选框的全选和反选”网页